21世纪能源与动力工程类创新型应用人才培养规划教材

风力发电技术及应用

主　编　范海宽
副主编　聂　晶
参　编　张志宇　徐敏敏　贾瑞博

内容简介

本书系统阐述了风力发电原理、风力发电技术以及风力发电并网方法，并总结和分析了国内外风电机组技术的应用状况。全书共分10章，包括风及风能资源，风力机的基础理论，风力机的类型及特性概述，风力发电系统，风力利用系统，风力机的安装、调试、维护及现场性能测试，并网风力发电系统，我国风电场工程项目，世界风能发展概况，以及中国风力发电状况。

本书可作为高等院校热能与动力工程、风能与动力工程等专业本、专科生的教材，也可以作为从事风力发电机设计研究的工程技术人员、生产风力发电机企业的工作人员及相关产业技术和管理人员的参考用书。

图书在版编目(CIP)数据

风力发电技术及应用/范海宽主编. —北京：北京大学出版社，2013.6
(21世纪能源与动力工程类创新型应用人才培养规划教材)
ISBN 978-7-301-22548-6

Ⅰ.①风… Ⅱ.①范… Ⅲ.①风力发电—高等学校—教材 Ⅳ.①TM614

中国版本图书馆CIP数据核字(2013)第105946号

书　　　名：风力发电技术及应用
著作责任者：范海宽　主编
策 划 编 辑：童君鑫　宋亚玲
责 任 编 辑：宋亚玲
标 准 书 号：ISBN 978-7-301-22548-6/TH·0347
出 版 发 行：北京大学出版社
地　　　址：北京市海淀区成府路205号　100871
网　　　址：http://www.pup.cn　新浪官方微博：@北京大学出版社
电 子 邮 箱：编辑部 pup6@pup.cn　总编室 zpup@pup.cn
电　　　话：邮购部 010-62752015　发行部 010-62750672　编辑部 010-62750667
印　刷　者：河北博文科技印务有限公司
经　销　者：新华书店
787毫米×1092毫米　16开本　14印张　322千字
2013年6月第1版　2024年9月第6次印刷
定　　　价：39.80元

前　言

风能是一种无污染、可再生的清洁能源。早在公元前200年，人类就开始利用风能了。提水、碾米、磨面及船的助航都有风能利用的记载。自第一次世界大战之后，丹麦仿造飞机的螺旋桨制造二叶和三叶高速风力发电机发电并网并使用直至现在，风力发电机经历了近百年的发展历程。20世纪80年代之后，世界工业发达国家率先研究、快速发展了风力发电机，建设了风电场。现在风力发电机制造成本不断下降，已接近水力发电机的水平，制造及使用技术也日趋成熟。20世纪末，世界每年风电装机容量以近20%的增长速度发展，风电成为世界诸能源中发展最快的能源。如果在总面积0.6%的地方安装上风力发电机，就能提供全部电力消耗的20%，可以关闭供电能力20%的以燃烧煤、重油等碳氢化合物为燃料而排放SO_2、CO_2和烟尘对大气和地球环境造成污染和破坏的火电厂。

如今，风力发电已成为世界各国重点发展的能源之一，风力发电机的制造业也已成为新兴的机械制造业。风力发电机制造业的发展推动了诸如大型锥钢管、钢板等冶金行业，以及发电机制造，电器控制，液压机械，增强塑料、复合材料等行业的发展；也推动着蓄电池向大容量、小体积、免维修、高效率方向发展；同时拓宽了微机在风力发电机自控方面的应用和发展。风力发电机的发展及其拉动的行业发展为数以万计的人创造了就业机会。可见，发展风力发电机及风力发电对于发展经济，保护地球环境，有着重要意义。

我国地域辽阔，风能资源丰富，风能储量达25.3亿MW。1996年国家计委实施了“乘风计划”和“光明工程”，为中国全面发展大、中、小型风力发电机及风力发电创造了条件。2010年，我国除台湾地区以外其他地区共新增风电装机18.93GW（$1GW=10^3MW$），保持新增装机容量全球排名第一；累计风电装机容量44.73GW，超过美国跃居世界第一。目前，我国已形成一定的风力发电基础并积累了较丰富的风力发电的经验。风力发电机除应用于风电场外，尚有广阔的应用领域。中、小型风力发电机可为我国东北、西北、华北风能资源丰富地区的大棚温室埋地热线以提高地温，为冬季种植蔬菜、水果、花卉提供电力；为农牧民温室养牛、羊、猪、鸡提供电力；为城市、农村、牧区冬季采暖提供电力。还可为风能资源区国家电网尚不能达到的地区的农民、牧民、海岛渔民提供生产和生活用电。可见，我国风力发电机及风力发电的发展前景十分广阔，前途光明。

为了使从事风力发电机设计的工程技术人员、生产风力发电机企业的工程技术人员、工人及风力发电机使用、管理人员更多地了解风力发电机的结构、设计、使用和维护等方面的知识特编写了本书。本书系统阐述了风力发电原理、风力发电技术以及风力发电并网方法，总结和分析了国内外风电机组技术的应用状况。全书共分10章，包括风及风能资源，风力机的基础理论，风力机的类型及特性概述，风力发电系统，风力利用系统，风力机的安装、调试、维护及现场性能测试，并网风力发电系统，我国风电场工程项目，世界风能发展概况，以及中国风力发电状况。本书在风力发电基本知识与基本理论、设备的结构与工作原理等内容上加强了针对性和应用性，理论联系实际，力求把传授知识和培养实践能力结合起来。

本书由内蒙古工业大学范海宽担任主编，内蒙古工业大学聂晶担任副主编。内蒙古科技大学贾瑞博(第 1 章)、张志宇(第 2、3 章)，内蒙古工业大学范海宽(第 8 章)、聂晶(第 4、5、9、10 章)、徐敏敏(第 6、7 章)共同完成了本书的编写。

本书引用了有关教材、专业期刊的许多资料，在此对其作者一并表示感谢。

由于编者水平有限，书中难免有不足之处，敬请读者批评指正。

编　者

2013 年 2 月

目　录

第1章 风及风能资源

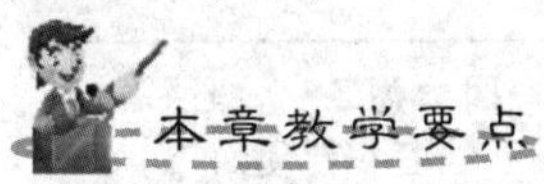

知识要点	掌握程度	相关知识
风的形成，风的分类	掌握风形成的基本原理； 熟悉风的分类，并了解各种风形成的基本原理	风能和太阳能的关系； 各种风对社会产生的影响及其防范
风向和风速的测量，风能密度的概念	熟悉风向和风速的测量； 理解风能密度的概念	风速测量在相关行业的应用
世界风资源分布，中国风资源分布	了解世界风资源分布； 熟悉中国风资源的分布	风资源分布和风能的开发利用

导入案例

世界风资源分布

地球上的风能资源十分丰富，根据相关资料统计，每年来自外层空间的辐射能为 1.5×10^{18} kWh，其中的2.5%，即 3.8×10^{16} kWh 的能量被大气吸收，产生大约 4.3×10^{12} kWh 的风能。这一能量是1973年全世界电厂 1×10^{10} kW 功率的约400倍。

风能资源受地形的影响较大，世界风能资源多集中在沿海和开阔大陆的收缩地带，如美国的加利福尼亚州沿岸和北欧一些国家。世界气象组织于1981年发表了全世界范围风能资源估计分布图，按平均风能密度和相应的年平均风速将全世界风能资源分为10个等级。8级以上的风能高值区主要分布于南半球中高纬度洋面和北半球的北大西洋、北太平洋以及北冰洋的中高纬度部分洋面上，大陆上风能则一般不超过7级，其中以美国西部、西北欧沿海、乌拉尔山顶部和黑海地区等多风地带较大。

地区	陆地面积/km^2	风力为3～7级所占的面积/km^2	风力为3～7级所占的面积比例/(%)
北美	19339	7876	41
拉丁美洲和加勒比	18482	3310	18
西欧	4742	1968	42
东欧和独联体	23049	6783	29
中东和北非	8142	2566	32
撒哈拉以南非洲	7255	2209	30
太平洋地区	21354	4188	20
（中国）	9597	1056	11
中亚和南亚	4299	243	6
总计	106660	29143	27

1.1　风的形成及影响因素

1.1.1　风的形成

简单地说，空气的流动形成了风。空气流动得越快，风就越大。我们知道大气是由氮、氧、二氧化碳、水蒸气等多种气体混合组成，大约总重量为 6×10^{15} t。因为空气有重量，也就有压力。但是地球表面各处的气体压力并不均衡，从而引起空气从高压区向低压区流动，于是形成了所谓的“风”。由于气压的高低受多种因素影响，如地形的高低、大气温度的高低和湿度的大小，以及所处的纬度的高低的不同等都会对气压产生影响，从而制造出各种各样的“风”，如微风、狂风、暴风还有龙卷风等。

产生风的诸多因素中，气温的变化起最主要的作用。而气温的变化又是由于太阳辐射引起的，所以追根到底，风来自太阳的辐射，它是太阳能的一种转化形式。太阳光照在地球上使地球变热，由于地球上各地区纬度不同，所接受的太阳辐射强度也不一样。在赤道和低纬度地区，由于太阳高度角大，日照时间长，太阳辐射强度强，地区和大气接受的热量多，温度就比较高；在高纬度和地球两极地区，因为太阳高度角小，日照时间短，地面和大气接受的热量少，温度低。由于这种高纬度与低纬度之间的温度差异，导致南北之间的气压梯度使空气发生自然的水平运动，风应沿水平气压梯度方向吹，即垂直于等压线从高压向低压吹。地球赤道附近的热空气向上升，并通过大气层上部流向地球南北两极，两极地区的冷空气流向赤道。但是，因为地球每时每刻都在自西向东旋转，使得空气水平运动发生偏向。这种使空气水平运动发生偏向的力引起了北半球围绕低压区的反时针方向环流和南半球顺时针方向的环流，所以在气压梯度力和地转偏向力的综合作用下，地球大气发生运动，如图1-1所示。

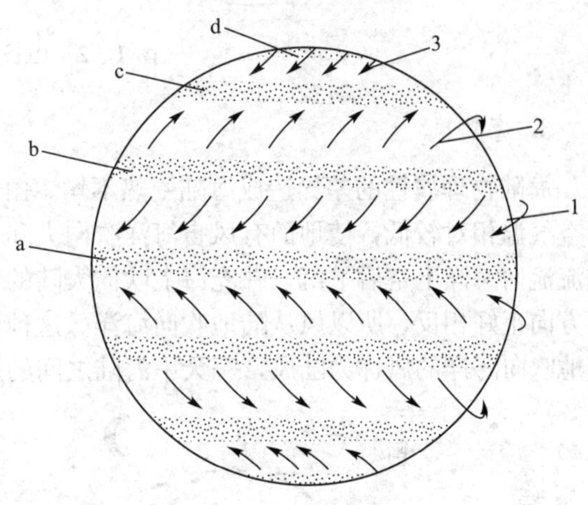

图1-1 大气风带

a—赤道低压带；b—副热带高压带；c—副极地低压带；d—极地高压带；1—信风带；2—西风带；3—极地东风带

1.1.2 风的分类

一般来说，风可以分为以下几类。

1. 季风

由于地球的公转和自传，风具有季节性和方向性。因为大陆与海洋的比热容不同，陆地的比热比海洋中海水的比热小，冬季内陆的高气压往往流向海洋温暖的低气压区。例如中国，海洋多数在南边，所以冬季多刮北风。相反，夏季太阳辐射到陆地，比海洋更热，因此多刮南风，我们称这种随季节转换的风为季风。在一天之中，昼夜风向也有变化，因为海水热容量大，太阳辐射升温慢，陆地则升温快，空气上升，气压低，所以白天海风向陆地吹。晚上陆地散热快，海水散热慢，温度高，气压低，陆地的风就刮向海洋。同样道理，大面积的湖泊与沿岸的风向关系也是这样。

2. 山谷风

地势高低不同，也能引起空气流动。在山区，白天太阳使山上空气温度升高，随着热空气上升，山谷冷空气随之向上运动，形成“谷风”。相反到夜间，空气中的热量向高处散发，气体密度增加，空气沿山坡向下移动，又形成所谓“山风”（图1-2）。另外局部温度梯度等因素也会使风能分布发生变化。当然这只是一般规律，特殊的地势情况往往会产生更为复杂的“风”。

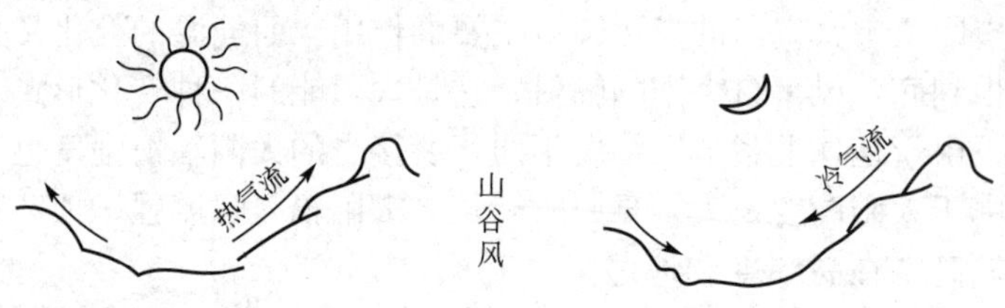

图 1-2　山谷风的形成

3. 海陆风

海陆物理属性的差异造成海陆受热不均。白天，陆上增温较海洋快，空气上升，而海洋上空气温相对较低，使地面有风自海洋吹向大陆，以补充大陆地区上升气流，而陆上的上升气流流向海洋上空后下沉，补充海上吹向大陆的气流，形成一个完整的热力环流；夜间环流的方向正好相反，所以风从陆地吹向海洋。这种白天从海洋吹向大陆的风称为海风，夜间从陆地吹向海洋的风称为陆风，一天中海陆之间的周期性环流总称为海陆风(图 1-3)。

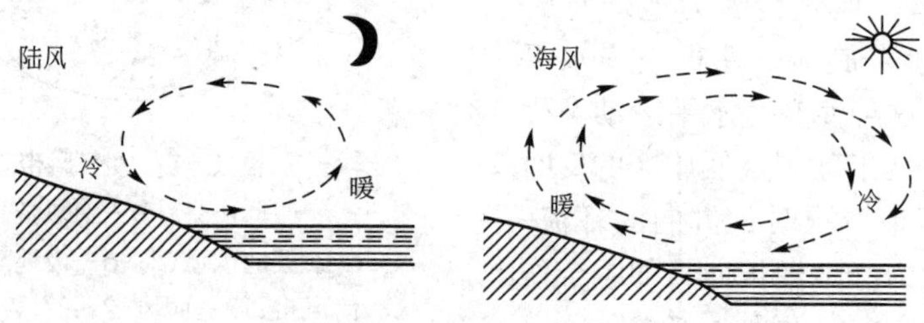

图 1-3　海陆风示意图

4. 台风

台风是产生于热带洋面上的强烈的热带气旋。在太阳的照射下，热带海洋的海面的海水温度逐渐升高，容易蒸发为水汽散布到空气中。热空气上升以后，四周的冷空气便乘虚而入，流入补充，然后，冷空气又因太阳照射变成热空气，再度向上升高。如此循环，最后使整个气流不断扩大而形成"风"。在广阔的海面上，气流循环不断加大。因为地球不停地由西而东自转，致使气流柱和地球表面产生摩擦，越接近赤道摩擦力越强，这就引导气流柱逆时针旋转(南半球是顺时针旋转)。由于地球自转的速度快而气流柱跟不上地球自转的速度便形成感觉上的西行，也就形成台风和台风路径。当近地面最大风速达到或超过 17.2m/s 时，称为台风。

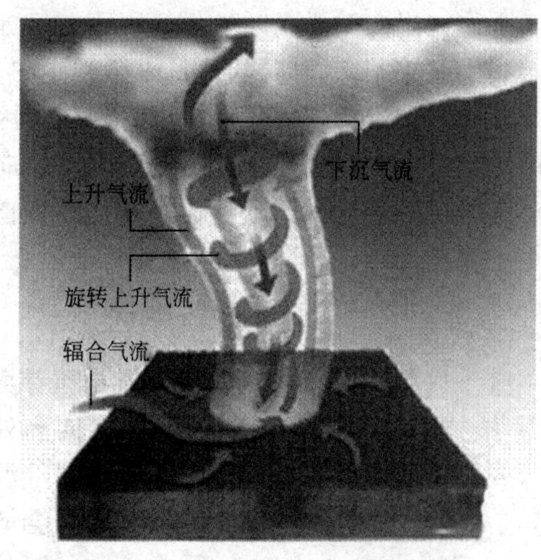

图 1-4　龙卷风示意图

5. 龙卷风

龙卷风是一种小范围的非常强烈的空气涡旋，是在极不稳定的天气条件下由空气强烈对运动而产生的，是由雷暴云底伸展到地面的漏斗状云产生的强烈的旋风，如图 1-4所示，其风力可达 12 级以上。

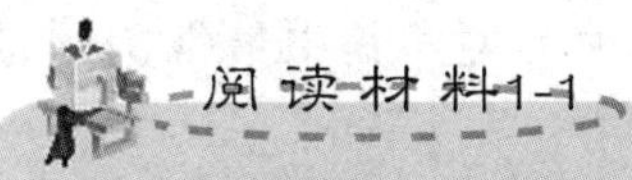

空中“象鼻”龙卷风

龙卷风是一种小范围的非常强烈的旋风，也是一种威力十分强大的旋风。虽然它的范围很小，一般只有二三百米，大的也不过2km，但破坏力却很大。

龙卷风的风速快达每秒100多米，甚至超过每秒200m，比台风的速度还要大得多。它的样子很像一个巨大的漏斗或大象的鼻子，从乌云中伸向地面。它往往来得非常迅速而突然，并伴有巨大的轰鸣声。有时会带来大雨、雷电或冰雹。龙卷风内部的空气很稀薄，压力很低，具有很强的吮吸作用，就像一只巨大的吸尘器，能把沿途的一切都吸到它的“漏斗”里，直到旋风的势力减弱变小或随龙卷风内的下沉气流下沉时，再把吸来的东西抛下来。因此，龙卷风对人、畜、树木、房屋等生命财产都有很大的破坏作用。当它伸到陆地表面时，可拔树倒屋，把大量沙尘等物吸到空中，形成尘柱，称陆龙卷；当它伸到海面或其他水面时，能吸起高大水柱，还会把海水连鱼甚至船只一起吸到空中，称海龙卷或水龙卷，中国民间也称为“龙吸水”。由于龙卷风有巨大的卷吸力，常常把海中的鱼类、粮仓中的粮食或其他带有颜色的东西卷吸到高空，然后再随暴雨降落到地面，于是就形成了“鱼雨”、“豆雨”、“血雨”甚至“钱雨”等奇怪的现象。

龙卷风形成的原因目前尚无定论。一般认为，在夏季对流运动特别强烈的雷雨云中，上下温差很大，空气扰动十分厉害，在地面，气温是摄氏二十几度，越往高空，温度越低。在雷雨云顶部八千多米的高空，温度低到摄氏零下三十几度。这样，上面冷的气流急速下降，下面热的空气猛烈上升。当强烈上升的气流到达高空时，如遇到很大的水平方向的风，就会迫使上升的气流向下倒转，结果就会产生许多小漩涡。经过上下层空气进一步的激烈扰动，这些漩涡便会逐渐扩大，形成一个呈水平方向的空气旋转柱。然后，这个空气旋转柱的一端渐渐向下伸出云底呈漏斗状，这就是龙卷风。

1.2 风的测量

风为矢量，既有大小，又有方向，所以风的测量包括风向和风速两项。

1.2.1 风向测量

风向测量是指测量风的来向。

1. 风向标

风向标是测量风向的最通用的装置，有单翼型、双翼型和流线型等。风向标一般是由层翼、指向杆、平衡锤及旋转主轴四部分组成的首尾不对称的平衡装置。其重心在支撑轴的轴心上，整个风向标可以绕垂直轴自由摆动，在风的动压力作用下取得指向风的来向的一个平衡位置。风向的指示、传送和指示风向标所在方位的方法很多，有电触点盘、环形电位、自整角机和光电码盘 4 种类型，其中最常用的是光电码盘。

风向杆的安装方位指向正南。风速仪(风速和风向)一般安装在离地 10m 的高度上。

2. 风向表示法

风向一般用 16 个方位表示，即北东北(NNE)、东北(NE)、东东北(ENE)、东(E)、东东南(ESE)、东南(SE)、南东南(SSE)、南(S)、南西南(SSW)、西南(SW)、西西南(WSW)、西(W)、西西北(WNW)、西北(NW)、北西北(NNW)、北(N)。静风记为 C。风向也可以用角度来表示，以正北为基准。顺时针方向旋转，东风为 90°，南风为 180°，西风为 270°，北风为 360°，如图 1-5所示。

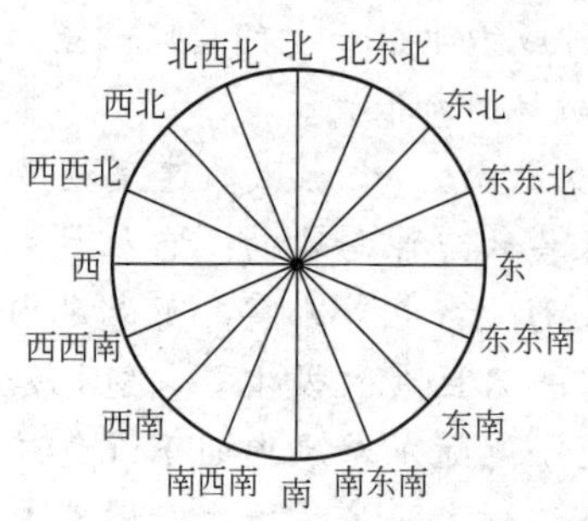

图 1-5　风向方位图

各种风向的出现频率通常用风玫瑰图来表示，风玫瑰图是在极坐标图上，点出某年或某月各种风向出现的频率，如图 1-6所示，不同地点和不同时间里，风玫瑰图是不一样的。同理，统计各种风向上的平均风速和风能的图分别称为风速玫瑰图和风能玫瑰图。测定风向的仪器之一为风速风向仪，如图 1-7所示。

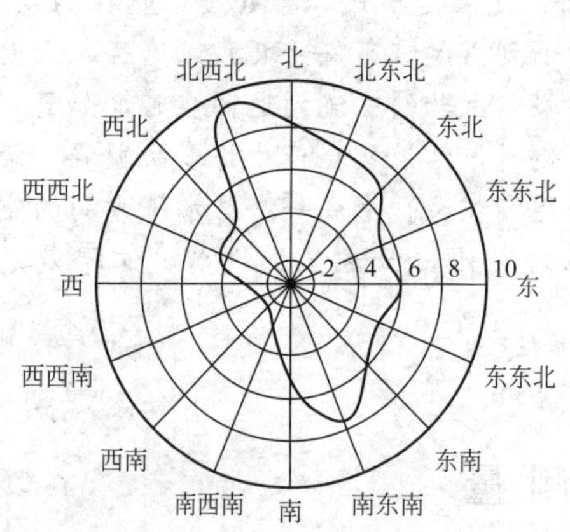

图 1-6　风玫瑰图

图 1-7　风速风向仪

风速风向仪一般设在离地面 10～12m 高的位置，如果附近有障碍物，其安置高度至少要高出障碍物 6m 以上，指北的短棒要正对北方。风向箭头指在哪个方向，就表示当时刮什么方向的风。测风器上还有一块长方形的风压板，风压板旁边装一个弧形框架，框架上有长短齿。风压板扬起所经过长短齿的数目表示风力大小。

1.2.2　风速的测量

风时有时无，时大时小，很不稳定，风的大小是用风速和风级来衡量的。风速就是指空气在单位时间内流动的距离，常用 m/s、km/h 等来表示。测量风速的仪器称为风速仪，用风速仪测得的风速是当时的瞬时风速，由于风速是不断地变化的，所以风速常用某一段时间内的平均值来表示，如日平均风速、月平均风速或年平均风速。

虽然风的大小能用风速来表示，但日常生活中人们更习惯用风级来表示风的强弱，特别是在天气预报中。我国是用风级来表示风大小的古老国家之一，远在唐代，科学家李淳风就在他的著作《乙已占》中提出过九级风的划分标准，而且非常直观形象，如“动叶、鸣条、摇枝、坠叶、折小枝、折大枝、折木、飞沙石、拔大树”。1805年，英国人蒲福总结提出了更精确的风级划分标准，从0级到12级，共分13个等级。随后又补充了每级风的相应的风速数据，使人们从直接的直观现象发展到依靠精确的风速数来确定风级。后来逐渐被国际公认，称它为“蒲氏风级”。1946年国际风级的划分增加到18级。但是人们常用的还是12级风的标准，因为13级以上的风很少出现。在我国，人们还是习惯用根据民间经验歌谣划分风级的大小，见表1-1。在没有风速计时可以根据它来粗略估计风速。

表1-1 风的等级

级别	风速/(m/s)	陆地	海面	浪高/m
0	小于0.3	静烟直上	水面平静，几乎看不到水波	
1	0.3～0.6	烟能表示风向，但风标不能转动	出现鱼鳞似的微波，但不构成浪	0.1
2	1.6～3.4	人的脸部感到有风，树叶微响，风标能转动	小波浪清晰，出现浪花，但并不翻滚	0.2
3	3.4～5.5	树叶和细树枝摇动不息，旌旗展开	小波浪增大，浪花开始翻滚，水泡透明像玻璃，并且到处出现白浪	0.6
4	5.5～8.0	沙尘风扬，纸片飘起，小树枝摇动	小波浪增长，白浪增多	1
5	8.0～10.8	有树叶的灌木摇动，池塘内的水面起小波浪	波浪中等，浪延伸更清楚，白浪更多(有时出现飞沫)	2
6	10.8～13.9	大树枝摇动，电线发出响声，举伞困难	开始产生大的波浪，到处呈现白沫，浪花的范围更大(飞沫更多)	3
7	13.9～17.2	整个树木摇动，人迎风行走不便	浪大，浪翻滚，白沫像带子一样随风飘动	4

（续）

级别	风速/(m/s)	陆地	海面	浪高/m
8	17.2～20.8	小的树枝折断，迎风行走很困难	波浪加大变长，浪花顶端出现水雾，泡沫像带子一样清楚地随风飘动	5.5
9	20.8～24.5	建筑物有轻微损坏（如烟囱倒塌，瓦片飞出）	出现大的波浪，泡沫呈粗的带子随风对动，浪前倾，翻滚，倒卷，飞沫挡住视线	7
10	24.5～28.5	陆上少见，可使树木连根拔起或将建筑物严重损坏	浪变长，形成更大的波浪，大块的泡沫像白色带子随风飘动，整个海面呈白色，波浪翻滚	9
11	28.5～32.7	陆上很少见，有则必引起严重破坏	浪大高如山（中小船舶有时被波浪挡住而看不见），海面全被随风流动的泡沫覆盖。浪花顶端刮起水雾，视线受到阻挡	11.5
12	32.7 以上	陆上极少见，有则必引起严重破坏	空气里充满水泡和飞沫变成一片白色，影响视线	14

为了准确测量风力大小，人们在野外常用轻便风速仪来测风。风速仪一般由感应部分和计数器组成。感应部分一般为叶轮形式，叶轮的轴杆启动内含 8 个电磁极的圆形磁铁。置于磁铁旁的双霍尔传感器测到磁场中电极的转变信号。传感器的信号转换为电子频率且和风速成正比，可观测到旋转方向，如图 1－8、1－9 所示。

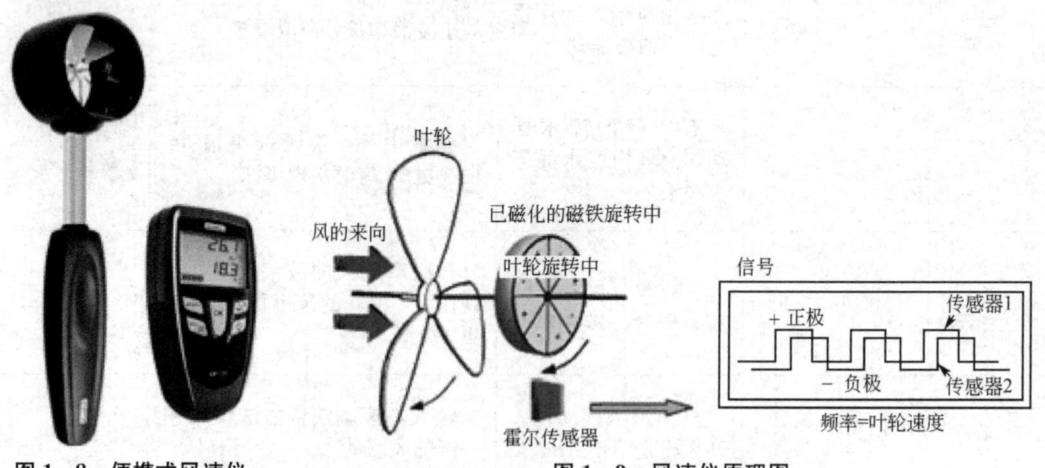

图 1－8　便携式风速仪　　　图 1－9　风速仪原理图

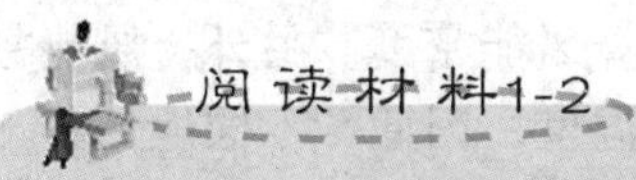

风速测量仪器

1. 风杯风速计

它是最常见的一种风速计。转杯式风速计最早由英国鲁宾孙发明，当时是四杯，后来改用三杯。3个互成度固定在架上的抛物形或半球形的空杯都顺一面，整个架子连同风杯装在一个可以自由转动的轴上。在风力的作用下风杯绕轴旋转，其转速正比于风速。转速可以用电触点、测速发电机或光电计数器等记录。

2. 螺旋桨式风速计

它是一组三叶或四叶螺旋桨绕水平轴旋转的风速计。螺旋桨装在一个风标的前部，使其旋转平面始终正对风的来风速计向，它的转速正比于风速。

3. 热线风速计

它是一根被电流加热的金属丝。流动的空气使它散热，利用散热速率和风速的平方根呈线性关系，再通过电子线路线性化(以便于刻度和读数)，即可制成热线风速计。热线风速计分旁热式和直热式两种。旁热式的热线一般为锰铜丝，其电阻温度系数近于零，它的表面另置有测温元件。直热式的热线多为铂丝，在测量风速的同时可以直接测定热线本身的温度。热线风速计在小风速时灵敏度较高，适用于对小风速测量。它的时间常数只有百分之几秒，是大气湍流和农业气象测量的重要工具。

4. 声学风速表

在声波传播方向的风速分量将增加(或减低)声波传播速度，利用这种特性制作的声学风速表可用来测量风速分量。声学风速表至少有两对感应元件，每对包括发声器和接收器各一个。使两个发声器的声波传播方向相反，如果一组声波顺着风速分量传播，另一组恰好逆风传播，则两个接收器收到声脉冲的时间差值将与风速分量成正比。如果同时在水平和铅直方向各装上两对元件，就可以分别计算出水平风速、风向和铅直风速。由于超声波具有抗干扰、方向性好的优点，声学风速表发射的声波频率多在超声波段。

资料来源：http：//baike. baidu. com/view/865062. htm

1.2.3 风能密度

空气具有质量，流动的空气具有速度，所以流动的空气具有动能，也就是说风具有动能，我们称之为风能。通过单位截面积的风所含的能量称为风能密度，常以 W/m^2 来表示。也就是空气在一秒钟时间内以 V 的速度流过单位面积所产生的动能为风能，它的一般表达式为

$$E=\frac{1}{2}\rho V^3$$

式中：E——风能密度；

ρ——空气密度；

V——空气速度。

从上式可看出，风能密度与空气的速度的立方成正比，所以风速的大小对风能密度有

很大的影响。由于风速的不稳定性，我们一般用平均风速来计算风能密度。另外，风能密度也和空气的密度有直接关系，而空气的密度则取决于气压和温度。因此，不同地方、不同条件的风能密度是不同的。

1.3 风资源分布

1.3.1 世界风能资源分布

1981年，在为世界气象组织(World Meteorological Organization，WMO)所进行的一项研究中，太平洋海军实验室(Pacific Naval Laboratory，PNL)绘制了一份世界范围的风资源图。该图给出了不同区域的平均风速和平均风能密度。但由于风速会随季节、高度、地形等因素的不同而变化，因此风的资源量只是一个推算估评。根据世界范围的风能资源图估计，地球陆地表面(107×10^6 km^2)的27%的年平均风速高于5m/s(距地面10m处)。表1-2给出了地面平均风速高于5m/s的陆地面积，这部分面积总共约为3×10^7 km^2。

表1-2　全球的风资源分布

地区	陆地面积/10^3 km^2	风力为3～7级所占的比例和面积	
		比例/%	面积/10^3 km^2
北美	19339	41	7876
拉丁美洲和加勒比	18482	18	3310
西欧	4742	42	1968
东欧和独联体	23047	29	6783
中东和北非	8142	32	2566
撒哈拉以南非洲	7255	30	2209
太平洋地区	21354	20	4188
(中国)	9597	11	1056
中亚和南亚	4299	6	243
总计	106660	27	29143

要想正确计算地球上的风能贮存量是很困难的。根据世界气象组织(WMO)的估计，全世界的风能约有3×10^7kW，其中能为风力机利用的风能约为2×10^{10}kW。另一种估计认为，地球上近地层每年的风能总量为1.3×10^{12}kW，可利用的风能至少有10^9kW。

1.3.2 中国风能资源的分布

我国幅员辽阔，陆疆总长达2万多km，还有18000多km的海岸线，风能资源比较丰富，仅次于俄罗斯和美国，居世界第三位。全国风能密度为$100W/m^2$，风能资源总储量约1.6×10^5MW，主要分布在东南沿海及附近岛屿、内蒙古、甘肃走廊、新疆和青藏高原等地区。其中有些地区年平均风速可达6～7m/s，年平均有效风能密度(一般按3～20m/s有效风速计算)在200W/m^2以上，3m/s以上风速出现时间超过4000小时/年。按照有效风能密度的大小和3～20m/s风速全年出现的累积时数，我国风能资源的分布可划分为风能丰富区、风能较丰富区、风能可利用区以及风能贫乏区等4类区域，如图1-10所示。

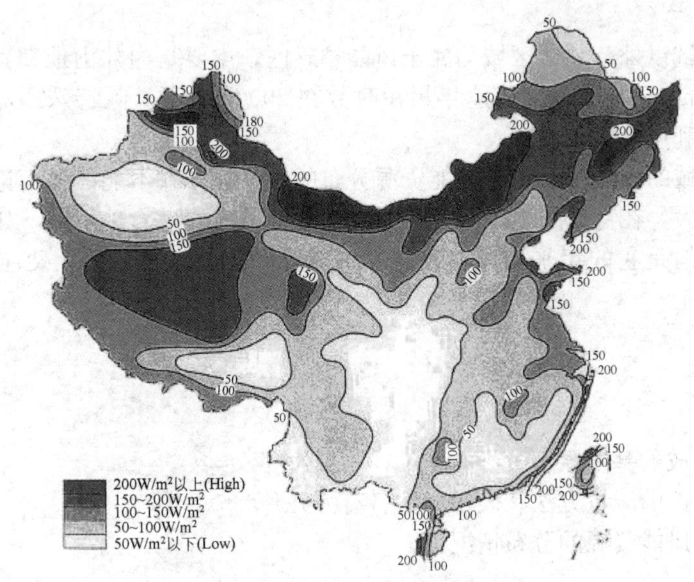

图1-10 我国的风能资源分布

1. 风能丰富区

我国东南沿海、山东半岛和辽东半岛及其附近的海岛、内蒙古北部和松花江下游地区、新疆和甘肃有些地区，都是风能丰富区。这些地区的有效风能密度一般都超过200W/m^2，有些海岛甚至可达300W/m^2，如福建省有的海岛上最高达500W/m^2。3～20m/s有效风速出现频率高达70%，全年在6000h以上。东南沿海地区的风能资源主要集中在海岛和距海岸10余km内的沿海陆地区域。由于受丘陵地势的影响，海风登陆后风速迅速下降，在离海岸50km后一般风速要降低到60%～65%。内蒙古北部和松花江下游是内陆风能最丰富的地区，由于受蒙古和贝加尔湖一带气压变化的影响，该地区春季风力最大，秋季小些。

2. 风能较丰富区

从汕头海岸向北沿东南沿海约20～50km地带和东海及渤海沿岸地区，从东北图们江口向西沿燕山北麓经河西走廊过天山到艾比湖南岸，横穿我国东北、华北、西北的广大地区，以及西藏高原中部和北部地区，都是风能较丰富区。该区风能资源的特点是有效风能密度为150～200W/m^2，3～20m/s风速出现的全年累积时间为4000～5000h。青藏高原中部和北部地区风能密度在50～150W/m^2，而有效风速出现的累积时间却与风能丰富区差不多，如茫崖达6500h。当然，高原地带空气稀薄，风能密度低，风的能量有所下降。

3. 风能可利用区

风能可利用区包括南岭以南，离海岸约在50～100km的地带，大、小兴安岭山地，三北地区中部，黄河和长江中下游以及川西和云南部分地区。该区有效风能密度在50～150W/m^{2}之间，3～20m/s风速年出现时数约在2000～4000h之间。这是我国分布最广的地区，一般风能集中在冬春两季。

4. 风能贫乏区

除上述三区域以外，其他区域均属于风能贫乏区，主要是内陆山地和盆地。该区风能密度低于50W/m^2，3～20m/s风速年累积时数在2000h以下。除特殊地形外，在该区范围内基本无风能利用价值。

上述4个区域的划分仅反映了风能资源分布的总趋势，并不能一概而论，因为风受地形条件的影响较大，在特殊的地理环境中，局部地方风能的潜力也不同，如吉林天池位于风能可利用区，但是它的年平均风速高达11.7m/s，居全国之冠，无疑应属于风能最丰富区。

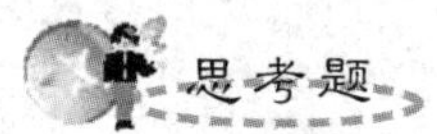

1. 简述风形成的基本原理。
2. 风向和风速的测量方法和表示方法各有哪几种?
3. 简述中国风能资源的分布情况。

第2章 风力机的基础理论

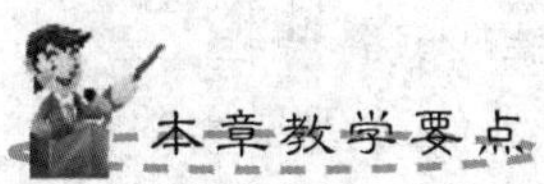

知识要点	掌握程度	相关知识
贝兹理论	掌握贝兹理论	贝兹理论在风力机能量转换的作用
翼型的几何参数和空气动力特性、风轮的气动力学	掌握翼型的几何参数；熟悉翼型的作用力及其相互关系；掌握风轮上的作用力	风力机叶片的气动问题对风力机的功率输出和风能利用率的影响
翼型数据	了解相关翼型数据	翼型的发展及其应用
简化的风车理论	熟悉简化的风车理论对叶片外形的确定方法	简化的风车理论在风力机设计中的应用
葛劳涡漩涡流理论	理解葛劳涡涡流理论，熟悉葛劳涡理论对叶片上不同距离的弦长和安装角的确定	葛劳涡理论和风力机其他相关涡流理论的关系
风力机的相似特性和换算	掌握相似特性及其换算，掌握相似特性在风车计算中的应用	相似特性及定律的应用

导入案例

风力机叶片翼型的研究现状

风电技术复杂，风力发电机组的叶片作为捕获风能最直接的部件，其价值占到整机价值的25%左右。叶片的直径、弦长、各截面翼型选择、纵向的扭角分布等都会影响到叶片的气动性能，进而影响风轮的功率输出，而叶片的结构、材料和工艺直接影响风机的强度、疲劳、震动、载荷及成本等。因此，设计良好的叶片，翼型应该具有较佳的空气动力学性能、良好的结构和制造工艺，这样风力发电机组才能稳定运行并具有高的功率输出。目前，因为风力发电机组向着更高的额定功率发展，最大的叶轮直径已经达到125m，风电机组对叶片的气动性能、结构和工艺提出了更高的要求。

1. 国外发展与研究状况

风机翼型的设计分析理论从根本上决定风机整体的功率特性和载荷特性。因为其重要性，翼型设计分析理论的研究一直是世界各国专家和学者的科研热情所在。风机翼型的发展来源于低速应用的翼型，如滑翔机翼型。早期运用在风机上的低速翼型有WortmannFX-77翼型和NASALS翼型。20世纪80年代，美国国家可再生能源实验室(NREL)的Tangler和Somers发展了许多的NREL翼型，对促进风机翼型的发展做出了很大贡献。同时，他们也提出了翼型的反设计方法。对NREL翼型相关阐述可以在NREL一系列报告中找到。后续的瑞典的Bj. rkA发展了FFA-W系列的翼型，荷兰代尔夫特理工大学的TimmerWA和vanRooij也对风机翼型的发展做出了贡献，发展了DU系列的翼型。20世纪90年代中期，丹麦Risϕ风能重点实验室开始研制新的风机翼型，到目前为止已经发展出了Risϕ-AL、Risϕ-P和Risϕ-BI三种翼型系列。

2. 国内发展与研究状况

当前，风机叶片产业已经日臻成熟，叶片作为风电设备的核心部件，价值量最大。由于风机叶片的技术含量与准入门槛较高，国内目前具备叶片规模生产能力的企业并不多[4]。国内风机叶片制造企业多数是引进国外成熟的叶片制造技术，如中复集团就是从德国引进了整套1.5MW风力发电复合材料叶片制造技术，在连云港建立了叶片生产基地。如何国产化风机叶片制造技术，是缓解我国新能源的需求，推进风机整机国产化的重要过程。上海玻璃钢研究所通过引进国外产品，对系列化的风机叶片进行研究开发和小批量生产，在风机叶片结构设计、静动测试、模具装备、工艺和质保系统方面积累了宝贵的经验，并积极地推进了2MW机产品的研发。

资料来源：风力机叶片翼型的研究现状与趋势. super science，2010(6).

2.1 贝兹(Betz)理论

贝兹假设了一种理想的风轮，即假设风轮是一个平面圆盘(叶片无穷多)，空气没有摩擦和粘黏性，气流通过风轮时速度为轴向方向。现研究一理想风轮在流动的大气中的情况(图2-1)。

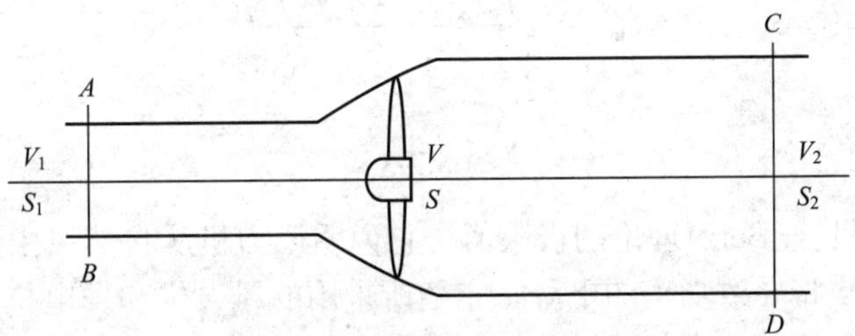

图 2-1 理想风轮的气流模型

设通过风轮的气流其上游截面面积为 S_1，速度为 V_1，下游截面面积为 S_2，速度为 V_2，通过风轮时的截面为 S，速度为 V。由于风轮所获得的机械能量仅由空气的动能降低所致，因而 V_2 必然低于 V_1，所以通过风轮的气流截面积从上游至下游是增加的，即 S_2 大于 S_1。假定空气是不可压缩的，由连续条件可得

$$S_1V_1=SV=S_2V_2$$

风作用在风轮上的力可由欧拉理论写出

$$F=\rho SV(V_1-V_2) \tag{2-1}$$

故风轮吸收的功率为

$$P=FV=\rho SV^2(V_1-V_2) \tag{2-2}$$

此功率是由动能转换而来的。从上游至下游动能的变化为 ΔT，则有：

$$\Delta T=\frac{1}{2}\rho SV(V_1^2-V_2^2) \tag{2-3}$$

令式(2-2)与式(2-3)相等，得到

$$V=\frac{V_1+V_2}{2} \tag{2-4}$$

作用在风轮上的力 F 和输出的功率 P 可写为

$$F=\frac{1}{2}\rho SV(V_1^2-V_2^2) \tag{2-5}$$

$$P=\frac{1}{4}\rho S(V_1^2-V_2^2)(V_1+V_2) \tag{2-6}$$

对于给定的上游速度 V_1，功率 P 的变化可以看成是 V_2 的函数，微分为

$$\frac{\mathrm{d}P}{\mathrm{d}V_2}=\frac{1}{4}\rho S(V_1^2-2V_1V_2-3V_2^2)$$

方程式$\frac{\mathrm{d}P}{\mathrm{d}V_2}=0$有两个解。

$V_2=-V_1$，没有物理意义。

$V_2=V_1/3$，对应于最大功率。

以 $V_2=V_1/3$ 代入 P 的表达式，得到最大输出功率为

$$P_{\max}=\frac{8}{27}\rho SV_1^3 \tag{2-7}$$

将式(2-7)除以气流通过扫风面 S 时风所具有的动能，可推得风力机的理论最大效率(或称理论风能利用系数)：

$$C_{p\max}=\frac{P_{\max}}{\frac{1}{2}\rho V_1^3 S}=\frac{(8/27)S\rho V_1^3}{\frac{1}{2}S\rho V_1^3}$$

$$=\frac{16}{27}\approx 0.593 \tag{2-8}$$

式(2－8)即为贝兹(Betz)理论的极限值。它说明风力机从自然风中所能索取的能量是有限的。能量的转换将导致功率的下降，它随所采用的风力机和发电机的型式而异，其能量损失一般约为最大输出功率的1/3，也就是说，实际风力机的功率利用系数$C_P<0.593$。因此，风力机实际能得到的有用功率输出是

$$P=\frac{1}{2}\rho V_1^3 S C_p \tag{2-9}$$

2.2　翼型的几何参数和空气动力特性

无论风力机的型式如何，其主要元件是叶片。可以把叶片看成旋转的机翼，为了更好地理解它的功能，特别是选择它的最佳形状和尺寸，必须懂得有关翼型的基本空气动力学知识。

先研究一不动的叶片，其承受的风速为V，假定风速方向与翼型横截面平行。

2.2.1　翼型的几何参数和气流角

翼型的几何参数和合流角如图2－2所示，图中各参数含义如下。

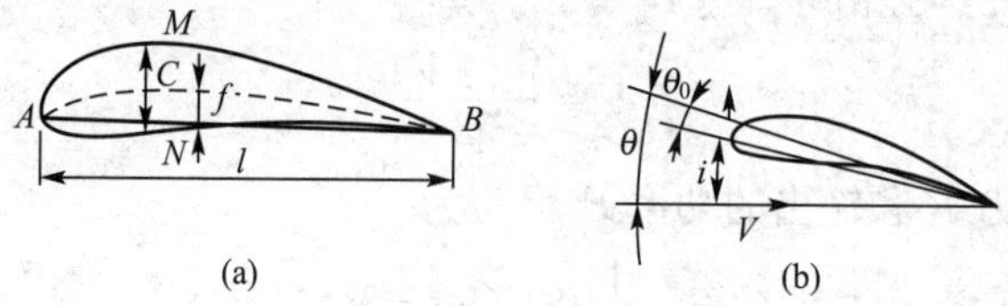

图2－2　翼型的几何参数和气流角

B点——后缘；

A点——前缘，它是距后缘最远的距离；

AMB——上表面；

ANB——下表面；

$AB=l$——翼型的弦长，是两端点A、B连线方向上翼型的最大长度；

C——最大厚度，即弦长法线方向之叶型最大厚度；

$\overline{C}$、C/l——叶型相对厚度，通常为10%～15%；

翼型中线——从前缘点开始，与上、下表面相切的诸圆之圆心的连线，一般为曲线；

f——翼型中线最大弯度；

$\bar{f}=f/l$——翼型相对弯度；

i——攻角，是来流速度V与弦线间的夹角；

θ_0——零升力角，它是法线与零升力线间的夹角；

θ——升力角，来流速度方向与零升力线间的夹角。

$$i=\theta+\theta_0 \tag{2-10}$$

此处 θ_0是负值，i 和 θ 是正值。

2.2.2 作用在运动翼型上的气动力

假设叶片不动，而空气以相同的速度从相反方向吹来，则作用在叶片上的空气动力恒不变。作用力仅仅取决于相对速度和迎角。为了便于说明，先研究静止的叶片置于流动的空气中，其无穷远来流速度为 V 时的情况。

此时，作用在叶片表面上的空气压力是不均匀的，上表面压力减少，下表面压力增加。按照伯努利理论，叶片上表面的气流速度较高，叶片下表面的气流速度则比来流低。因此，围绕叶片的流动可看成由两个不同的流动组合而成：一个是将翼型置于均匀流场中时围绕翼型的零升力流动，另一个是空气环绕叶片表面的流动。而叶片升力则由于在叶片表面上存在一速度环量造成，如图 2-3所示。

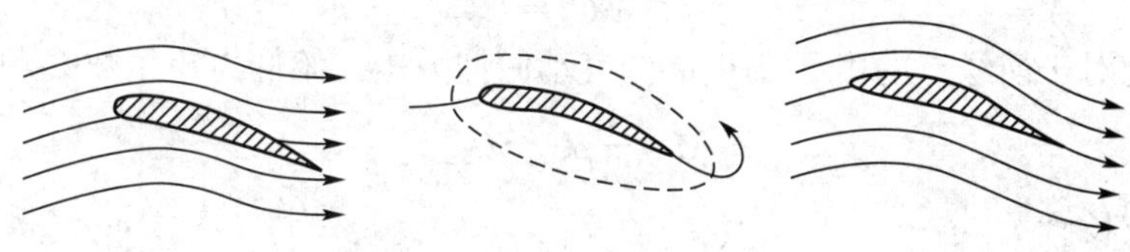

图 2-3 气流绕翼型的流动

为了表示压力沿表面的变化，可作叶片表面的垂线，用垂线的长度 K_p 表示各部分压力则大小为

$$K_p=\frac{p-p_o}{\frac{1}{2}\rho V^2} \tag{2-11}$$

式中：p——叶片表面上的静压力；

ρ、p_0、V——无穷远处的来流条件，即远离翼叶截面未受干扰的气流状况。

连接各垂直线段长度 K_p 的端点，得到如图 2-4(a)所示内容，其中上表面 K_p 为负，下表面 K_p 为正。

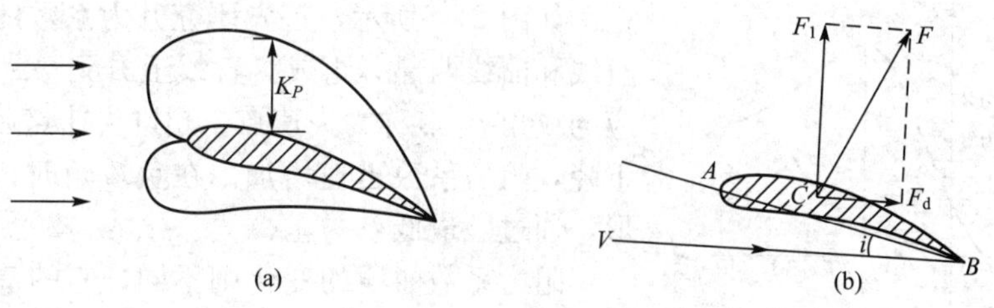

图 2-4 作用在翼叶上的力

所有作用在叶片上的各个力的合力 F，通常与气流方向斜交，与相对速度的方向有关，并可用下式表示：

$$F=\frac{1}{2}\rho C_r S V^2 \tag{2-12}$$

式中：ρ——空气密度；

S——叶片面积，等于弦长×叶片长度；

C_r——总的气动力系数。

这个力可以分解为两个分力：

F_d——平行于气流速度 V 的分力，阻力 F_d；

F_l——垂直于气流速度 V 的分力，升力 F_l

F_d 与 F_l 可分别表示为

$$F_d=\frac{1}{2}\rho C_d SV^2 \tag{2-13}$$

$$F_l=\frac{1}{2}PC_l SV^2 \tag{2-14}$$

式中：C_d、C_l——分别为阻力系数和升力系数。

因这两个力互相垂直的，故可写成

$$F_d^2+F_l^2=F^2$$
$$C_d^2+C_l^2=C_r^2$$

设 M 为相对于前缘点的由 F 力引起的气动俯仰力矩，俯仰力矩系数 C_M 由下式定义：

$$M=\frac{1}{2}\rho C_M SlV^2 \tag{2-15}$$

式中：l——弦长。

因此，作用在叶片截面上的空气动力可以由升力、阻力和俯仰力矩三部分来表示。

由图 2-4(b)可看出，对于各个攻角值，总有一特殊点 C，空气动力 F 对该点的气动力矩为零，称为压力中心。于是，作用在叶型截面上的气动力可表示为作用在压力中心上的升力和阻力。压力中心与前缘点的相对距离可用比值 C_P 确定。

$$C_P=\frac{AC}{AB}=\frac{C_M}{C_l} \tag{2-16}$$

一般 C_P＝25％～30％。

2.2.3 升力和阻力系数的变化曲线

1. C_l和 C_d 随攻角的变化

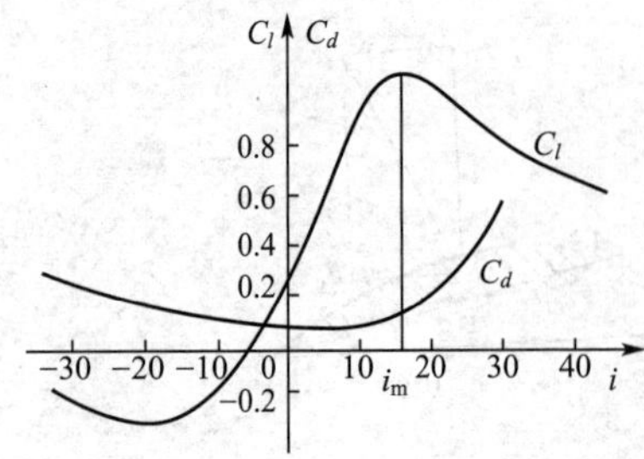

图 2-5 翼叶的升力和阻力系数

如图 2-5所示，首先研究升力系数的变化，它由直线和曲线两部分组成。直线上升到最大值 C_{lmax}，对应的攻角 i_M 点称为失速点。超过失速点后，升力系数下降，阻力系数迅速增加。在负攻角时，C_l 也呈曲线形，通过一最低点 C_{lmin}。

阻力系数曲线的变化则不同，它的最小值对应于一确定的攻角值。

不同的翼型截面形状对升力和阻力的影响不同，现分述如下。

1）弯度的影响

叶型的弯度加大后，导致上、下弧流速差加大，从而使压力差加大，故升力增加；与此同时，上弧流速加大，摩擦阻力上升，并且由于迎流面积加大，故压差阻力也加大，导致阻力上升。因此，同一攻角时，随着弯度增加，其阻力、升力都将显著增加，但阻力比升力的增加更快，使升阻比将有所下降。

2）厚度的影响

叶型厚度增加后，其影响与弯度类似。同一弯度的叶型采用较厚的翼型时，对应于同一攻角的升力有所提高，但对应于同一升力的阻力也较大，使升阻比有所下降。

3）前缘的影响

试验表明，当翼型的前缘抬高时，在负攻角情况下阻力变化不大；前缘低垂时，则在负攻角时阻力迅速增加。

4）表面粗糙度和雷诺数的影响

表面粗糙度和雷诺数对翼叶空气动力特性有着重要影响。图2-6所示为雷诺数和表面粗糙度对几种翼型(NACA0012、NACA23012、23015、NACA4412、4415)的气动力特性的影响曲线。

当叶片在运行中出现失速以后，噪声常常会突然增加，引起风力机的振动和运行不稳等现象。因此，在选取 C_l 值时，以失速点作为设计点是不好的。对于水平轴型风力机而言，为了使风力机在稍向设计点右侧偏移时仍能很好地工作，所取的 C_l 值最大不超过(0.8～0.9)$C_{l\max}$。

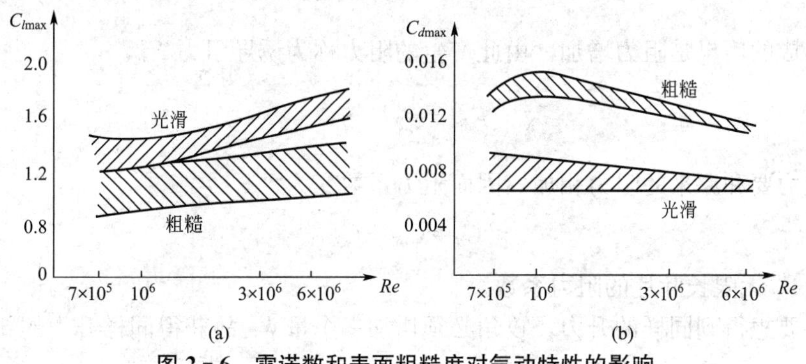

图2-6 雷诺数和表面粗糙度对气动特性的影响

2. 升力系数对阻力系数曲线(埃菲尔极曲线——Eiffel Polar)

将 C_l 和 C_d 表示成对应的变化关系，称为埃菲尔极线，如图2-7所示。其中直线 OM 的斜率是：$\tan\theta=C_l/C_d$。

当 OM 与 C_l/C_d 曲线相切时，θ为最大值，而 C_d/C_l 为最小值。该变化曲线通常按攻角大小分段(图2-7(b))。利用 $\tan\theta$ 和攻角之间的关系曲线，能很容易找出最佳攻角范围的大小。

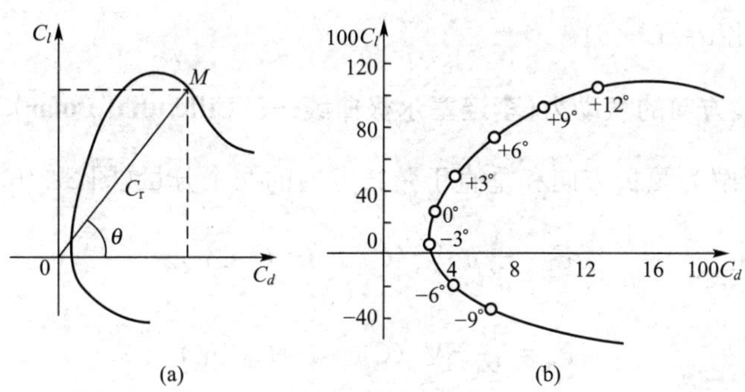

图2-7 埃菲尔极线

2.2.4 有限叶片的影响

上述结果仅适用于叶片无限长时，对于有限长度的叶片，其结果必须修正。

由于一个升起的叶片的下表面压力大于大气压，上表面压力低于大气压，因此叶片两端气流企图从高压侧向低压侧流动，结果在两端形成涡流。实际上，由于叶尖的影响，两端形成一系列的小涡流，这些小涡流又汇合成两个大涡流，卷向翼尖内侧，如图 2-8 所示。

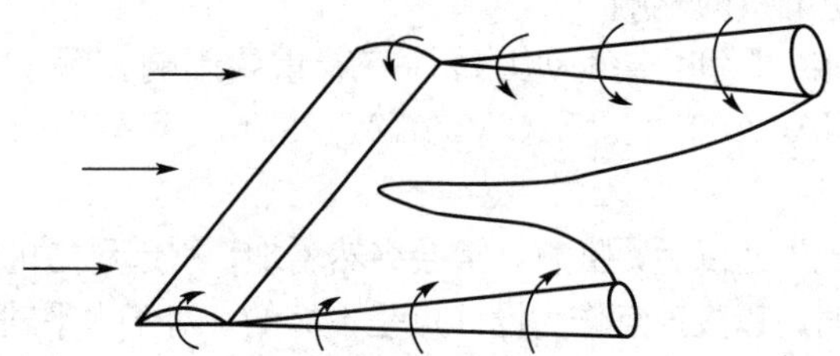

图 2-8 有限叶片形成的涡流

涡流形成的后果是阻力增加，由此产生的阻力称为诱导阻力 F_{di}。

$$F_{di}=\frac{1}{2}\rho C_{di}SV \tag{2-17}$$

诱导阻力要和原来的阻力相加，因而阻力系数变为

$$C_d=C_{d0}+C_{di} \tag{2-18}$$

式中：C_{d0}——无限长叶片的阻力系数。

为此，要想得到同样的升力，攻角必须增加一个量 ϕ，故获得同样升力的新攻角为

$$i=i_0+\phi \tag{2-19}$$

由流体力学知，当环量的分布呈椭圆形时，C_{di} 和 ϕ 可由下列关系式来表达：

$$\left.\begin{aligned}C_{di}&=\frac{S}{L^2}-\frac{C_l^2}{\pi}=\frac{C_l^2}{\pi a}\\ \phi&=\frac{S}{L^2}-\frac{C_l}{\pi}=\frac{C_l}{\pi a}\end{aligned}\right\} \tag{2-20}$$

式中：S——叶片面积；

L——叶片长度；

a——展弦比($a=L^2/S$)。

2.2.5 弦线和法线方向的气动力(李连塞尔极曲线——Lilienthal Polar)

如果将 F 力分解为弦长方向和垂直于弦长方向的两个分量(图 2-9(a))，则有

弦长方向： $$F_i=\frac{1}{2}\rho SV^2(C_d\cos i-C_l\sin i)$$

垂线方向： $$F_n=\frac{1}{2}\rho SV^2(C_l\cos i+C_d\sin i)$$

上式可进一步写成

$$F_i=\frac{1}{2}\rho C_i SV^2,\quad F_n=\frac{1}{2}\rho C_n SV^2 \tag{2-21}$$

$$\begin{cases}C_n=C_l\cos i+C_d\sin i\\ C_i=C_d\cos i-C_l\sin i\end{cases} \tag{2-22}$$

C_n 与 C_i 对应的曲线如图 2-9(b)所示，称为李连塞尔极曲线(Lilienthal Polar)。

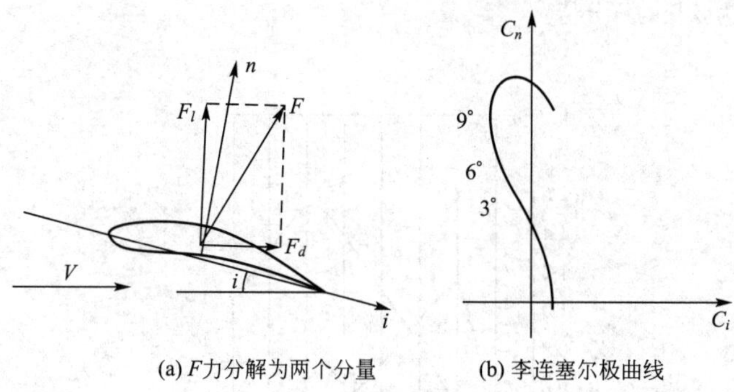

(a) F力分解为两个分量　　(b) 李连塞尔极曲线

图 2-9　弦线和法线方向的气动力

2.3　翼型数据

近代风力机是基于了航空学上的成就而发展起来的。1927 年美国开始采用螺旋桨翼叶风力机进行风力发电，气动效率大大提高，其后，螺旋桨型叶片获得广泛应用。

2.3.1　叶型数据和特性

叶型的种类很多，性能良好的低速机翼或螺旋桨叶型均可作为风轮的原始叶型。常用的有下列几种。

1. 圆弧板

圆弧薄板叶型的优点是制造方便，但效率比机翼形叶片低，多用于多叶式风车上。图 2-10 所示是德国哥廷根大学发表的圆弧板及平板叶型的气动力特性数据。图中画有攻角 i＝常数和 $\varepsilon=C_d/C_l$＝常数的曲线，由图可见，ε 的最佳值位于 $0.05<f/l<0.1$ 的范围内。

2. CLACK Y 叶型

这是美国 NACA 早期研究发表的。用于风力机所采用的叶型取 $\overline{C}=11.7\%$，其截面尺寸列于表 2-1。图 2-11 所示为 CLACK Y 叶型之气动特性数据。

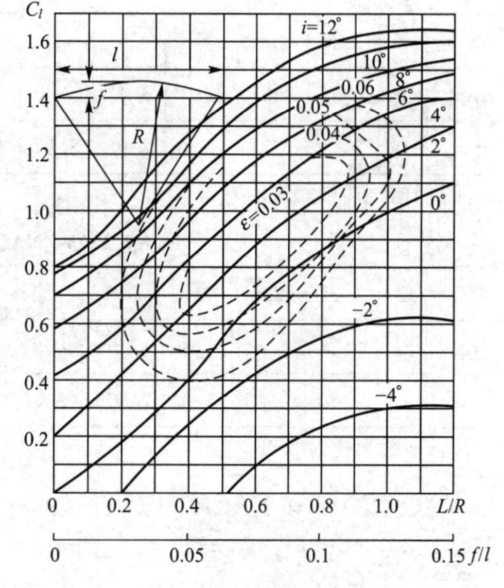

图 2-10　平板和圆弧板叶型气动力特征

表 2-1　CLACK Y 叶型截面尺寸

距前沿坐标 x	0	1.25	2.5	5	7.5	10	20	30	40	50	60	70	80	90	100
上表面坐标 y_1	3.5	5.45	6.5	7.9	8.85	9.6	11.36	11.7	11.4	10.52	9.15	7.35	5.22	2.8	0
下表面坐标 y_2	3.5	1.93	1.47	0.93	0.63	0.42	0.03	0	0	0	0	0	0	0	0

注：所有数值均为弦长的百分值。

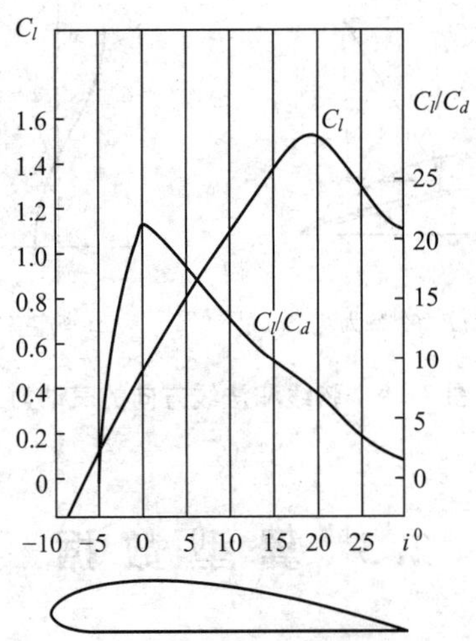

图 2-11　CLACK Y 叶型气动特性

3. NACA23012 和 NACA23015 叶型

NACA23012 和 NACA23015 叶型的截面尺寸分别列于表 2-2 和表 2-3。

表 2-2　NACA 23012 截面尺寸

x	0	1.25	2.5	5	10	20	30	40	50	60	70	80	90	100
y_1	0	2.67	3.61	4.91	6.43	7.5	7.55	7.14	6.41	5.47	4.36	3.08	1.68	0
$-y_2$	0	1.23	1.71	2.26	2.92	3.97	4.46	4.48	4.17	3.67	3	2.16	1.23	0

注：前缘半径为 1.58。

表 2-3　NACA 23015 截面尺寸

x	0	1.25	2.5	5	10	20	30	40	50	60	70	80	90	100
y_1	0	3.34	4.44	5.89	7.64	8.92	9.05	8.59	7.74	6.61	5.25	3.73	2.04	0
$-y_2$	0	1.54	2.25	3.04	4.09	5.41	5.96	5.92	5.5	4.81	3.91	2.83	1.59	0

注：前缘半径为 2.48。

NACA23012 和 NACA23015 叶型的气动特性数据如图 2-12 和 2-13所示。

4. FX60-126 和 FX61-184 叶型

该叶型的截面尺寸分别列于表 2-4 和表 2-5。

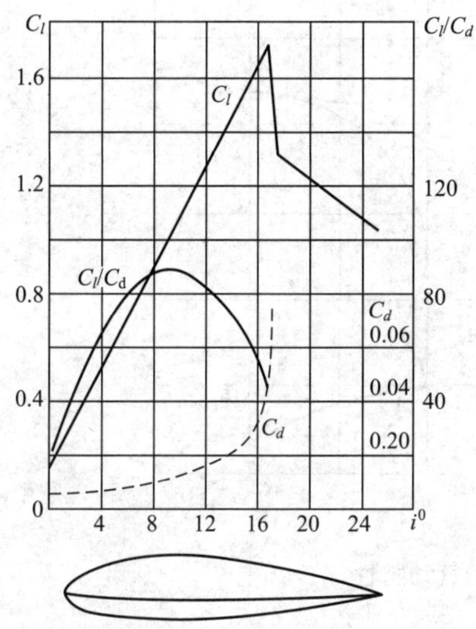

图 2-12 NACA23012 叶型气动特性

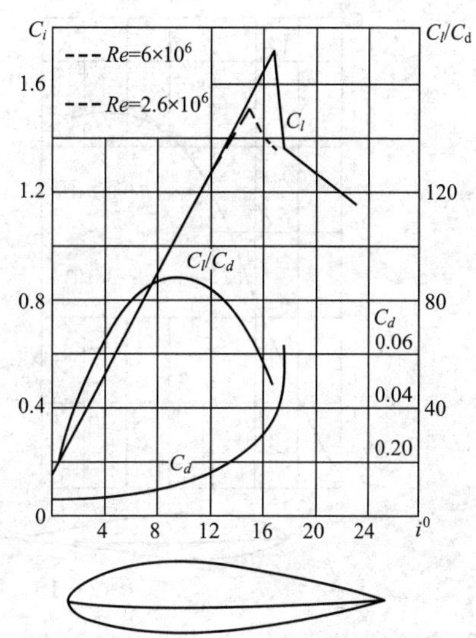

图 2-13 NACA23015 叶型气动特性

表 2-4 FX60-126 叶型截面尺寸

x	0	1.25	2.5	5	10	20	30	40	50	60	70	80	90	100
y_1	0	2.77	3.44	4.81	6.59	8.33	9.13	9.04	8.43	7.4	6.08	4.05	1.78	0
y_2	0	−1.37	−1.8	−2.48	−3.26	−3.75	−3.39	−2.55	−1.42	−0.3	0.55	1.07	0.85	0

表 2-5 FX61-184 叶型截面尺寸

x	0	5	10	20	30	40	50	60	70	80	90	100
y_1	0	5.4	7.72	10.22	11.72	11.95	11.36	9.95	7.87	5.03	2.81	0
y_2	0	−2.8	−4.12	−5.56	−6.34	−6.32	−5.56	−3.81	−1.85	−0.07	0.7	0

图 2-14 和图 2-15 所示分别为 FX60-126 和 FX61-184 叶型的气动特性数据。

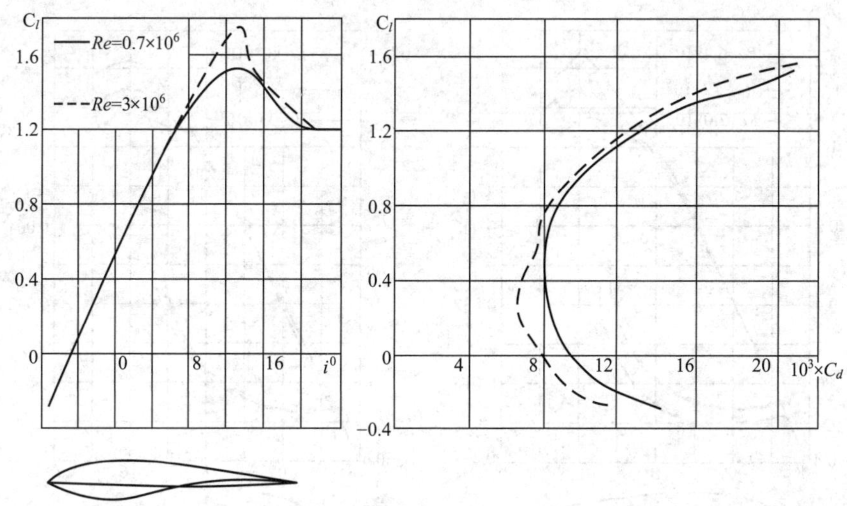

图 2-14 FX60-126 叶型气动特性

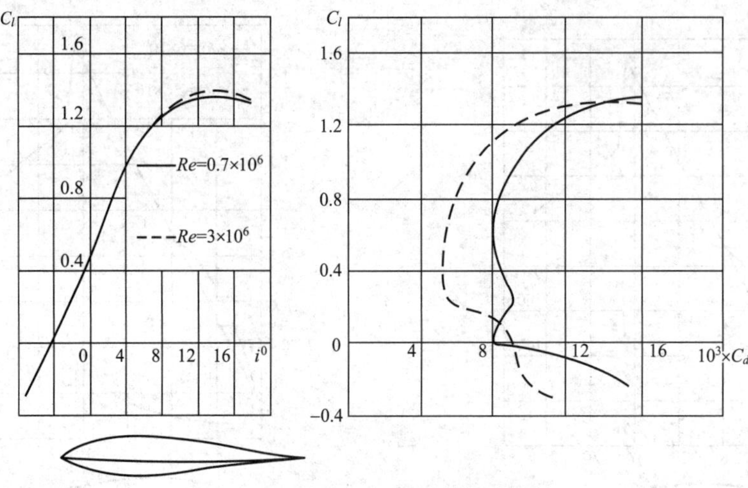

图 2-15　FX61-184 叶型气动特性

5. NACA4412 和 NACA4415 叶型

该叶型的截面尺寸分别列于表 2-6 和表 2-7。

表 2-6　NACA4412 截面尺寸

x	0	1.25	2.5	5	10	20	30	40	50	60	70	80	90	100
y_1	0	2.44	3.39	4.73	6.59	8.80	9.76	9.80	9.19	8.14	6.69	4.89	2.71	0
$-y_2$	0	1.43	1.95	2.49	2.86	2.74	2.26	1.80	1.40	1.00	0.65	0.39	0.22	0

注：前缘半径为 1.58。

表 2-7　NACA4415 截面尺寸

x	0	1.25	2.5	5	10	20	30	40	50	60	70	80	90	100
y_1	0	3.07	4.17	5.74	7.84	10.25	11.25	11.25	10.53	9.30	7.63	5.55	3.08	0
$-y_2$	0	1.79	2.48	3.27	3.98	4.15	3.75	3.25	2.72	2.41	1.55	1.03	0.67	0

注：前缘半径为 2.48。

NACA 4412 和 NACA4415 叶型气动特性如图 2-16 和图 2-17所示。

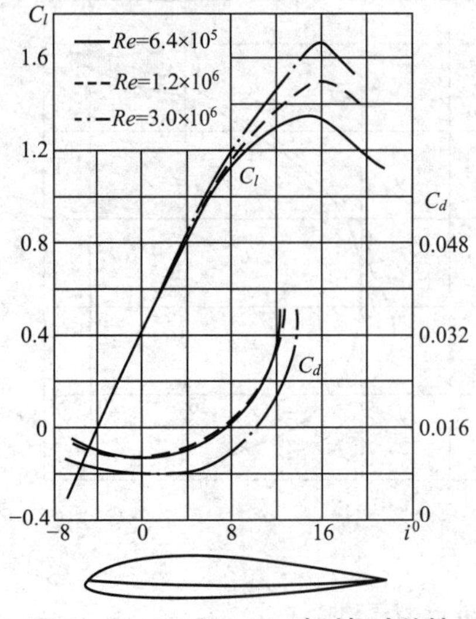

图 2-16　NACA4412 叶型气动特性

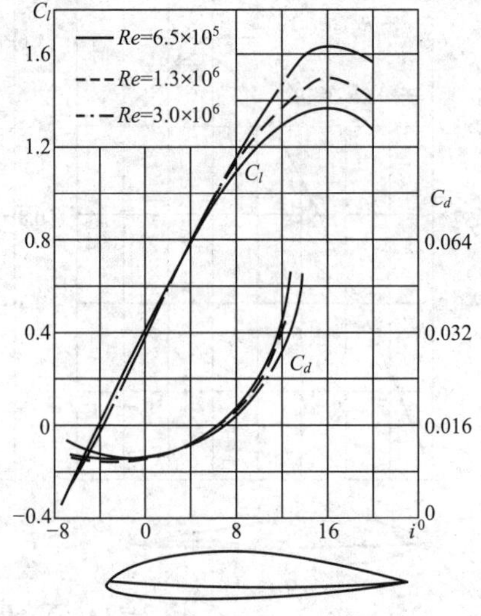

图 2-17　NACA4415 叶型气动特性

6. NACA0012和NACA0015叶型

该叶型的截面尺寸分别列于表2-8和表2-9。

表2-8 NACA 0012截面尺寸

x	0	1.25	2.5	5	10	20	30	40	50	60	70	80	90	100
y_1	0	1.894	2.615	3.555	4.663	5.783	6.002	5.803	5.294	4.563	3.664	2.623	1.448	0
$-y_2$	0	1.894	2.615	3.555	4.663	5.783	6.002	5.803	5.294	4.563	3.664	2.623	1.448	0

注:前缘半径为1.58。

表2-9 NACA 0015叶型截面尺寸

x	0	1.25	2.5	5	10	20	30	40	50	60	70	80	90	100
y_1	0	2.37	3.27	4.44	5.85	7.17	7.50	7.25	6.62	5.70	4.58	3.28	1.81	0
$-y_2$	0	2.37	3.27	4.44	5.85	7.17	7.50	7.25	6.62	5.70	4.58	3.28	1.81	0

注:前缘半径为2.48。

这种叶型的气动特性如图2-18和图2-19所示。

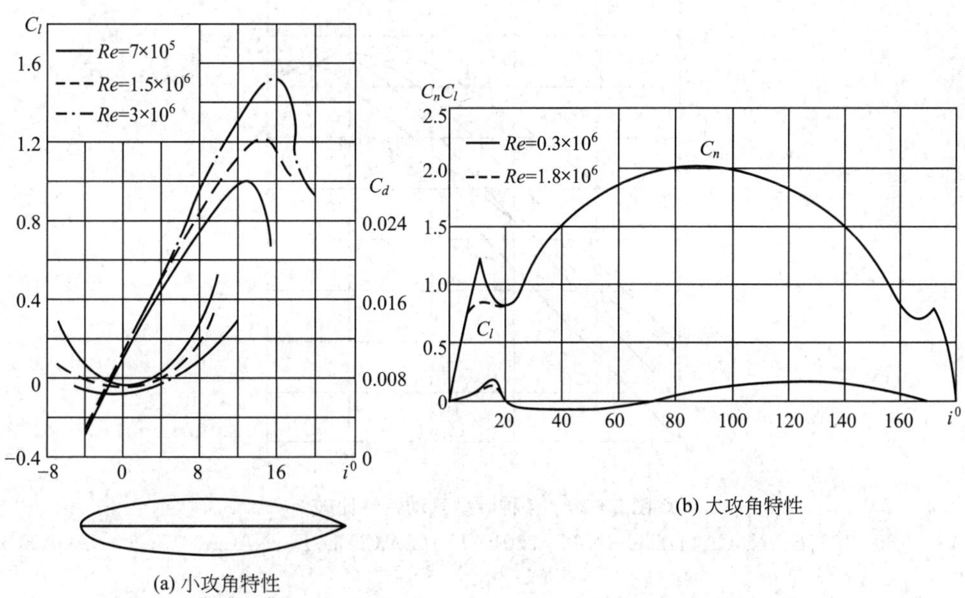

图2-18 NACA0012叶型气动特性

2.3.2 各种叶型的气动特性

各种叶型的气动特性比较绘于图2-20中,可供设计叶型时对比参考。

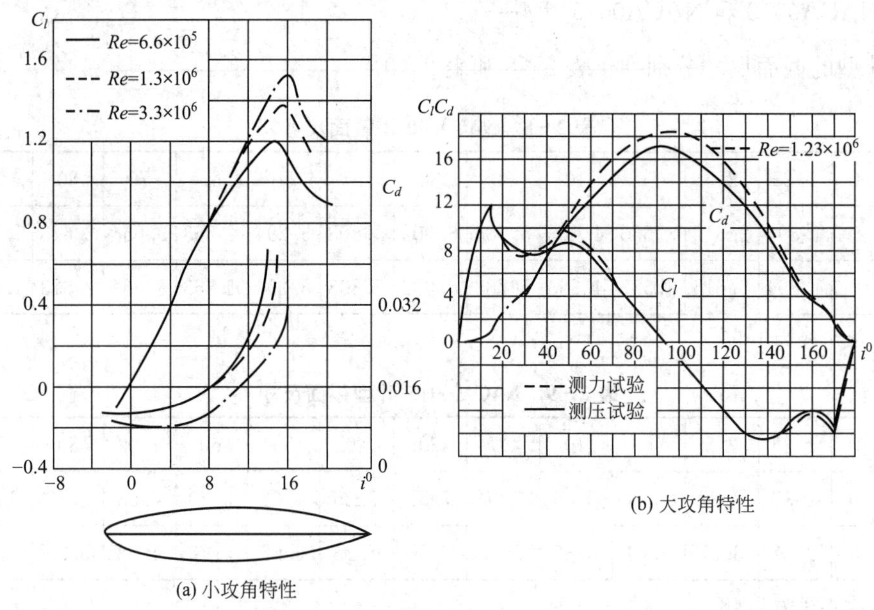

(a) 小攻角特性

(b) 大攻角特性

图 2-19　NACA0015 叶型气动特性

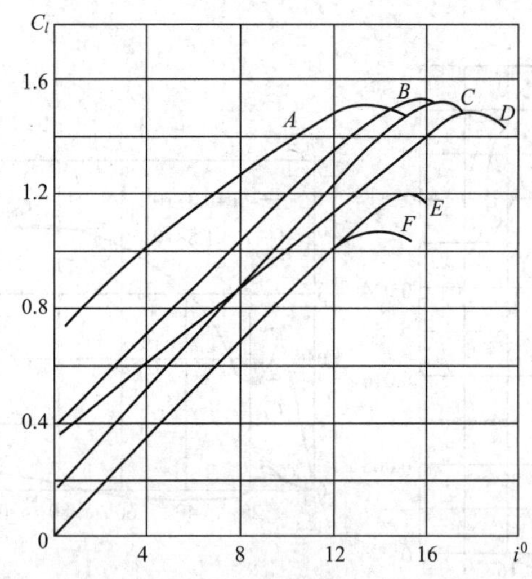

图 2-20　各种叶型气动特性比较

A—FX60-126；*B*—NACA4412；*C*—NACA23012；*D*—CLACK Y；*E*—NACA0015；*F*—NACA0012

2.4　风轮的气动力学

2.4.1　几何定义

无论何种风力机都装有由许多叶片固定在轮毂上构成的风轮。在研究风轮以前，先给出一些定义：

风轮轴——风轮的旋转轴；

旋转平面——垂直于风轮轴线的平面，叶片在该平面内旋转；

风轮直径——风轮扫掠面直径；

叶片轴线——叶片纵轴线，围绕它可使叶片形成相对于旋转平面的偏转角(安装角)；

半径 r 处的叶片截面——圆柱半径 r 处的叶片内切面，其圆柱的轴线为转子轴；

安装角或节距角 α——半径 r 处旋转平面与叶型截面弦长之间的夹角(图 2-21)。

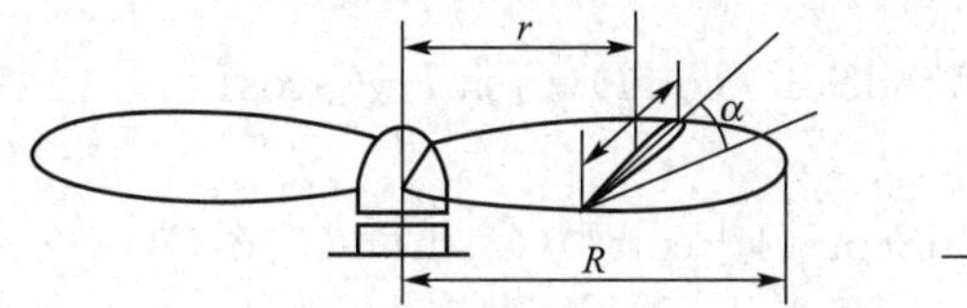

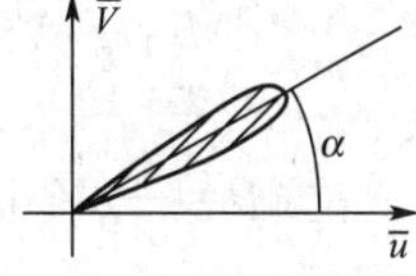

图 2-21　叶片安装角

2.4.2　叶素特性分析

设风轮叶片在半径 r 处的一个基本单元，即叶素，其长度为 dr，在半径 r 处的弦长为 l，安装角为 α，则叶素在旋转平面内具有一圆周速度 $U=2\pi rN$，N 为转速。如果取$\overline{V}$为吹过风轮的轴向风速，气流相对于叶片的速度为$\overline{W}$(图 2-22(a))，则

$$\overline{V}=\overline{U}+\overline{W} \quad \overline{W}=\overline{V}-\overline{U} \tag{2-23}$$

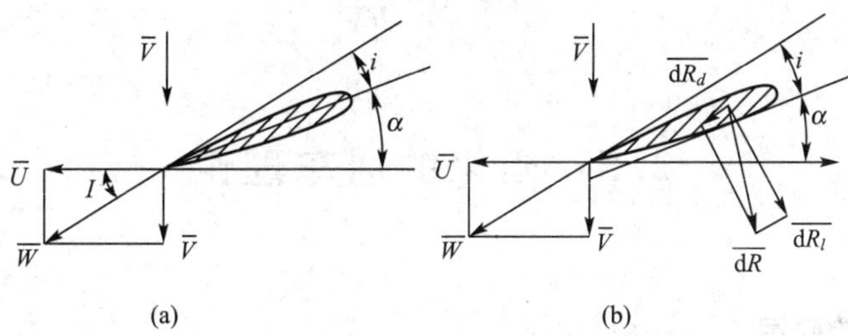

图 2-22　叶素特性分析

而攻角为 $i=I-\alpha$。其中，I 为$\overline{W}$与旋转平面间的夹角，称为倾斜角。

叶素受到相对气流速度$\overline{W}$的作用，将产生一个空气动力 dR。dR 可分为一个升力 dR_l 和一个阻力 dR_d，分别与相对速度$\overline{W}$垂直或平行(图 2-22(b))。$\overline{W}$随攻角变化，C_l 和 C_d 的值对应于叶素翼型的某一攻角 i。

C_l 和 C_d 的值可按相应的攻角查取所选叶型的气动特性曲线得到。

现在来计算由气动力 dR 产生的作用在风轮上的轴向推力 dF 以及作用在风轮轴上的扭矩 dM。ω 为角速度，则有

$$\mathrm{d}F=\mathrm{d}R_l\cos I+\mathrm{d}R_d\sin I$$

$$\mathrm{d}M=r(\mathrm{d}R_l\sin I-\mathrm{d}R_d\cos I)$$

从以下关系式得

$$dR_l=\frac{1}{2}\rho C_l W^2 dS \quad dR_d=\frac{1}{2}\rho C_d W^2 dS$$

$$W^2=V^2+U^2=V^2+\omega^2 r^2, \quad \omega r=V\cot I$$

$$dP=\omega dM$$

于是得到 dF、dM 和 dP 的下列表达式：

$$dF=\frac{1}{2}\rho V^2 dS(1+\cot^2 I)(C_l\cos I+C_d\sin I) \tag{2-24}$$

$$dM=\frac{1}{2}\rho V^2 r dS(1+\cot^2 I)(C_l\sin I-C_d\cos I) \tag{2-25}$$

$$dP=\frac{1}{2}\rho V^3 dS\cot I(1+\cot^2 I)(C_l\sin I-C_d\cos I) \tag{2-26}$$

2.4.3 推力、扭矩和功率的一般关系式

风作用在风轮上引起的总推力以及作用在转子轴上的总扭矩 M 可由所有作用在叶素上的 dF 和 dM 总加得到。通过下式可以求得在各种条件下由风转换到风轮上的 P 以及风轮输出的有效功率 P_u。

轴功率为

$$P=\sum dF\cdot V=FV \tag{2-27}$$

$$P_u=M\omega \tag{2-28}$$

效率为

$$\eta=\frac{P_u}{P}=\frac{Mu}{FV} \tag{2-29}$$

2.5 简化的风车理论

2.5.1 基本关系的确定

为了确定叶片弦长，需要计算从转轴算起的 r、$r+dr$ 一段截面上所受到的轴向推力。采用两种方法，两种方法假定风力机按照贝兹(Betz)理论处于最佳状态下运转。

1. 第一种方法

根据贝兹理论，作用在整个风轮上的轴向推力(式(2-5))为

$$F=\frac{1}{2}\rho S(V_1^2-V_2^2)$$

通过风轮的风速(式(2-4))为

$$F=\frac{V_1+V_2}{2}$$

此处 V_1 和 V_2 是风力机远前方和远后方的风速，当 $V_2=V_1/3$ 时，输出功率达到最大值。此时轴向推力 F 和通过扫掠面的风速 V 为

$$F=\frac{4}{9}\rho SV_1^2=\rho SV^2 \quad V=\frac{2}{3}V_1 \tag{2-30}$$

假设各单元扫掠面产生的轴向推力正比于它的对应面积，则作用在间隔 r、$r+\mathrm{d}r$ 叶素区间的扫掠面的轴向力(图 2-23)为

$$\mathrm{d}F=\rho V^2\mathrm{d}S=2\pi\rho V^2 r\mathrm{d}r \tag{2-31}$$

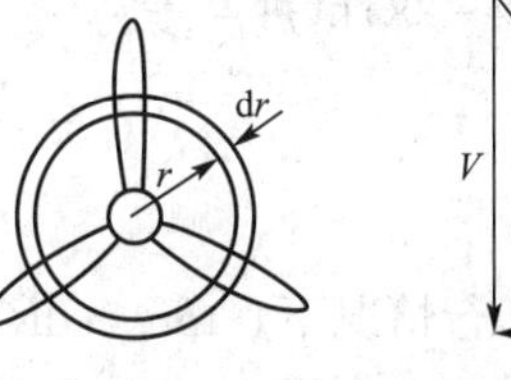

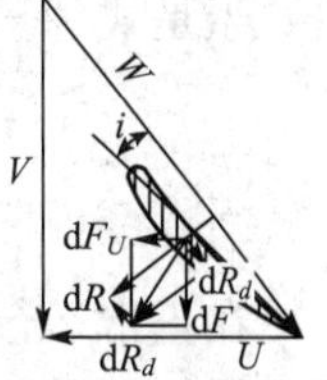

图 2-23 作用在叶素上的力

2. 第二种方法

设角速度为 ω，则半径为 r 的叶素圆周速度为 $U=\omega r$，此时通过风轮的绝对速度 $\overline{V}$，r 处叶素的圆周速度 $\overline{U}$ 和相对于叶片的速度 $\overline{W}$ 三者的关系为 $\overline{W}=\overline{V}+\overline{U}$，并可写成 $\overline{W}=\overline{V}-\overline{U}$。于是作用在叶片上长度为 $\mathrm{d}r$ 的升力和阻力为

$$\mathrm{d}R_l=\frac{1}{2}\rho C_l W^2 l\mathrm{d}r \tag{2-32}$$

$$\mathrm{d}R_d=\frac{1}{2}\rho C_d W^2 l\mathrm{d}r \tag{2-33}$$

其合力为

$$\mathrm{d}R=\mathrm{d}R_l/\cos\varepsilon \tag{2-34}$$

式中：ε——$\mathrm{d}R$ 和 $\mathrm{d}R_l$ 之间的夹角；

l——半径 r 处的叶片弦长。

因

$$W=V/\sin I$$

则

$$\mathrm{d}R=\frac{1}{2}\rho C_l\frac{W^2}{\cos\varepsilon}l\,\mathrm{d}r=\frac{1}{2}\rho C_l\frac{V^2}{\sin^2 I}\frac{l\,\mathrm{d}r}{\cos\varepsilon} \tag{2-35}$$

将 $\mathrm{d}R$ 投影到转轴上，则 r、$r+\mathrm{d}r$ 段产生的轴向力 $\mathrm{d}F$ 为

$$\mathrm{d}F=\frac{1}{2}\rho C_l b\,\frac{V^2}{\sin^2 I}\frac{\cos(I-\varepsilon)}{\cos\varepsilon}l\,\mathrm{d}r \tag{2-36}$$

式中：b——叶片数。

令式(2-36)与式(2-31)相等，得

$$C_l bl=4\pi r\frac{\sin^2 I\cos\varepsilon}{\cos(I-\varepsilon)} \tag{2-37}$$

2.5.2 上述关系的转换和简化

将 $\cos(I-e)$ 项展开，上述关系可写成

$$C_l bl=4\pi r\frac{\tan^2 I\cos I}{1+\tan\varepsilon\tan I} \tag{2-38}$$

在最佳运转条件下，通过风轮的风速为

$$V=\frac{2}{3}V_1$$

因此倾斜角可由下式确定：

$$\cot I=\frac{\omega r}{V}=\frac{3}{2}\frac{\omega r}{V_1}=\frac{3}{2}\lambda \tag{2-39}$$

于是式(2-38)可进一步写成

$$C_l bl=\frac{16\pi}{9}\frac{r}{\lambda\sqrt{\lambda^2+\frac{4}{9}\left(1+\frac{2}{3\lambda}\tan\varepsilon\right)}} \tag{2-40}$$

在正常运行情况下，$\tan\varepsilon=\mathrm{d}R_d/\mathrm{d}R_l=C_d/C_l$一般是很小的，对于攻角在最佳值附近的普通翼型，其 $\tan\varepsilon$ 约为 0.02，则式(2-40)可简化为

$$C_l bl=\frac{16\pi}{9}\cdot\frac{r}{\lambda\sqrt{\lambda^2+\frac{4}{9}}} \tag{2-41}$$

叶尖和半径 r 处的速度比分别为$\lambda_0=\frac{\omega R}{V_1}$及$\lambda=\frac{\omega R}{V_1}$，消去 ω 和 V_1 后得到$\lambda=\lambda_0\frac{r}{R}$，将 λ 值代入式(2-41)，就得到

$$C_l bl=\frac{16\pi}{9}\frac{R}{\lambda_0\sqrt{\lambda_0^2\frac{r^2}{R^2}+\frac{4}{9}}} \tag{2-42}$$

2.5.3 关于叶片外形设计的计算和方法

叶尖速比 λ_0 和风轮直径确定后，可由下式计算不同半径 r 处的倾斜角 I。

$$\tan I=\frac{3}{2}\lambda=\frac{3}{2}\lambda_0\frac{r}{R} \tag{2-43}$$

(1) 如果叶片安装角 α 确定了，则攻角也就确定($i=I-\alpha$)，然后由翼型空气动力特性曲线即可确定 C_l。当叶片数给定后，$C_l bl$ 的表达式可用来确定以 r 为变量的各叶片截面的弦长。

(2) 公式(2-42)说明，叶片上具转轴 r 处的弦长随叶尖速比 λ_0 的增加而减小，因而处于高额定转速下工作的风轮，其重量也就较轻。

(3) 对于给定的叶尖速比 λ_0，弦长从叶尖向轮毂增加，这一规律使叶片形成曲线边缘。但在某些风力机中 C_l沿叶片长度并不保持为常数，因而弦长也不需要从叶尖向轮级递增。

2.5.4 叶素的理论气动效率和最佳攻角

位于 r、$r+\mathrm{d}r$ 叶素的叶片的气动效率可由下式确定：

$$\eta=\frac{\mathrm{d}P_U}{\mathrm{d}P_t}=\frac{\omega\mathrm{d}M}{V\mathrm{d}F_V}=\frac{U}{V}\frac{\mathrm{d}F_U}{\mathrm{d}F_V}$$

式中：$\mathrm{d}F_U$、$\mathrm{d}F_V$——分别为气动力 $\mathrm{d}R$ 在旋转平面和转抽上的投影值；

$\mathrm{d}P_U$——风轮在叶素 $\mathrm{d}r$ 段输出功率；

$\mathrm{d}P_t$——风提供给叶素 $\mathrm{d}r$ 段的功率。

由于

$$\mathrm{d}F_U=\mathrm{d}R_l\sin I-\mathrm{d}R_d\cos I$$

$$\mathrm{d}F_V=\mathrm{d}R_l\cos I+\mathrm{d}R_d\sin I$$

$$\cot I=U/V$$

则得

$$\eta=\frac{dR_l\sin I-dR_d\cos I}{dR_l\cos I+dR_d\sin I}\cot I \tag{2-44}$$

若将 $\tan\varepsilon=\frac{dR_d}{dR_l}=\frac{C_d}{C_l}$ 代入式(2-44)，则

$$\eta=\frac{1-\tan\varepsilon\ \cot I}{\cot I+\tan\varepsilon}\cot I=\frac{1-\tan\varepsilon\ \cot I}{1+\tan\varepsilon\ \tan I} \tag{2-45}$$

当 $\tan\varepsilon$ 较低时，效率是较高的。如果在 $\tan\varepsilon$ 等于零的极限情况下，气动效率将等于1。实际的 $\tan\varepsilon$ 值取决于攻角的大小。当直线 OM 与埃菲尔极线相切时(图2-24)，与该点对应的攻角使得 $\tan\varepsilon$ 成为最小，在这个特定的攻角时，气动效率达到最大值。

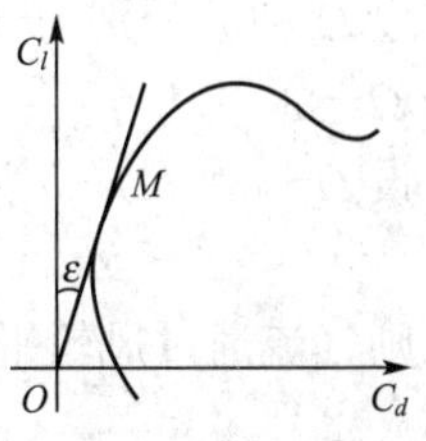

图2-24 最佳攻角位置的确定

2.6 葛劳渥(Glauert)旋涡流理论

为了计算气流通过风轮时的诱导涡，建立了许多理论，例如 Sabinin、Stefaniak、Hiitter 和 Glauert 等的理论。本节只限于介绍由美国马萨诸塞州 Amherst 大学提出的经过改进的 Glauert 理论。

2.6.1 风轮的漩涡系统

对于有限长的叶片，风轮叶片的下游存在着尾迹涡，它形成两个主要的旋涡区：一个在轮毂附近，一个在叶尖。

当风轮旋转时，通过每个叶片尖部的气流的迹线为一螺旋线，因此，每个叶片的尾迹涡形成一螺旋形。同样地，在轮毂附近每个叶片都对轮毂涡流的形成产生一定的作用。

此外，为了确定速度场，可将各叶片的作用以一边界涡代替，所以风轮的漩涡系统可以用图2-25所示表示。

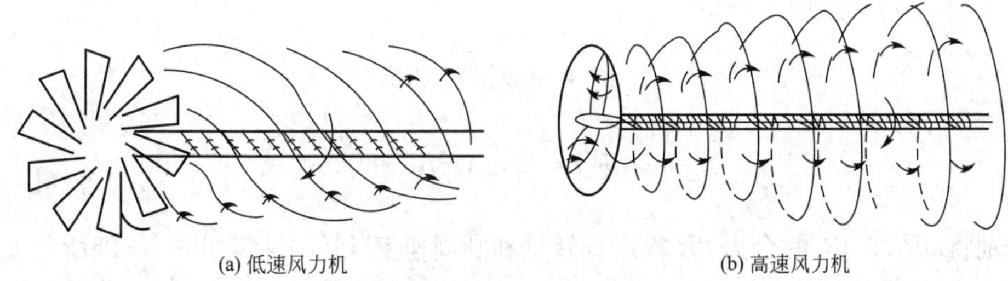

(a) 低速风力机　　(b) 高速风力机

图2-25 风轮的涡轮系统

在空间给定一点处的风速，可以看作是未受干扰的风速和旋涡诱导速度的合成。

旋涡诱导速度本身又可看成是以下3个旋涡系叠加的合速。

(1) 中心涡，集中在转轴上。

(2) 每个叶片的边界涡。

(3) 每个叶片尖部形成的螺旋涡。

2.6.2 诱导速度的确定

设Ω和ω分别为气流和风轮的旋转角速度，则风轮下游气流的旋转角速度相对于叶片变为$\Omega+\omega$。

设$\Omega+\omega=h\omega$，h为周向速度因子，则

$$\Omega=(h-1)\omega$$

则气流通过风轮平面相对于叶片的角速度可表达为

$$\omega+\frac{\Omega}{2}=\left(\frac{1+h}{2}\right)\omega$$

在旋转半径r处，相应的圆周速度为

$$U'=\left(\frac{1+h}{2}\right)\omega r \tag{2-46}$$

令$V_2=kV_l$，k为轴向速度因子，通过风轮的轴向速度可写为

$$V=\frac{V_1+V_2}{2}=\frac{1+k}{2}V_1 \tag{2-47}$$

在风轮平面内半径r处的倾角和相对速度W由下列关系表达：

$$\cot I=\frac{U'}{V}=\frac{\omega r}{V_1}\frac{1+h}{1+k}=\lambda\ \frac{1+h}{1+k}=\lambda_0 \tag{2-48}$$

$$W=\frac{V_1(1+k)}{2\sin I}=\frac{\omega r(1+h)}{2\cos I} \tag{2-49}$$

2.6.3 轴向推力和扭矩计算

现分析r、$r+\mathrm{d}r$段叶片的受力情况可采用两种方法。一种是估算作用在翼型上的空气动力，另一种是把动力学的基本定律用于r和$r+\mathrm{d}r$之间的气流。

1. 第一种方法

由式(2-32)和式(2-33)知

$$\mathrm{d}R_l=\frac{1}{2}\rho C_l W^2 l\mathrm{d}r$$

$$\mathrm{d}R_d=\frac{1}{2}\rho C_d W^2 l\mathrm{d}r$$

分别将$\mathrm{d}R_l$和$\mathrm{d}R_d$的合力$\mathrm{d}R$投影到转轴和圆周速度$\overline{U}$上，得到如图2-26所示关系。

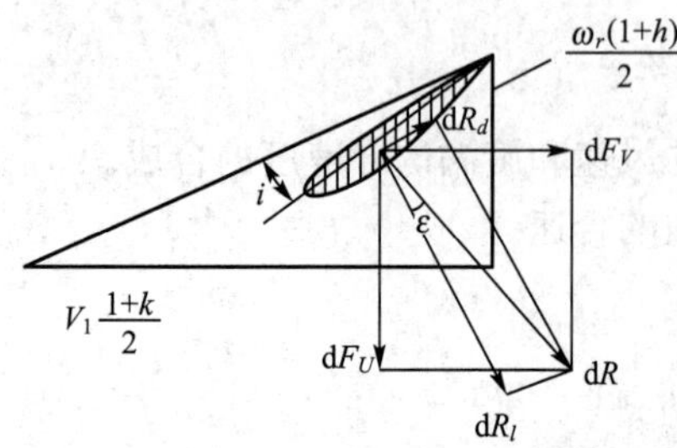

图2-26 考虑诱导速度的叶素特性分析

轴向分量为

$$\mathrm{d}F_V=\mathrm{d}R_l\cos I+\mathrm{d}R_d\sin I=\frac{1}{2}\rho l W^2\mathrm{d}r(C_l\cos I+C_d\sin I)$$

切向分量为

$$\mathrm{d}F_U=\mathrm{d}R_l\sin I-\mathrm{d}R_d\cos I$$

$$=\frac{1}{2}\rho l W^2\mathrm{d}r(C_l\sin I-C_d\cos I)$$

引入关系式$\tan\varepsilon=C_d/C_l$，则上述方程可写成

$$dF_V=\frac{1}{2}\rho lW^2C_l\frac{\cos(1-\varepsilon)}{\cos\varepsilon}dr \tag{2-50}$$

$$dF_u=\frac{1}{2}\rho lW^2C_l\frac{\sin(1-\varepsilon)}{\cos\varepsilon}dr \tag{2-51}$$

于是 r、$r+dr$ 段叶片的轴向推力为

$$dF=bdF_V=\frac{1}{2}\rho blW^2C_l\frac{\cos(1-\varepsilon)}{\cos\varepsilon}dr \tag{2-52}$$

气动扭矩为

$$dM=rbdF_u=\frac{1}{2}\rho blrW^2C_l\frac{\sin(1-\varepsilon)}{\cos\varepsilon}dr \tag{2-53}$$

将式(2-50)和式(2-51)与简化的风力机理论第二种方法对比可以看出，当不计及诱导速度的影响时，两者是一致的。

2. 第二种方法

现把普通动力学的理论应用于 r、$r+dr$ 段的气流以确定 dF 和 dM。

先考虑气流通过 r、$r+dr$ 段环形面积的轴向动量，则推力 dF 等于单位质量流量 m 穿过环形面时与速度变化的乘积，即

$$dF=m\Delta V=m(V_1-V_2)$$

因为

$$m=\rho 2\pi r drV=\rho\pi r dr(1+k)V_1$$

故得

$$dF=\rho\pi drV_1^2(1-k^2) \tag{2-54}$$

同样地，若考虑到角动量的关系，可得到扭矩 dM：

$$dM=m\Delta\omega r^2=mr^2\Omega$$

式中：$\Delta\omega$——气流通过螺旋桨时角速度的变化。

则

$$dM=\rho\pi r^3drV_1(1+k)\Omega$$

或

$$dM=\rho\pi r^3dr\omega V_1(1+k)(h-1) \tag{2-55}$$

3. 结论

比较上述两种计算法所得的 dF 值，然后替换 W，令 W 为 V_1 的函数，则

$$C_lbl=\frac{2\pi rV_1^2(1-k^2)\cos\varepsilon}{W^2\cos(I-\varepsilon)}=\frac{8\pi r(1-k)\cos\varepsilon\sin^2 I}{(1+k)\cos(I-\varepsilon)} \tag{2-56}$$

用同样方式对比 dM 的等式可得

$$C_lbl=\frac{2\pi\omega rV_1(1+k)(h-1)\cos\varepsilon}{W^2\sin(I-\varepsilon)}=\frac{4\pi r(h-1)\sin 2I\cos\varepsilon}{(h+1)\sin(I-\varepsilon)} \tag{2-57}$$

由这些方程式经过一些推导后，可得到下列形式：

$$G=\frac{1-k}{1+k}=\frac{C_lbl\cos(I-\varepsilon)}{8\pi r\cos\varepsilon\sin^2 I} \tag{2-58}$$

$$E=\frac{h-1}{h+1}=\frac{C_lbl\sin(I-\varepsilon)}{4\pi r\sin 2I\cos\varepsilon} \tag{2-59}$$

式中 G 和 E 为计算过程中采用的简化符号。这两个公式建立了风轮的几何参数、气

动参数与速度因子之间的关系。

两式相除后，得

$$\frac{G}{E}=\frac{(1-k)(h+1)}{(h-1)(1+k)}=\cot(I-\varepsilon)\cot I$$

2.6.4 当地功率系数

当风流经环形面积(r，$r+\mathrm{d}r$)时，风轮获得的最大功率可由下式给出：

$$\mathrm{d}P_U=\omega\mathrm{d}M=\rho\pi r^3\mathrm{d}r\omega^2(1+k)(h-1) \tag{2-60}$$

相应的当地功率系数为

$$C_p=\frac{\mathrm{d}P_u}{\rho\pi r\mathrm{d}rV_1^2}=\frac{\omega^2r^2}{V_1^2}(1+k)(h-1)=\lambda^2(1+k)(h-1) \tag{2-61}$$

其中 $\lambda=\omega_r/V_1$。

功率系数的最大值可由当地功率系数得到。

为了确定当地功率系数能够达到的最大值，设想一无阻力的、无限多叶片数的理想风力机，即各叶片的 $C_d=0$，即 $\tan\varepsilon=C_d/C_l=0$，在这种条件下，方程 G/E 可写成

$$\frac{G}{E}=\frac{(1-k)(h+1)}{(h-1)(1+k)}=\cot^2 I=\frac{\lambda^2(1+h)^2}{(1+k)^2} \tag{2-62}$$

经化简后有

$$\lambda^2=\frac{1-k^2}{h^2-1}$$

由此得

$$h=\sqrt{1+\frac{1-k^2}{\lambda^2}} \tag{2-63}$$

将 h 值代入当地功率系数 C_P 方程式(2-59)，得

$$C_P=\lambda^2(1+k)\left(\sqrt{1+\frac{1-k^2}{\lambda^2}}-1\right) \tag{2-64}$$

对于结定的 λ 值，功率系数具有最大值。当 $\mathrm{d}C_p/\mathrm{d}k=0$ 时，计算表明，最大值由某 k 值确定，即满足方程

$$\lambda^2=\frac{1-3k+4k^3}{3k-1}$$

该方程可写成

$$4k^3-3k(\lambda^2+1)+\lambda^2+1=0$$

令

$$k=\sqrt{\lambda^2+1}\cos\theta \tag{2-65}$$

式中：θ——简化计算过程中所采用的中间变量。

将 k 代入上式，然后除以$(\lambda^2+1)^{3/2}$，得

$$4\cos^3\theta-3\cos\theta+\frac{1}{\sqrt{\lambda^2+1}}=0$$

因

$$4\cos^3\theta-3\cos\theta=\cos3\theta$$

可写成

$$\cos3\theta=-\frac{1}{\sqrt{\lambda^2+1}}$$

即

$$\cos(3\theta-\pi)=\frac{1}{\sqrt{\lambda^2+1}}$$

于是有

$$\theta=\frac{1}{3}\cos^{-1}\left(\frac{1}{\sqrt{\lambda^2+1}}\right)+\frac{\pi}{3}=\frac{1}{3}\tan^{-1}\lambda+\frac{\pi}{3} \tag{2-66}$$

对于每个 λ 值，可由式(2-66)确定出 θ 角，再由式(2-65)确定出 k，进而可求得 C_p 的最大值。

2.6.5 倾斜角 I 和 C_lbl 的最佳值

由式(2-48)、式(2-56)已经得到了倾角 I 和 C_lbl 的方程：

$$\cot I=\lambda_e=\lambda\frac{1+h}{1+k}$$

$$C_lbl=\frac{8\pi r(1-k)\cos\varepsilon\sin^2 I}{(1+k)\cos(I-\varepsilon)}$$

按照上述两个公式，可利用 θ 角依次确定 k、h、λe，最后得到 I 值。

为了计算 C_lbl 的大小，再次假设一无阻力的理想风力机($\varepsilon=0$)，在这个条件下，上述表达式可写为

$$\frac{C_lbl}{r}=\frac{8\pi(1-k)}{1+k}\frac{1}{\lambda_e\sqrt{\lambda_e^2+1}} \tag{2-67}$$

这一关系式可以确定最佳运行条件下的倾斜角 I 和 C_lbl/r，以便使风力机在最佳条件下运行，这些量对于决定在任何半径 r 处的叶片弦长和安装角的大小是必不可少的。

为了便于将上述结果应用于风轮设计，各个值 λe、k、h、C_p、C_lbl/r 和 I 已按照不同的 λ 值(0.1～10)进行了计算，计算结果列于表2-10中。

表2-10 随 λ 而变的最佳运行参数

λ	λ_e	k	h	C_p	Cpl/r	I^0
0.100	0.670	0.473	8.866	0.116	11.149	56.193
0.200	0.786	0.451	4.574	0.207	9.819	52.480
0.300	0.873	0.432	3.168	0.279	8.600	48.867
0.400	0.984	0.416	2.483	0.336	7.506	45.466
0.500	1.009	0.403	2.088	0.381	6.541	42.290
0.600	1.219	0.393	1.830	0.416	5.700	39.358
0.700	1.343	0.384	1.655	0.444	4.975	36.672
0.800	1.470	0.377	1.530	0.467	4.353	34.227
0.900	1.600	0.371	1.437	0.485	3.821	32.009
1.000	1.732	0.366	1.366	0.500	3.367	30.000
1.100	1.866	0.362	1.311	0.512	2.980	28.183
1.200	2.002	0.359	1.267	0.522	2.648	26.537
1.300	2.140	0.356	1.232	0.531	2.363	25.046
1.400	2.279	0.353	1.203	0.538	2.118	23.692

（续）

λ	λ_e	k	h	C_p	Cpl/r	I^0
1.500	2.419	0.351	1.179	0.544	1.906	22.460
1.600	2.560	0.349	1.159	0.549	1.723	21.330
1.700	2.702	0.348	1.142	0.553	1.563	20.310
1.800	2.844	0.348	1.128	0.557	1.423	19.370
1.900	2.988	0.345	1.115	0.580	1.300	18.506
2.000	3.132	0.344	1.105	0.563	1.191	17.710
2.100	3.276	0.343	1.095	0.565	1.095	16.976
2.200	3.421	0.343	1.087	0.568	1.010	16.296
2.300	3.566	0.342	1.080	0.570	0.934	15.666
2.400	3.711	0.341	1.074	0.571	0.865	15.080
2.500	3.857	0.341	1.068	0.573	0.804	14.534
2.600	4.003	0.340	1.063	0.574	0.749	14.025
2.700	4.150	0.340	1.059	0.576	0.699	13.549
2.800	4.296	0.339	1.055	0.577	0.654	13.103
2.900	4.443	0.339	1.051	0.578	0.613	12.684
3.000	4.590	0.339	1.048	0.579	0.586	12.290
3.100	4.737	0.338	1.045	0.580	0.542	11.919
3.200	4.884	0.338	1.042	0.580	0.511	11.569
3.300	5.032	0.338	1.040	0.581	0.482	11.239
3.400	5.180	0.337	1.038	0.582	0.456	10.926
3.500	5.328	0.337	1.036	0.582	0.431	10.630
3.600	5.476	0.337	1.034	0.583	0.409	10.349
3.700	5.624	0.337	1.032	0.583	0.388	10.083
3.800	5.772	0.337	1.030	0.584	0.369	9.829
3.900	5.920	0.336	1.029	0.584	0.351	9.588
4.000	6.068	0.336	1.027	0.585	0.334	9.358
4.100	6.217	0.336	1.026	0.585	0.319	9.138
4.200	6.365	0.336	1.025	0.585	0.305	8.928
4.300	6.514	0.336	1.024	0.586	0.291	8.728
4.400	6.662	0.336	1.023	0.586	0.287	8.536
4.500	6.811	0.336	1.022	0.586	0.267	8.353

（续）

λ	λ_e	k	h	C_p	Cpl/r	I^0
4.600	6.960	0.336	1.021	0.586	0.255	8.117
4.700	7.108	0.336	1.020	0.587	0.245	8.008
4.800	7.257	0.335	1.019	0.587	0.235	7.846
4.900	7.406	0.335	1.018	0.587	0.226	7.690
5.000	7.555	0.335	1.018	0.587	0.217	7.540
5.100	7.704	0.335	1.017	0.588	0.209	7.396
5.200	7.853	0.335	1.016	0.588	0.201	7.257
5.300	8.002	0.335	1.016	0.588	0.194	7.123
5.400	8.151	0.335	1.015	0.588	0.187	6.994
5.500	8.300	0.335	1.015	0.588	0.180	6.870
5.600	8.449	0.335	1.014	0.588	0.174	6.750
5.700	8.598	0.335	1.014	0.589	0.168	6.634
5.800	8.747	0.335	1.013	0.589	0.163	6.522
5.900	8.897	0.335	1.013	0.589	0.157	6.413
6.000	9.046	0.335	1.012	0.589	0.152	6.308
6.100	9.195	0.335	1.012	0.589	0.147	6.207
6.200	9.344	0.335	1.011	0.589	0.143	6.108
6.300	9.494	0.335	1.011	0.589	0.138	6.013
6.400	9.634	0.335	1.011	0.589	0.134	5.920
6.500	9.792	0.334	1.010	0.589	0.130	5.831
6.600	9.942	0.334	1.010	0.590	0.126	5.744
6.700	10.091	0.334	1.010	0.590	0.122	5.695
6.800	10.241	0.334	1.010	0.590	0.119	5.577
6.900	10.390	0.334	1.009	0.590	0.116	5.498
7.000	10.539	0.334	1.009	0.590	0.112	5.420
7.100	10.689	0.334	1.009	0.590	0.109	5.345
7.200	10.838	0.334	1.009	0.590	0.106	5.271
7.300	10.988	0.334	1.008	0.590	0.103	5.200
7.400	11.137	0.334	1.008	0.590	0.101	5.131
7.500	11.287	0.334	1.008	0.590	0.098	5.063
7.600	11.436	0.334	1.008	0.590	0.096	4.997

（续）

λ	λ_e	k	h	C_p	Cpl/r	I^0
7.700	11.586	0.334	1.007	0.590	0.093	4.993
7.800	11.735	0.334	1.007	0.590	0.091	4.817
7.900	11.885	0.334	1.007	0.590	0.088	4.810
8.000	12.034	0.334	1.007	0.591	0.086	4.750
8.100	12.184	0.334	1.007	0.591	0.084	4.692
8.200	12.334	0.334	1.007	0.591	0.082	4.635
8.300	12.483	0.334	1.006	0.591	0.080	4.580
8.400	12.633	0.334	1.006	0.591	0.078	4.526
8.500	12.782	0.334	1.006	0.591	0.077	4.473
8.600	12.932	0.334	1.006	0.591	0.075	4.422
8.700	13.082	0.334	1.006	0.591	0.073	4.371
8.800	13.231	0.334	1.006	0.591	0.071	4.322
8.900	13.381	0.334	1.006	0.591	0.070	4.274
9.000	13.531	0.334	1.005	0.591	0.068	4.227
9.100	13.680	0.334	1.005	0.591	0.067	4.181
9.200	13.830	0.334	1.005	0.591	0.065	4.136
9.300	13.980	0.334	1.005	0.591	0.064	4.092
9.400	14.129	0.334	1.005	0.591	0.062	4.048
9.500	12.279	0.334	1.005	0.591	0.061	4.006
9.600	14.429	0.334	1.005	0.591	0.060	3.965
9.700	14.578	0.334	1.005	0.591	0.059	3.924
9.800	14.728	0.334	1.005	0.591	0.058	3.884
9.900	14.878	0.334	1.005	0.591	0.057	3.845
10.000	15.028	0.334	1.004	0.591	0.055	3.807

为了查取方便，还绘制了一个图表示 $C_l bl/r$ 和 I 作为 λ 的函数的变化，如图 2－27 所示。

利用此图解可很快地确定出叶片的几何特性，以便风力机的性能在其一给定的尖速比下达到最大值。

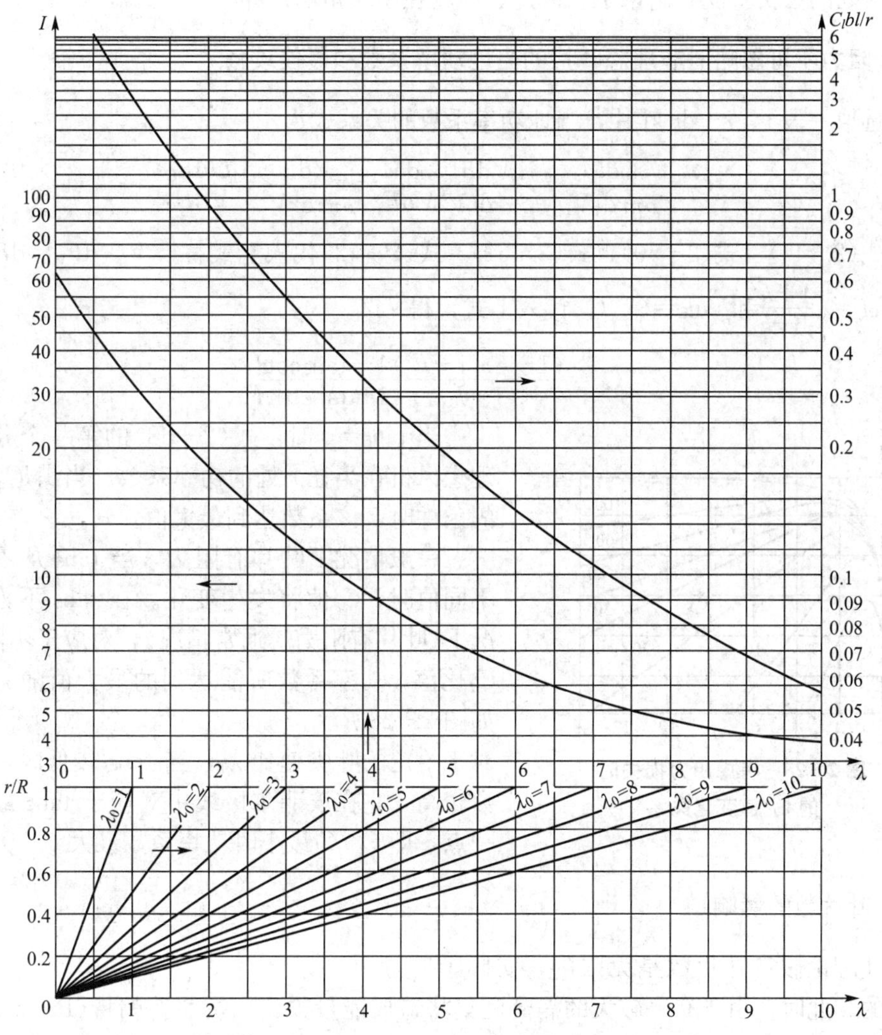

图 2-27　叶片各面积 C_lbl/r 和 I 角的变化关系

图 2-27 下方坐标系的斜直线由解析式表示：

$$\lambda=\lambda_0\times(r/R)$$

每一直线对应于一个 λ_0 值。当叶尖速比 λ_0 选定后，利用叶片在不同半径处的比值 λ/R，即可由图 2-27 查到叶片在该半径处的 I 和 C_lbl/r 值。

使用这个列线图并不难。一旦选定了风轮性能是最佳状态时的尖速比 λ_0，就从列线图下部的坐标系找出翼型截面位置 r/R 的对应点，然后沿着图上箭头方向求在半径 r 处的 I 和 C_lbl，这两个值分别从左右两边的竖轴上读出。

例如，当 $\lambda_0=7$，$r/R=0.6$ 时，从箭头所示的方向和交点可在图中左边的纵坐标轴上查得 $I=9°$，在右边纵坐标上查得 $C_lbl/r=0.3$。此外，还可在横坐标轴上查得 $\lambda=4.2$。

在所研究的截面中，由表 2-10 查得 $\lambda=4.2$ 时 $I=8.928$，$C_lbl/r=0.305$，该值与图中查取的值是很接近的。

如果攻角 i 已知，则升力系数 C_l、安装角 $\alpha=I-i$ 即可确定。在选好叶片数 b 之后，在半径 r 处的弦长就能算出来了。因此，问题在于攻角的选择。

2.6.6 阻力不可忽略时非理想叶片的当地功率系数和最佳攻角

今选取一段 r、$r+\mathrm{d}r$ 叶片，当地功率系数的关系式为

$$C_p=\frac{\omega \mathrm{d}M}{\rho\pi r\mathrm{d}rV_1^3}=\frac{V\mathrm{d}F}{\rho\pi r\mathrm{d}rV_1^3}\frac{\omega\mathrm{d}M}{V\mathrm{d}F}=\frac{V\mathrm{d}F}{\rho\pi r\mathrm{d}rV_1^3}=\frac{U\mathrm{d}F_U}{V\mathrm{d}F_V}$$

将式(2-47)、式(2-50)、式(2-51)、式(2-52)代入上式替换 V、$\mathrm{d}F_V$、$\mathrm{d}F_U$、$\mathrm{d}F$，并将 $\cot I=\lambda\dfrac{1+h}{1+k}$ 和 $\tan\varepsilon=C_d/C_p$ 代入上式，得

$$C_p=\frac{(1+k)(1-k^2)}{(1+h)}\frac{1-\tan\varepsilon\cot I}{1+\tan\varepsilon\cot I} \tag{2-68}$$

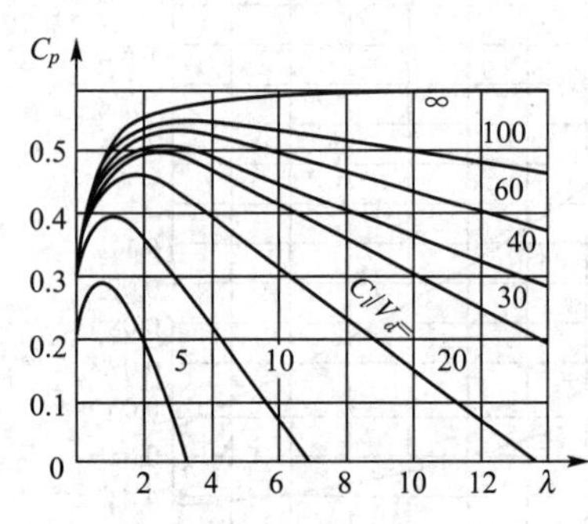

图 2-28 考虑阻力损失时的 C_P 值变化关系

当 $\tan\varepsilon=0$ 时，式(2-68)的第一个分数表示理想风机在半径 r 处的功率系数。当满足表 2-10 的条件时，该系数达到最大值。

一般情况下叶片有阻力，当 $\tan\varepsilon$ 从零开始取不同值时，C_p 值将发生变化。在 $\tan\varepsilon$ 不为零的情况下(叶片有阻力属通常情况)，对应于不同的 C_l/C_d 比值，功率系数所能达到的最大值随 λ 的变化如图 2-28所示。

对于给定的叶尖速比 λ_0，当 $\tan\varepsilon$ 较低时，功率系数较高，它在埃菲尔极线中对应于 $\tan\varepsilon$ 最小值那一点，即 C_d/C_l 最小时功率系数最大。

2.6.7 叶片数的影响

上述理论假定叶片数是无限的，实际上叶片是有限的。此时，由于有一较大的涡流汇集将造成能量损失，按照普朗特(Prandtl)理论，对于具有 b 个叶片的风机，其效率的降低由下式确定：

$$\eta_b=\left(1-\frac{1.39}{b}\sin I_0\right)^2 \tag{2-69}$$

式中：I_0——叶尖的倾角。

如果风轮在最佳条件附近运行，则

$$\sin I_0=\frac{1}{\sqrt{1+\cot^2 I_0}}=\frac{2}{3\sqrt{\lambda_0^2+4/9}} \tag{2-70}$$

假设在这种条件下可以引用普朗特(Prandtl)关系式，得

$$\eta_b=\left(1-\frac{0.93}{b\sqrt{\lambda_0^2+0.445}}\right)^2 \tag{2-71}$$

必须指出，原始的普朗特关系式是严格建立在低负荷螺旋桨条件下的。不过，上述表达式应用于实际时，在正常负荷情况下，其功率系数与风调试验结果是很接近的。

2.6.8 实际风力机的 C_p 曲线

实际风力机的叶片在运行中存在尾流损失、叶尖损失和轮毂损失(即叶片根端不在 $r=0$ 处开始)，加之叶片失速后使 C_l 减少且使 C_d 增大，因而影响 C_p 曲线的分布，如图 2-29所示。

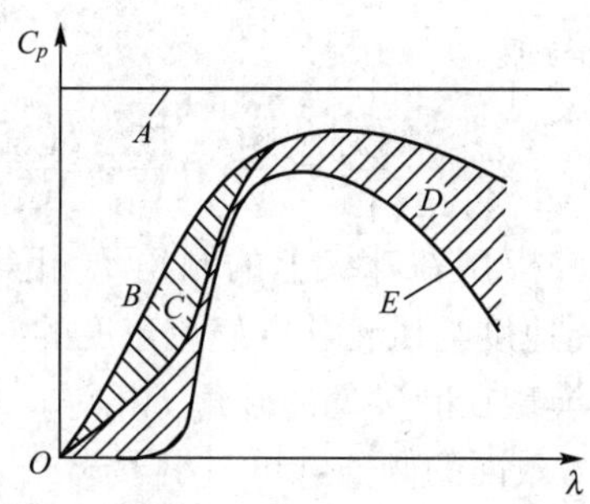

图 2-29 实际风力机的 C_p 曲线

A—Betz 极限；B—理想的 C_p 曲线；

C—失速损失；D—阻型损失；E—实际的 C_p 特性

2.7 风力机的相似特性和换算

之前主要分析了作用在风轮上的空气动力，但忽略了一些因素，如叶片相互间的干扰。为了更确切地了解这些因素的影响，有必要在风洞里对实体模型进行试验。而且，每台试制的风力机制好以后，一般都能进行试验，这样也方便了解该风力机的实际性能。由于现场试验条件受很多因素的限制，所以最理想的是将风力机放在风洞中试验。但一般风力机的尺寸都很大，必须利用模型进行试验。此外，当设计一台尺寸较大的风力机时，为了可靠往往也需要先进行模型试验，取得数据；或者利用已有的性能良好的风力机进行模化设计。因此，了解并建立模型与实物之间的关系对风力机设计是很有必要的。

2.7.1 相似准则

所谓模型与风力机实物相似是指风轮与空气的能量传递过程以及空气在风轮内向流动过程相似，或者说它们在任一对应点的同名物理量之比保持常数。流过风力机的气流属于不可压缩流体，理论上应满足几何相似、运动相似和雷诺数相等。对风力机而言，后一个条件实际上做不到，故一般仅以前两个条件作为模型和风力机实物的相似准则，并计及雷诺数的影响。

2.7.2 风力机相似的条件

两个相似风力机存在下列关系：

$$\frac{V_{11}}{V_{12}}=\frac{V_{21}}{V_{22}}=\frac{V_1}{V_2}=\frac{W_{10}}{W_{20}}=\frac{U_{10}}{U_{20}} \tag{2-72}$$

式中：V_{11}，V_{12}——风力机原型和模型的上游风速；

V_{21}，V_{22}——风力机原型和模型的下游风速；

V_1，V_2——风力机原型和模型通过风轮的风速；

U_{10}，U_{20}——风力机原型和模型旋转平面内的叶尖圆周速度；

U_1，U_2——风力机原型和模型任意半径叶素的圆周速度。

关系式$\frac{V_1}{V_2}=\frac{U_{10}}{U_{20}}=\frac{V_{11}}{V_{12}}$可以写成

$$\frac{U_{10}}{V_1}=\frac{U_{20}}{V_2}\text{和}\frac{U_{10}}{V_{11}}=\frac{U_{20}}{V_{12}}$$

由第一个表达式可知原型和模型在叶尖上的倾角 I_0 相等；由第二个表达式可知原型机和模型的尖速比 λ_0(叶尖圆周速度与风轮前方气流速度的商)必须相等。

应当注意，如果原型机和模型在叶尖处的倾角 I 相等，那么在对应半径处也相等。

事实上，如果设 I_1 和 I_2 为截面的倾角，可写出下式：

$$\cot I_1=\frac{U_1}{V_1}=\frac{\omega_1 r_1}{V_1}$$

$$\cot I_2=\frac{U_2}{V_2}=\frac{\omega_2 r_2}{V_2}$$

考虑以下关系式：

$$\frac{V_1}{V_2}=\frac{U_{10}}{U_{20}}=\frac{\omega_1 R_1}{\omega_2 R_2}=\frac{\omega_1 r_1}{\omega_2 r_2}$$

再将前面的方程相除，得

$$\frac{\cot I_1}{\cot I_2}=\frac{\omega_2 r_2}{\omega_1 r_1}\times\frac{V_1}{V_2}=1$$

通过以上的分析可得到如下结论：

(1) 原型与模型对应的叶素上倾角 I 都相等。

(2) 由于安装角 α 也相同，而攻角又是它们的差($i=I-\alpha$)，当然也相等。

(3) 如果忽略叶片表面粗糙度的几何相似影响和雷诺数影响，对应的 C_l 和 C_d 也具有相同值。

2.7.3 换算关系

设作用在 r、$r+\mathrm{d}r$ 一段叶素上的推力、力矩和功率分别为 $\mathrm{d}F$、$\mathrm{d}M$ 和 $\mathrm{d}P$，环形面积为 $\mathrm{d}S$，则参照叶素上推力、扭矩和功率的表达式：

$$\mathrm{d}F=\frac{1}{2}\rho V^2\mathrm{d}S(1+\cot^2 I)(C_l\cos I+C_d\sin I)$$

$$\mathrm{d}M=\frac{1}{2}\rho V^2 r\mathrm{d}S(1+\cot^2 I)(C_l\sin I-C_d\cos I)$$

$$\mathrm{d}P=\frac{1}{2}\rho V^3\mathrm{d}S\cot I(1+\cot^2 I)(C_l\sin I-C_d\cos I)$$

用 $\rho V^2\mathrm{d}S$ 去除 $\mathrm{d}F$、$\rho V^2 r\mathrm{d}S$ 去除 $\mathrm{d}M$、$\rho V^3\mathrm{d}S$ 去除 $\mathrm{d}P$，所得的表达式就只剩下它们的第二部分 $\cot I$、C_l 和 C_d。前面已经说明，当原型机和模型满足相似条件时，对应叶素上的 I、i、C_l 和 C_d 值均相等。因此，对于原型和模型上的对应叶素，下列比例式也相等。

$$\frac{\mathrm{d}F_1}{\rho_1 V_1^2 \mathrm{d}S_1}=\frac{\mathrm{d}F_2}{\rho_2 V_2^2 \mathrm{d}S_2},\quad \mathrm{d}F_1=\mathrm{d}F_2\frac{\rho_1 V_1^2 \mathrm{d}S_1}{\rho_2 V_2^2 \mathrm{d}S_2}=\mathrm{d}F_2\frac{\rho_1 V_1^2 D_1^2}{\rho_2 V_2^2 D_2^2} \tag{2-73}$$

$$\frac{\mathrm{d}M_1}{\rho_1 V_1^2 r_1 \mathrm{d}S_1}=\frac{\mathrm{d}M_2}{\rho_2 V_2^2 r_2 \mathrm{d}S_2},\quad \mathrm{d}M_1=\mathrm{d}M_2\frac{\rho_1 V_1^2 r_1 \mathrm{d}S_1}{\rho_2 V_2^2 r_2 \mathrm{d}S_2}=\mathrm{d}M_2\frac{\rho_1 V_1^2 D_1^2}{\rho_2 V_2^2 D_2^2} \tag{2-74}$$

$$\frac{\mathrm{d}P_1}{\rho_1 V_1^3 \mathrm{d}S_1}=\frac{\mathrm{d}P_2}{\rho_2 V_2^3 \mathrm{d}S_2},\quad \mathrm{d}P_1=\mathrm{d}P_2\frac{\rho_1 V_1^3 \mathrm{d}S_1}{\rho_2 V_2^3 \mathrm{d}S_2}=\mathrm{d}P_2\frac{\rho_1 V_1^3 D_1^2}{\rho_2 V_2^3 D_2^2} \tag{2-75}$$

风力机的总的推力、扭矩和功率可以分别由各个推力元、扭矩元和功率元的总和得到。

$$F_1=\sum \mathrm{d}F_1=\frac{\rho_1 V_1^2 D_1^2}{\rho_2 V_2^2 D_2^2}\sum \mathrm{d}F_2=\frac{\rho_1 V_1^2 D_1^2}{\rho_2 V_2^2 D_2^2}F_2 \tag{2-76}$$

这可写成

$$\frac{F_1}{\rho_1 V_1^2 D_1^2}=\frac{F_2}{\rho_2 V_2^2 D_2^2}$$

同理

$$M_1=\sum \mathrm{d}M_1=\frac{\rho_1 V_1^2 D_1^3}{\rho_2 V_2^2 D_2^3}\sum \mathrm{d}M_2=\frac{\rho_1 V_1^2 D_1^3}{\rho_2 V_2^2 D_2^3}M_2 \tag{2-77}$$

$$\frac{M_1}{\rho_1 V_1^2 D_1^3}=\frac{M_2}{\rho_2 V_2^2 D_2^3}$$

$$P_1=\sum \mathrm{d}P_1=\frac{\rho_1 V_1^3 D_1^2}{\rho_2 V_2^3 D_2^2}\sum \mathrm{d}P_2=\frac{\rho_1 V_1^3 D_1^2}{\rho_2 V_2^3 D_2^2}P_2 \tag{2-78}$$

$$\frac{P_1}{\rho_1 V_1^3 D_1^2}=\frac{P_2}{\rho_2 V_2^3 D_2^2}$$

上述方程式的前提是满足相似条件。

式(2-76)、式(2-77)、式(2-78)建立了模型与风力机实物之间的重要关系。必须指出，这些关系带有一定程度的近似性。

从式(2-78)可看出，功率之比实际上与气流流过模型和风力机实物的动能成正比，由于叶尖速比相同，故模型与实物的效率是相等的。这个结果有很大的好处，那就是使我们能够从风洞试验中的几何相似小风力机判断出大型机的效率。

在实际中广泛应用 C_f、C_m 和 C_p 对叶尖速比 λ_0 的变化曲线来表示风轮特性：

$$C_f=\frac{2F}{\rho S V^2},\quad C_m=\frac{2M}{\rho S V^2 R},\quad C_p=\frac{2P}{\rho S V^3} \tag{2-79}$$

C_f、C_m、C_p 分别称为推力系数、扭矩系数和功率系数。

$$\lambda_0=\frac{U_0}{V}$$

式中：V——风力机前方5或6倍风轮直径处的风速；

U_0——叶尖的圆周速度；

S——风轮扫掠面积。

这种曲线的好处是：模型的特性变化曲线对于原型机或每个几何相似风轮都是适用的。

由式(2-79)可得到以下推力 F、扭矩 M 和功率 P 的关系式：

$$F=\frac{1}{2}\rho C_f SV^2 \quad M=\frac{1}{2}\rho C_m RSV^2 \quad P=\frac{1}{2}\rho C_p SV^3$$

转速关系式为

$$N=\frac{\lambda_0 V}{2\pi R}$$

对于给定的风力机和风速，已知对应于每个尖速比 λ_0 的 C_f、C_m和C_p值，则 F、M 和 P 值就可求出，可画出不同风速 V 值下的叶尖速比λ_0 和转速 N 的风力机特性(推力、扭矩和功率)曲线。这些曲线也是研究风力机与电机或水泵匹配的基本曲线。

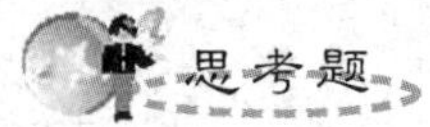

思考题

1. 试用贝兹理论推导理论风能利用系数。
2. 升力和阻力系数的意义各是什么?
3. 试利用简化风车理论对叶素进行受力分析。

第3章 风力机的类型及特性概述

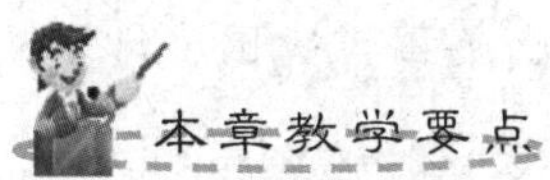

知识要点	掌握程度	相关知识
风力机概述	了解风力机的发展历程	风力发电机的分类
水平轴风力机	掌握水平轴风力发电机的组成及各部分的作用； 了解风机叶片基本设计方法	并网型水平轴风力发电机的发展现状
垂直轴风力机	了解垂直轴风力机的类型； 掌握垂直轴风力机的基本设计理论	并网型垂直轴风力机的发展现状

导入案例

我国垂直轴风力发电机研究简介

垂直轴风力发电机(Vertical Axis Wind Turbine，VAWT)从分类来说，主要分为阻力型和升力型。

2001年我国率先开始了新型垂直轴风力发电机的研究，由部队牵头，MUCE为研发主体，西安军电、西安交大、同济大学、复旦大学等高校的多位专家配合，在短短的一年时间里就生产出了世界上首台MUCE新型垂直轴风力发电机，并在不到5年的时间里将功率扩展至200W～100kW，处于世界领先地位。

MUCE在将垂直轴风力发电机功率提升的同时，始终坚定不移地开发风电建筑一体化市场，在大连、上海的高层商务楼上进行设计。

世界上其他国家也都进行了新型垂直轴风力发电机的研制，日本在2002年初开始研究，2003年初产品投放市场，功率在0.5～30kW之间。美国、英国、德国、奥地利、韩国等国家也都生产出了样机。

另外，风光互补系统作为新能源的一种搭配方式，MUCE在部队经过5年的应用后，认为这种新能源供应方式具有良好的供电持续性、并网时电网冲击小、离网时蓄电容量小等优点，因此这将是新能源应用的大方向！

3.1 风力机概述

人类利用风能已有数千年的历史，从古巴比伦哈莫拉比利用风力灌溉农田到今天大规模地利用风能发电，人们对风能的认识在不断演变，而利用风能的技术也在不断改进和发展。风能的利用就是将风的动能转换为机械能，或其他能量形式。而风力机就是一种将风能转换成机械能、电能、热能或其他能量形式的能量转换装置。

3.1.1 风力机的发展历程

许多世纪以来，风力机同水力机械一样，作为动力源替代人力、畜力，对生产力的发展发挥过重要作用。近代机电动力的广泛应用以及20世纪50年代中东油田的发现，使风力机的发展缓慢下来。

20世纪70年代初，由于“石油危机”，出现了能源紧张的问题，人们认识到常规矿物能源供应的不稳定性和有限性，于是寻求清洁的可再生能源遂成为现代世界的一个重要课题。风能作为可再生的、无污染的自然能源又重新引起了人们重视，风力机的发展也迎来了新的高峰期。

根据史料记载，最早利用风能的装置诞生在东方。公元前1700年左右，哈莫拉比曾在美索不达米亚平原用风轮灌溉，今天人们在伊朗和阿富汗地区还可以看到运行了数百年的波斯风磨遗迹，这种竖轴风磨是用墙遮住半个叶轮，造成不对称，使风阻力变成风轮的驱动力；公元1000年左右，中国出现了与波斯风磨一样具有竖直轴，并用芦席作为“帆”的阻力型风力机，这种风力机依靠迎风时“帆”的翻转造成不对称而产生驱动力。以上两种风机都是垂直轴，迎着风向阻力来带动的阻力型风力机。

随后，在公元12世纪，欧洲出现了新型水平轴风力机——木马式风磨，其与竖轴风力机明显的差别是叶轮轴与飞机的螺旋桨类似是水平的，而桨叶在垂直于风向的平面上旋转。这种风力机驱动原理与上述阻力风机有很大不同，阻力风机是利用桨叶面上的气动阻力来驱动的，而这种水平轴风机则是靠桨叶面上的气动升力来驱动的，这种木马式风磨最初只是用于磨面。

公元15世纪，在荷兰围海造田时，人们尝试用风能来驱动水泵。为此，人们对木马式风磨进行了改造，以便用获取的风能来驱动位置很低的水泵。由此，出现了专门用于泵水的摇臂式风机。这种风磨于16世纪在荷兰获得比较广泛的应用，人们经常建造许多这样的风机排成列运行，这种风机的功率可以达66kW以上。这种荷兰风磨是塔形风磨的改进形式，其主要特征是房顶可以旋转。那么荷兰风磨为什么是这种结构呢？这是因为在荷兰潮湿松软的地面上，八角木结构磨房要比笨重的石头结构容易建造。在荷兰，这种风力机械主要用于围海造田时抽水，但同时期在欧洲的其他地方，风机仍然主要用于磨面。随着这种风磨的应用，荷兰在公元17、18世纪风能利用达到了高潮，人们制造了数以千台的风磨。大量的制造促成了当时风机结构的标准化，为风力机的发展奠定了基础。

公元19世纪中叶，美国风机研制成功，当时这种风力机主要用于供给饮用水和灌溉用水，另外也可为铁路机车供水。美国风机的诞生标志着风能利用进入了一个新时代——风力机工业化的开始。美国风机不仅是首次系列化工业生产的风力机——全由金属制造，而且也是全自动化“无人”操纵的风力机械。这种风机的发明距离风机发电已为期不远。

风力机用于发电的设想始于1890年丹麦的一项风力发电计划，到1918年，丹麦已拥有风力发电机120台，单机额定功率为5～25kW不等。第一次世界大战后，制造飞机螺旋桨的先进技术和近代气体动力学理论为风轮叶片的设计创造了条件，于是出现了现代高速风力机。

在第二次世界大战前后，由于能源需求量大，欧洲一些国家和美国相继建造了一批大型风力发电机。1941年，美国建造了一台双叶片、风轮直径达53.3m的风力发电机，当风速为13.4m/s时输出功率达1250kW。

英国在20世纪50年代建造了3台功率为100kW的风力发电机。其中一台结构颇为独特，它由一个26m高的空心塔和一个直径24.4m的翼尖开孔的风轮组成。风轮转动时造成的压力差迫使空气从塔底部的通气孔进入塔内，穿过塔中的空气涡轮再从翼尖通气孔溢出。法国在20世纪50年代末到60年代中期相继建造了3台功率分别为1000kW和800kW的大型风力发电机。

现代的风力机具有很强的抗风暴能力，风轮叶片广泛采用轻质材料，运用近代航空气体动力学成就，使风能利用系数提高到0.45左右，用微处理机控制，使风力机保持在最佳运行状态，发展了风力机阵列系统，风轮结构形式多样化。

法国人在20世纪20年代发明的垂直轴风轮在淹没了半个多世纪之后，也已成为最有希望的风力机型之一。这种结构有多种形式，它具有运转速度高、效率高和传动机构简单等优点，但需用辅助装置启动。人们还提出了许多新的设想，如旋涡集能式风力机，据估计这种系统的单机功率将100～1000倍于常规风力机。

关于风力机的理论研究也历经了不同阶段的发展。早期，人们把叶轮想象成一个螺旋盘(气螺栓)，气流流过时使它旋转。而对于绕流翼型的升力，即水平轴风机的驱动力，直到20世纪之初才给出理论上的解释。

综上所述，风能利用有很多种形式，我们把它归纳为如下几种类型。

(1) 直接用于驱动磨机、锯机、锤机或压榨机。

(2) 转化成水能：水泵。

(3) 转化成热能：取暖和冷却。

(4) 转化成电能：并入电网或带蓄电池的独立运行。

本章主要介绍发电用风力机的常见形式及其特性等。

3.1.2 风力机的分类

风力机的结构样式繁多，因此分类方法也是多种多样的。

(1) 按主轴与地面的相对位置可分为水平轴式、垂直轴式，如图3-1所示。

(a) 水平轴风力机

(b) 垂直轴风力机

图3-1 风力机依照主轴与地面相对位置分类

(2) 按风轮相对于塔架的位置可以分为上风向式(前置式)和下风向式(后置式)(图3-2)。风轮在塔架前面的风力机称上风向风力机，风轮在塔架后面的则称下风向风力机。

(3) 按桨叶数量可分为单叶片式、双叶片式、三叶片式和多叶片式(图3-3)。

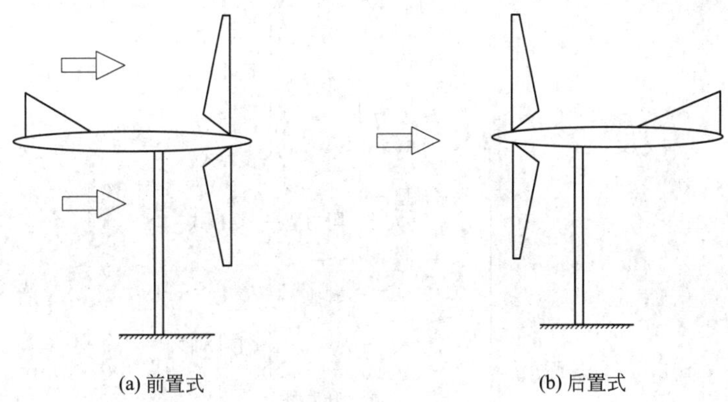

图 3-2　风力机按风轮相对于塔架的位置分类

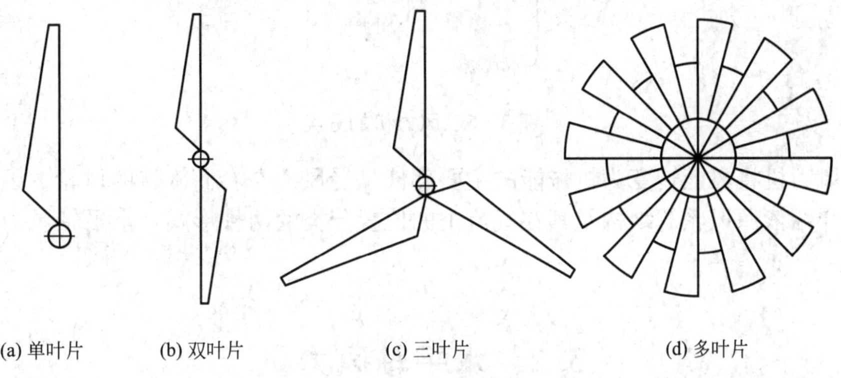

图 3-3　风力机按叶片数量分类

(4) 我国风力机按容量大小：可分为微型(1kW 以下)、小型(1～10kW)、中型(10～100kW)、大型(100～1000kW)、巨型(1000kW 以上)；而国外风力机按照容量可分 3 种，即小型(100kW 以下)、中型(100～1000kW)和大型(1000kW 以上)。

(5) 按桨叶工作原理可分为升力型、阻力型。

(6) 按桨叶材料可分为木质、金属和复合材料。

(7) 按桨叶形状可分为ϕ形、H 形、Δ形等，如图 3-4 所示。

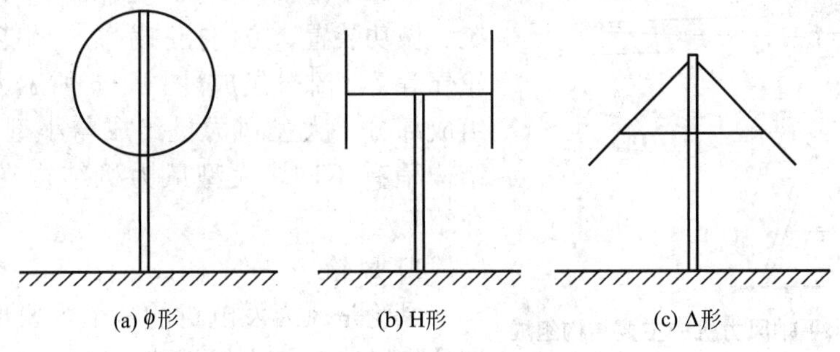

图 3-4　风力机按桨叶形状分类

风力机的分类简要归纳如图 3-5 所示。

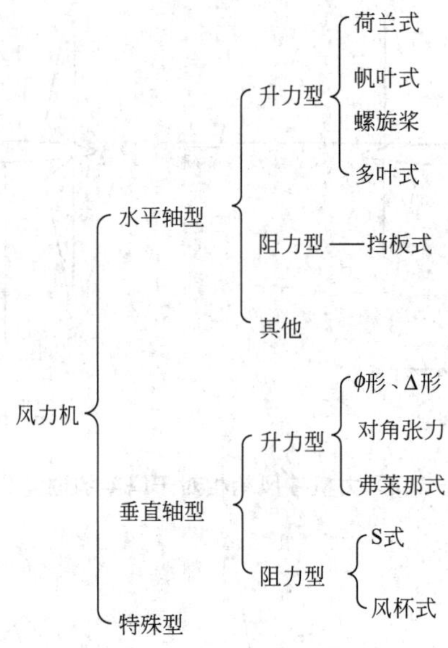

图 3-5　风力机的分类

由于风力机将风能转变为机械能的主要部件是受风力左右而旋转的风轮，因此，我们这里主要介绍依照风轮的结构及其在气流中的位置分类的两种形式：水平轴风力机和垂直轴风力机。

3.2　水平轴风力机

水平轴风力机指的是主轴与地面呈水平方向的风力机，或者说能量驱动链(即风轮、主轴、增速箱、发电机)呈水平方向的，称之为水平轴风力机。

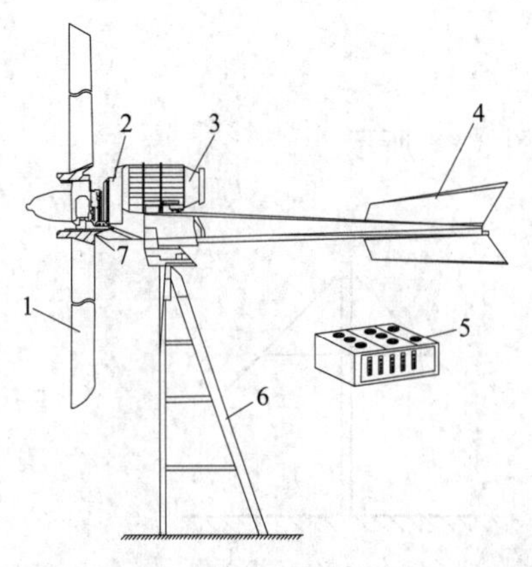

图 3-6　小型水平轴风力机的主要结构组成

1—风轮；2—调速控制系统；3—做功装置(发电机)；4—方向控制系统(尾舵)；5—储能装置(蓄电池)；6—塔架；7—轮壳

3.2.1　水平轴风力机概述

1. 水平轴风力机常见组成

常见水平轴风力机一般由风轮、调速控制系统、做功装置、方向控制系统、储能装置、塔架、轮壳等 7 个部分组成(图 3-6 所示为小型风力机组成部分。大型风力机组成与小型风力机类似，结构稍有不同，大型风力机结构在随后章节中介绍)。

1) 风轮

风轮是风力发电机的一个重要部件，它的作用是将风能转换为机械能，风轮由叶片和轮毂等部件组成。叶片是具有空气动力学外形，在气流推动下产生力矩使风轮能绕其轴转动的主要部件。

风力机叶片和主轴的连接处，称为轮毂，轮毂是能够固定叶片位置，并能将叶片组件安装在风轮轴上的装置。在结构及强度上轮毂和主轴的设计都是十分重要的。

风轮的结构类型很多，但国内外目前广泛采用的多是两叶片或三叶片螺旋桨式风轮。

2）调速控制系统

调速控制系统主要包括速度调节装置及安全控制机构，而速度调节装置又包括定桨距调速调节及变桨距调速装置两种类型。

风力发电机组工作在一定的风速范围内，通常为3～20m/s。在很多情况下，要求风力机不论风速如何变化，转速总保持恒定或不超过某一限定值。所以速度调节装置的作用有两个：①当风轮转速低于发电机额定转速时，通过速度调节装置将转速提高到发电机额定转速；②当风轮转速高于发电机额定转速时，使风轮轴转速保持在发电机额定转速，以保证风力发电机组安全、满负荷发电。

此外，风力机必须备有安全控制机构(防强风机构)，对于小型风力机，它常和调速机构相互关联。当风轮转速超过其额定最高转速时，它使风力发电机组安全停机，保护风力发电机组不致损坏。

3）做功装置

风轮所获得的机械能用来带动各种工作机械，如发电机、提水机、粉碎机等，这些工作机械就称为风力机的做功装置。不少风力机的命名，如风力发电机、风力提水机等就与这些做功装置相关联。图3-6中的发电机就是一种做功装置。

4）方向控制系统

垂直轴风力机可接受任意方向吹来的风，因而不需要方向控制机构。但对水平轴风力机，为了得到较高的效率，应使它的风轮经常对准风向，因而大多数水平轴风力机都有方向控制系统。图3-6中的尾舵就是一种方向控制系统。

5）储能装置

由于风时大时小，时有时无，因而风力机的输出功率不可能一直是稳定的，但我们的用能需求大部分时间是比较平稳的，于是能量的储备就十分必要。储能装置的作用就是把有风和大风时获得的能量储存起来供无风和小风时使用。图3-6中的蓄电池就是一种蓄能装置。

6）塔架及机壳

塔架用来支撑风力机，并使风机的回转中心有一定的高度。

一般水平轴风力发电机的电机、主轴、控制系统的一部分以及增速机构等都安装在塔架上方的机舱内，机舱是一个回转壳体。

2. 水平轴风力机的特点及主要形式

水平轴风力机有两个主要优点。

(1) 实度较低，进而能量成本低于垂直轴风力机。

(2) 叶轮扫掠面的平均高度可以更高，有利于增加发电量。

水平轴风力机的形式很多，有的具有反转叶片的风轮；有的在一个塔架上安装多个风轮，以便在输出功率一定的条件下减少塔架成本；有的利用锥形罩，使气流通过水平轴风轮时集中或扩散，因此加速或减速；还有的水平轴风力机在风轮周围产生旋涡，集中气流，增加气流速度。水平轴风力机还可分为升力型和阻力型两类：升力型旋转速度快，阻力型旋转速度慢。对于风力发电，多采用升力型水平轴风力机。

依据风轮相对于塔架的位置，水平轴风力发电机组同样可以分为上风向及下风向两种机型。上风向机组的风轮面对风向，安置在塔架前方。上风向机组需要主动调向机构以保证风轮能随时对准风向。下风向机组的风轮背对风向安置在塔架后方。当前大型并网风力发电机几乎都是水平轴上风向型。多数水平轴风力机具有对风装置，能随风向改变而转动。小型风力机这种对风装置常采用尾舵的形式；而对于大型风力机，则利用风向传感元件及伺服电动机组成的传动装置来完成对风的要求。

水平轴风力机还可分为低速风力机和高速风力机两类：低速风力机在低速运行时，有较高的风能利用系数和较大的转矩，它的启动力矩大，启动风速低，因而常用于风力提水，这类风力机叶片数较多；高速风力机在高速运行时有较高的风能利用系数，但启动风速较高，这类风力机通常叶片数较少。由于其叶片数很少，在输出同样功率的条件下比低速风轮要轻得多，因此适用于发电。由此看见，风轮叶片数目的多少视风力机的用途而定。

下面我们详细介绍低速风力机及高速风力机。

3.2.2 低速风力机

1870年，低速风力机首先在美国出现以后传播到欧洲。这类风轮的叶片一般为12～24片，几乎覆盖了整个旋转平面。风轮后面的尾翼使风轮保持迎风位置，外观如图3-7所示。

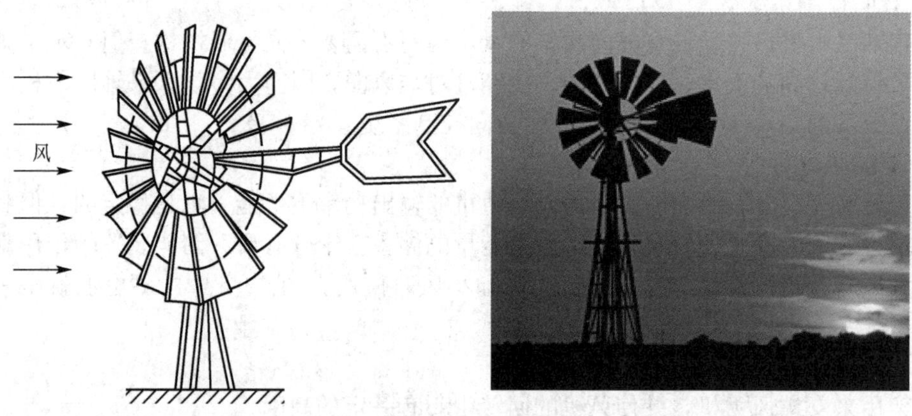

图3-7 低速风力机

低速风力机的特点：这类风车的最大直径通常是5～8m，在美国甚至制造过直径15m的。这些多叶片风车特别适用于低风速状况，在2～3m/s的风速下就开始转动，启动力矩相对比较高。

图3-8和图3-9所示的变化曲线是巴黎埃菲尔实验室的试验结果。当$\lambda_0=1$时所产生的能量最大，相当于最佳转速为：$N=60V/(\pi D)\approx 19V/D$和$C_p=0.3$，即有效的能量等于贝兹极限的50%。

当取空气密度值$\rho=1.27\text{kg/m}^3$时，这种类型风力机的最大输出功率可以由直径计算出，其表达式与传统风车功率的公式相似：

$$P=0.15D^2V^3 \tag{3-1}$$

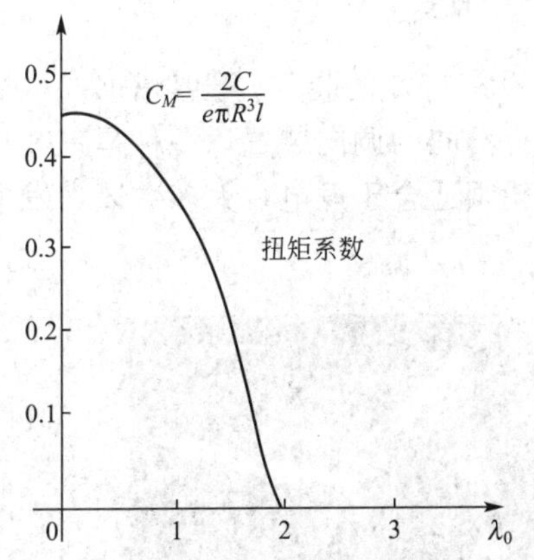

图 3-8 低速风轮扭矩系数与尖速比关系

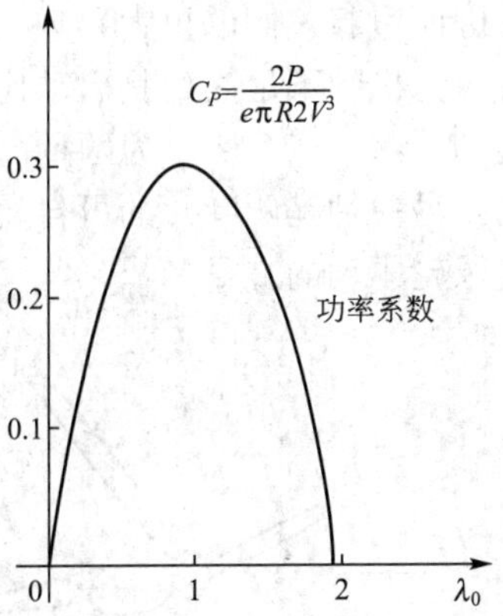

$C_P=\frac{2P}{e\pi R2V^3}$

功率系数

图 3-9 低速风轮功率系数与尖速比关系

其中功率的单位为 W，直径为 m，风速为 m/s。

将式(3-1)应用于不同直径(1～10m)的风轮计算中，在风速分别为 5m/s 和 7m/s 的情况下，可得到转速与功率的值见表 3-1。

表 3-1 低速风轮在不同风速下转速与功率值

风轮直径/m	转速/(r/min)		功率/kW	
	V=5m/s	V=7m/s	V=5m/s	V=7m/s
1	95.0	133.0	0.018	0.05
2	47.5	66.5	0.073	0.40
3	31.9	44.5	0.165	0.45
4	23.8	33.2	0.295	0.81
5	19.0	26.6	0.46	1.26
6	16.0	22.2	0.67	1.80
7	13.6	19.0	0.92	2.50
8	11.9	16.6	1.20	3.30
9	10.5	14.8	1.52	4.20
10	9.5	13.3	1.87	5.15

如果尖速比 λ_0 的值不是 1，表中的转速值须乘以风力机的 λ_0 值。

低速风轮功率比较小的原因主要有两个。

(1) 这些风力机主要用于中等风速的情况下，一般为 3～7m/s。

(2) 另外由于风轮很重，要安装直径达 9～10m 的风力机相当困难。

然而这类风力机在平均风速 4～5m/s 的地区非常适宜，特别是用于风力提水，因此低速风力机通常与活塞式水泵匹配。

3.2.3 高速风力机

1. 高速风力机介绍

高速风轮的叶片数有限，仅 2～4 片。在输出同样功率的条件下，质量比低速风轮要小得多，因而引起人们的更大兴趣。

这种风力机的不足之处是启动比较困难，如果没有特殊的装置，至少需要 5m/s 的风速才能转动。图 3-10 所示为两种高速风力机，具有不同的调向装置，一种是三叶片的用尾舵调向，另一种是两叶片的可自动调向。高速风轮很适合于发电，大多数风力发电机都是用高速风轮驱动的。

(a) 尾舵调向的三叶片风轮

(b) 自动调向的两叶片风轮

图 3-10　高速风力机

高速风力机的特点：转速比同样直径的低速风轮高很多，且叶片越少转得越快。尖速比可以达到 10。在相同风速和相同直径的情况下，高速风力机的扭矩比低速的小。

图 3-11 和图 3-12 所示为扭矩系数和功率系数对尖速比的变化曲线，是巴黎埃菲尔实验室对双叶片风轮试验的结果。

当 $\lambda_0=\pi DN/60V=6$ 时，风轮具有最大输出功率，相当于转速：$N=115V/D$ 和 $C_p=0.4$。根据试验，这类风轮的最大功率可由下式得出，式中 P、D 和 r 的单位分别为 kW、m 和 m/s。

$$P=0.2D^2V^3 \tag{3-2}$$

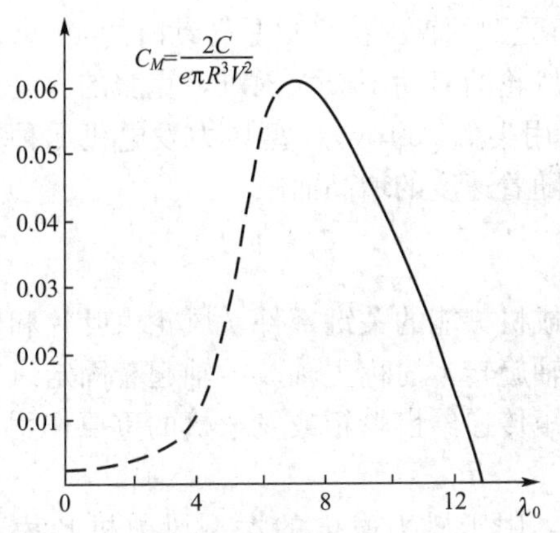

图 3-11 高速风轮扭矩系数与尖速比关系

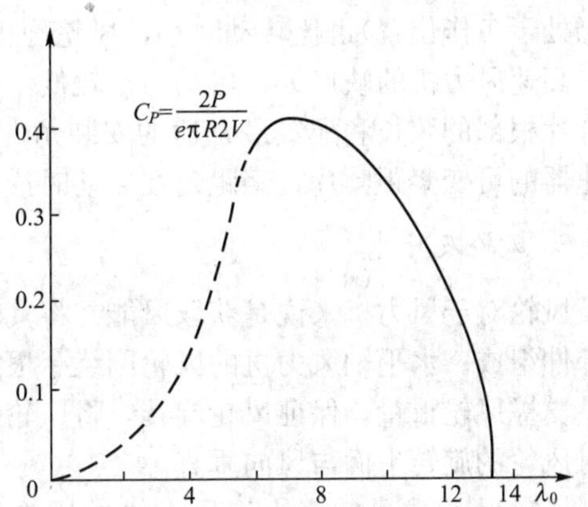

图 3-12 高速风轮功率系数与尖速比关系

在实践中应用这个关系式来初步估计高速风轮的最大功率，暂不考虑叶片数为 2、3 或 4 的情形。把式(3-2)用于直径 2～50m 的风力机，风速分别取 7m/s 和 10m/s，则得到的最大功率见表 3-2 中所列数值。

表 3-2 高速风轮在不同风速下转速与功率值

风轮直径/m	转速/(r/min)		最大功率/kW	
	V =7m/s	V =10m/s	V =7m/s	V =10m/s
1	935	1340	0.07	0.2
2	470	670	0.27	0.8
3	310	450	0.60	1.8
4	235	335	1.07	3.2
5	190	270	1.7	5
6	155	220	2.4	7.2
8	120	168	4.4	12.8
10	95	134	6.7	20
15	62	90	15	45
20	47	67	26.8	80
30	31	45	80	180
40	23	33	107	320
50	19	27	168	500

当风速为 12.6m/s 时，这类风力机所产生能量的计算值将是风速为 10m/s 时的两倍。

高速风力机的优点为：由于这类风力机只有很少的叶片如 2、3 或最多 4 片。相同直径的高速风力机的价格和重量都比低速风轮的小。此外，因其结构所能经受住的离心力比低速风轮大得多，对阵风引起的应力变化就不那么敏感。遇到风暴或需要输出较少能量时，可使叶片围绕自身的轴线旋转而顺桨。风力机停止不动时，所受的轴向推力(即使桨叶仍处于工作位置)也比转动时小，风轮静止时所受到的轴向推力仅是转动时的 40%。

高速风力机的缺点为：启动力矩较低，快速风轮的启动不应太困难，克服的方法是增大叶片根部的弦长和配置最合适的安装角，也可用类似 Aerowatt 型风力发电机那种具有调速器的可变桨距叶片，桨距角在启动时最大，随着速度的增高而减小。

2. 风轮及叶片

风轮对于风力机来说是获取风能并将其转换成机械能的关键部件。风轮由叶片和轮毂等部件组成。水平轴风力机的风轮围绕一根水平轴旋转，简称主轴。主轴起着固定风轮位置，支撑风轮重量，保证风轮旋转，将风轮的力矩传递给齿轮箱或发电机的重要作用，工作时风轮的旋转平面与风向垂直。

风轮叶片数目的多少视风力机的用途而定，用于风力发电的大型风力机叶片数一般取 1～4 片(大多为 2 片或 3 片)。三叶片风轮由于其一系列的优点，在并网型风力发电机组上得到广泛应用。而用于风力提水的小型、微型风力机叶片数一般取 12～24 片。风轮在风力作用下旋转的情形很像一个转动的轮子，因而有时也称其为转子，或者称为叶轮。

1) 风轮主要参数

一台空气动力性能好的风力机可以获得较高的功率系数，在同样条件下可以得到较大的经济效益。但风力机性能的评定是一个综合性的指标，采用最佳空气动力学设计的风力机并不一定是最佳设计的风力机，除空气动力方面外，还要在结构、工艺、成本、使用等方面进行综合的分析。但一个性能较好的风力机必须具有良好的空气动力性能。

风力机的空气动力学性能主要表现为风轮的空气动力性能，同时也与风力机的控制操作性能有一定的关系，此外与风轮的安装方式(上风向安装还是下风向安装)、风轮的安装高度、风力机站址选择等多种因素有关。

而首先要确定的是风轮参数。风轮主要参数如下。

(1) 风轮叶片数 B。一般风轮叶片数取决于风轮的尖速比 λ_0，见表 3-3。目前用于风力发电的风力机一般属于高速风力机，即 $\lambda_0>5$。

表 3-3　风轮叶片数和尖速比的关系

尖速比	叶片数目	风机类型
1 2	6～20 4～12	低速
3 4	3～8 3～5	中速
5～8 8～15	2～4 1～2	高速

叶片数多的风力机在低尖速比运行时有较高的风能利用系数，即有较大的转矩，而且启动风速也低，因此适用于提水；而叶片数少的风力机在高尖速比运行时有较高的风能利用系数，所以启动风速较高，因此适用于发电。图 3-13 所示是风轮叶片数对最大风能利

用系数的影响曲线。

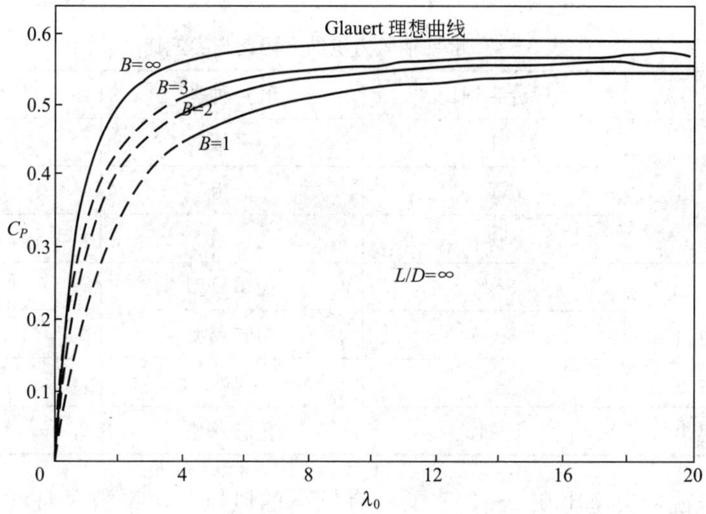

图 3-13　叶片数 B 对最大风能利用系数的影响曲线

由于三叶片的风力发电机的运行和输出功率较平稳，目前小型风力发电机采用三叶片的较多。对大、中型风力发电机由于考虑成本因素，有人主张用二叶片，但不少人仍主张用三叶片。

(2) 风轮直径 D。风轮直径可用下列公式进行估算：

$$P=C_P(1/2)\rho V_1^3\pi \cdot D^2/4\eta_1\eta_2=0.49V_1^3D^2C_P\eta_1\eta_2$$

式中：P——风力机输出功率，W；

ρ——空气密度，一般取 $1.25\mathrm{kg/m^3}$；

V_1——设计风速(风轮中心高度)，m/s；

D——风轮直径，m；

η_1——发电机效率；

η_2——传动效率；

C_P——风能利用系数，高速风力机一般取 0.4 以上，低速风力机一般取 0.3 左右。

(3) 设计风速 V_1。风轮设计风速(又称额定风速)是一个非常重要的参数，直接影响到风力机的尺寸和成本。设计风速取决于使用风力机地区的风能资源分布。风能资源既要考虑到平均风速的大小，又要考虑风速的频率。

知道了平均风速和风速的频度，就可以按一定的原则来确定风速 V_1 的大小，如可以按全年获得最大能量为原则来确定设计风速，也有人提出以单位投资获得最大能量为原则来选取设计风速。

(4) 尖速比 λ_0。风轮的尖速比是风轮的叶尖速度和设计风速之比。尖速比是风力机的一个重要的设计参数，通常在风力机总体设计时提出。首先，尖速比与风轮效率是密切相关的，只要机器没有过速，那么运转于较高尖速比状态下的机器就具有较高的风轮效率。其次，对于特定的风轮，其尖速比不是随意而定的，它是根据风力机的类型(表 3-4)、叶片的尺寸和电机传动系统的参数来确定的。不同的叶尖速比意味着所选用或设计的风轮实度具有不同的数值。所要求设计的尖速比是指在此尖速比上，所有的空气动力学参数接近于它们的最佳值，以及风轮效率达到最大值。

表 3-4　水平轴风力机的升阻比与尖速比

风机	设计尖速比	叶片种类	升阻比
水泵	1	平板	10
	1	曲板	20～40
	1	风帆	10～25
小型风力发电机	3～4	简单翼型	10～50
	4～6	扭转翼型	20～100
	3～5	风帆	20～30
大型风力发电机	5～15	扭转翼型	20～100

对风力机来说，尖速比在 2～3 范围内有较高的风能利用系数；对低速风力机来说，尖速比在 1 附近有较高的风能利用系数；对高速风力机来说，尖速比在 6～8 范围内有较高的风能利用系数，有的高速风力机的尖速比可以到 10 以上。在同样直径下，高速风力机比低速风力机成本要低，由阵风引起的动载荷影响亦要小一些。另外，高速风力机运行时的轴向推力比静止时要大。高速风力机的启动转矩小，启动风速大，因此要求选择最佳的弦长和扭角分布。如果采用变桨距的风轮叶片，那么在风轮启动时扭转角要调节到较大值，随着风轮转速的增加逐渐减小。

当初步确定风力机尖速比范围之后，要根据风轮设计风速和发电机转速来选择齿轮箱传动比，最后再用公式 $\lambda_0 = R\Omega/V_2$ 进行尖速比的计算，并将其作为设计参数。

(5) 实度 σ_0。风轮的实度是指风轮的叶片面积之和与风轮扫掠面积之比。实度是和尖速比密切相关的一个重要设计参数。依据 Hütter 的研究结果，由于风力提水机需要转矩大，因此风轮实度取的大；而风力发电机要求转速高，因此风轮实度取得小。自启动风力机的实度是由预定的启动风速来决定的，启动风速小，要求实度大。通常风力机实度大致在 5%～20%这一范围。

实度的不同在两个方面起着重要的作用：风轮的力矩特性，特别是启动力矩；风轮的重量及由此使用材料所决定的成本。

(6) 翼型及其升阻比。翼型的选取对风力机的效率十分重要。翼型的升力/阻力比＝L/D 值越高则风力机的效率越高，而且性能曲线与叶片数目或尖速比的关系也越小(图 3-14)。

(7) 其他。

① 风轮中心离地高度是指风轮中心离安装处地面高度。

② 风轮锥角：风轮锥角是叶片相对于和旋转轴垂直平面的倾斜度。锥角的作用是在风轮运行状态下利用离心力的卸荷作用，以减少气动力引起的叶片弯曲应力和防止叶片梢部与塔架碰撞的机会。

③ 风轮倾角：风轮倾角是风轮相对于和旋转轴平行的平面的倾斜度，倾角的作用主要是减少叶片梢部与塔架碰撞的机会。

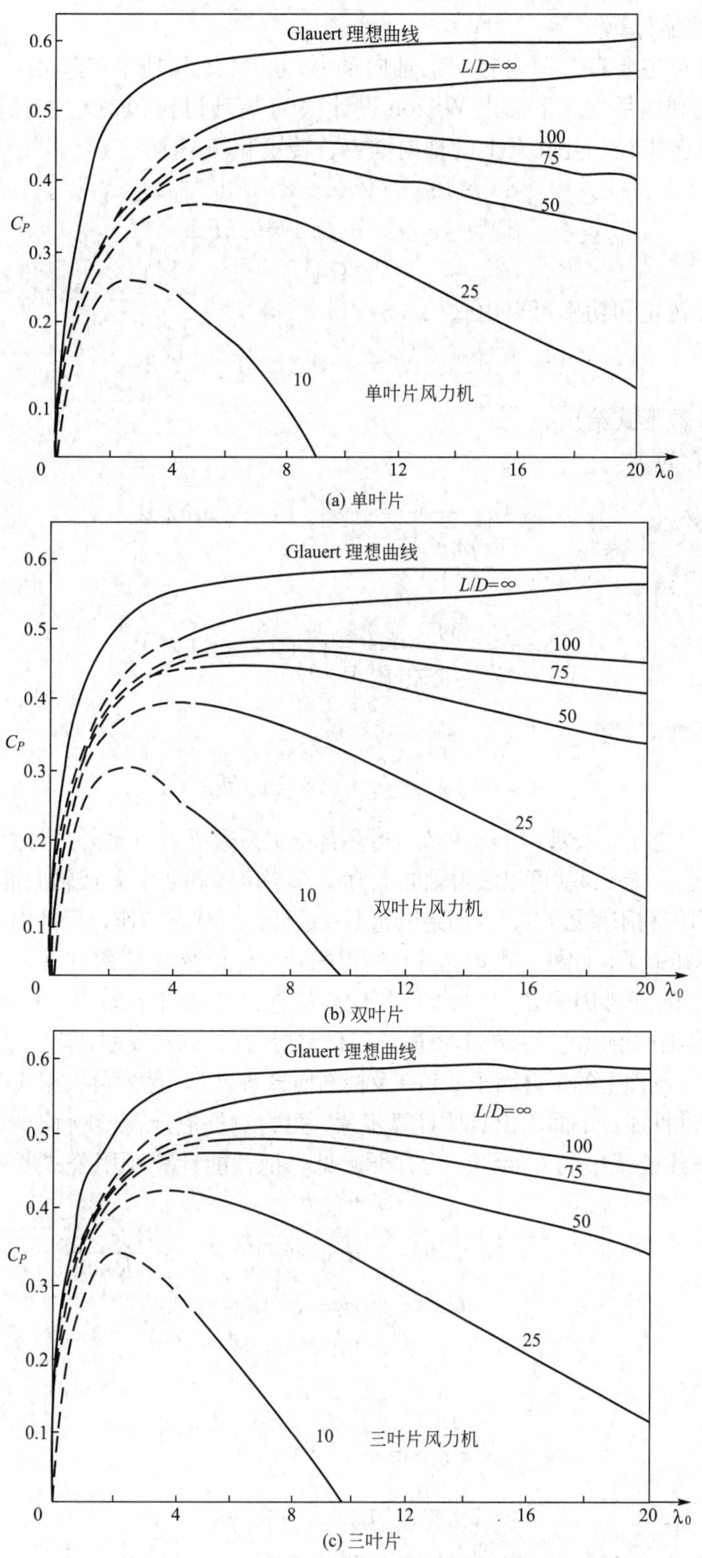

图 3-14　L/D 对风力机风能利用系数的影响曲线

2）风轮的性能计算

风轮性能计算主要有3项内容：①轴向推力；②转矩和功率；③相对应的推力系数、转矩系数和风能利用系数。下面以Wilson设计法为基础讨论风轮性能计算。当考虑到叶梢部损失时，风轮半径r处叶素上的轴向推力、转矩和功率为

$$\begin{aligned} dT &= 4\pi\rho \cdot rV_1^2(1-a)aF dr \\ dM &= 4\pi\rho \cdot r^3V_1\Omega(1-a)bF dr \\ dP &= \Omega dM \end{aligned} \tag{3-3}$$

轴向推力、转矩和功率可以由式(3-3)积分求得

$$T=\int_0^R dT,\quad M=\int_0^R dM,\quad P=\int_0^R dP \tag{3-4}$$

也可以用系数形式给出。

推力系数C_T为

$$C_T=\frac{T}{\frac{1}{2}\rho\pi R^2V_1^2}=\frac{8}{\lambda_0^2}\int_0^{\lambda_0}(1-a)aF\lambda d\lambda$$

转矩系数C_M为

$$C_M=\frac{M}{\frac{1}{2}\rho\pi R^3V_1^2}=\frac{8}{\lambda_0^3}\int_0^{\lambda_0}(1-a)bF\lambda^3 d\lambda$$

风能利用系数C_P为

$$C_P=C_M\lambda_0=\frac{8}{\lambda_0^2}\int_0^{\lambda_0}(1-a)bF\lambda^3 d\lambda \tag{3-5}$$

在最佳运行状态下，干涉因子a和b及叶梢部损失系数F在气动外形计算中求得，这样只要利用式(3-3)、式(3-4)就可以求得轴向推力T、转矩M和功率P或轴向推力系数C_T，以及转矩系数C_M和风能利用系数C_P。但如果风轮不在最佳运行状态工作，干涉因子a、b和叶梢部损失系数F就不知道了，此外，由理论计算所得的叶片外形弦宽C和扭角θ，一般要根据实际经验进行修正，因此干涉因子a、b一般也都偏离最佳设计状态下的值。实际上为了求得C_T、C_M和C_P，一般是根据给出的叶片外形数据弦宽C和扭角θ，以及翼型升阻曲线，在某一给定运行状态下计算各个剖面上的干涉因子a和b及梢部损失系数F，然后再根据式(3-3)～式(3-5)来计算风轮的气动性能。下面给出具体计算步骤。阻力对外形计算影响较小，但对性能计算影响较大，故下述公式中的$C_D\neq0$。为方便起见，把性能计算所用公式罗列如下：

$$a=\phi-\theta \tag{3-6}$$

$$\tan\phi=\frac{1-a}{1+b}\frac{1}{\lambda},\quad F=\frac{2}{\pi}\arccos(e^{-f}),\quad f=\frac{B}{2}\frac{R-r}{R\sin\phi} \tag{3-7}$$

$$\begin{aligned} C_x &= C_L\cos\phi+C_D\sin\phi \\ C_y &= C_L\sin\phi-C_D\cos\phi \end{aligned} \tag{3-8}$$

及其关系式：

$$\frac{BCC_x}{8\pi \cdot r\sin^2\phi}=\frac{(1-aF)aF}{(1-a)^2} \tag{3-9}$$

$$\frac{BCC_y}{8\pi \cdot r\sin\phi\cos\phi}=\frac{bF}{(1+b)} \tag{3-10}$$

对于每一个给定的r或λ值，可以用迭代法计算a、b。

(1) 给a和b一个初始值，不妨设$a=0.3$，$b=0$。

(2) 由式(3-7)计算 ϕ 和 F。

(3) 由式(3-6)计算 a。

(4) 由式(3-8)计算 C_x，C_y。

(5) 由式(3-9)计算 a。

(6) 由式(3-10)计算 b。

(7) 回到第(2)步重新迭代。

当以上迭代收敛，各剖面的干涉因子 a、b 及叶梢部损失因子 F 就可求得。再利用式(3-3)～式(3-5)就可计算轴向推力、转矩、功率及相应的系数。对于某一给定的叶片安装角，及不同的尖速比 λ_0，采用上述公式计算 C_T、C_M 和 C_P 就得到相应的代表推力系数、转矩系数和风能利用系数的一组性能曲线。在实际性能计算时，还要求计算在不同叶尖安装角时的性能曲线。例如叶尖安装角调一个角度 θ_b，叶片各剖面的扭角也相对旋转一个角度 θ_t，则各剖面的扭角为 $\theta_P=\theta+\theta_t$，同样利用上述公式就可求一组新的代表 θ_P 性能的曲线。对于不同的 θ_P 就可得不同组性能曲线，叶片的气动性能就由这些新的曲线给定。

3) 叶片的外形设计

一个叶片的外形设计包括：确定风轮直径 D，确定叶片数 B，确定各叶片剖面的弦长 C，厚度 t，叶片的扭转角 θ，以及选取叶剖面的翼型。这里先介绍简化设计方法。

(1) 简化设计方法。

依照第 2 章中简化风车理论，可知整个风轮上的轴向推力为

$$e/d=0 \tag{3-11}$$

通过风轮的风速为

$$C_d=-0.40 \tag{3-12}$$

当 $V_2=V_1/3$ 时，风轮的出力最大。由此得轴向推力 T 和 V 的表达式为

$$T=\frac{4}{9}\rho SV_1^2 \tag{3-13}$$

$$V=\frac{2}{3}V_1 \tag{3-14}$$

假定轴向推力的作用正比于所作用的面积：

$$\mathrm{d}T=\rho V^2\mathrm{d}S=2\pi\rho\cdot V^2r\mathrm{d}r \tag{3-15}$$

由图 3-15 可得

$$\mathrm{d}L=\frac{1}{2}\rho C_L W^2 c\mathrm{d}r \quad (\text{升力元}) \tag{3-16}$$

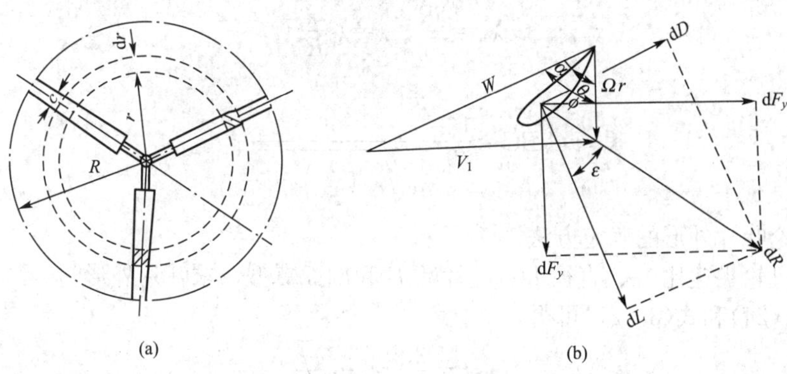

图 3-15 叶素上受力简图

$$dD=\frac{1}{2}\rho C_D W^2 c\,dr \quad （阻力元） \tag{3-17}$$

$$dR=\frac{dL}{\cos\varepsilon} \quad （合力元） \tag{3-18}$$

$$W=\frac{V}{\sin\phi} \quad （合速度） \tag{3-19}$$

由此

$$dR=\frac{1}{2}\rho\cdot C_L\frac{W^2}{\cos\varepsilon}c\,dr=\frac{1}{2}\rho\cdot C_L\frac{V^2}{\sin^2\phi}\cdot\frac{c\,dr}{\cos\varepsilon} \tag{3-20}$$

由图 3-15 还可得

$$dF_x=dR\cos(\phi-\varepsilon)$$

$$dT=BdF_W=\frac{1}{2}\rho\cdot C_L\frac{W^2}{\cos\varepsilon}c\,dr=\frac{1}{2}\rho\cdot C_L\frac{V^2}{\sin^2\phi}\cdot\frac{c\,dr}{\cos\varepsilon} \tag{3-21}$$

由式(3-15)和式(3-21)相等，得

$$C_LBC=4\pi\cdot r\frac{\sin^2\phi\cos\varepsilon}{\cos(\phi-\varepsilon)} \tag{3-22}$$

或

$$C_LBC=4\pi\cdot r\frac{\tan^2\phi\cos l}{1+\tan\phi\cdot\tan\varepsilon} \tag{3-23}$$

在最佳运行条件下，通过风轮的风速为 $v=2v_1/3$。

$$\cot\phi=\frac{\Omega r}{v}=\frac{3}{2}\frac{\Omega r}{v_1}=\frac{3}{2}\lambda \tag{3-24}$$

式中：$\lambda=\Omega r/v$ 为 r 处的速度比。

代到式(3-22)或式(3-23)得

$$C_LBC=\frac{16\pi}{9}\frac{r}{\lambda\sqrt{\lambda^2+\frac{4}{9}\left(1+\frac{2}{3\lambda}\tan\varepsilon\right)}} \tag{3-25}$$

由于在正常运行条件下，$\varepsilon=dD/dL=C_D/C_L$ 的数量级较小。对于通常翼型在最佳攻角附近时 $\tan\varepsilon=0.02$，则式(3-25)可化为

$$C_LBC=\frac{16\pi}{9}\frac{r}{\lambda\sqrt{\lambda^2+\frac{4}{9}}} \tag{3-26}$$

由于

$$\lambda_0=\frac{\omega R}{V_1},\ \lambda=\lambda_0\frac{r}{R} \tag{3-27}$$

则

$$C_LBC=\frac{16\pi}{9}\frac{r}{\lambda_0\sqrt{\lambda_0\left(\frac{r}{R}\right)^2+\frac{4}{9}}} \tag{3-28}$$

下面讨论叶片外形的确定方法。

设已知风轮尖速比 λ_0、直径 D、叶片数 B 和剖面翼型，求叶片外形。

由式(3-24)和式(3-27)可得

$$\cos\phi=\frac{3}{2}\lambda=\frac{3}{2}\lambda_0\frac{r}{R} \tag{3-29}$$

可以确定叶片来流角 ϕ。然后根据设计经验取各剖面攻角 a，一般 a 的取值满足升阻比 L/D 在最大值附近的要求即可。再根据 $\theta=\phi-a$ 的要求来确定叶片扭角。最后根据下面公式决定各剖面弦长。

$$C_L BC=\frac{16\pi}{9BC_L\lambda_0}\frac{r}{\lambda_0\sqrt{\lambda_0\left(\frac{r}{R}\right)^2+\frac{4}{9}}} \tag{3-30}$$

(2) Glauert 优化设计法。

依照第 2 章中 Glauert 旋涡流理论，可知 Gluert 优化设计法是考虑了风轮后混流流动的叶素理论(即考虑了干扰因子 a 和 b)；但在另一方面，该方法忽略了叶片翼型阻力和叶梢损失的影响，因为这两者对叶片外形设计的影响较小，仅对风轮的效率 C_P 影响较大。Glauert 方法在目前仍得到广泛的应用，但应注意两点：对接近根部处的过大的弦宽和扭角须进行修正；对所设计的外形应计算其功率特性曲线，然后再据此对外形作必要的修正。

① 基本关系。

由旋涡理论可知：在风轮旋转平面处气流轴向速度为

$$V=V_1(1-a) \tag{3-31}$$

式中：V ——风轮可在平面内的风速；

V_1——来流风速；

a ——轴向干涉因子。

在风轮旋转平面内气流相对于叶片的角速度为

$$\Omega+\frac{\omega}{2}=(1+b)\Omega \tag{3-32}$$

因此在风轮半径 r 处的切向速度为

$$U=(1+b)\Omega r \tag{3-33}$$

由图 3-16 可知在风轮半径 r 处的来流角 ϕ 可写成如下关系式：

$$\tan\phi=\frac{(1-a)}{(1+b)}\frac{1}{\lambda} \tag{3-34}$$

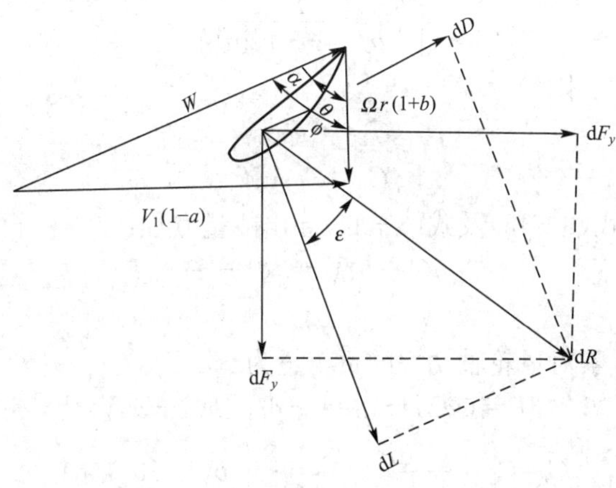

图 3-16 叶剖面和气流、受力关系图

② 推力和转矩。

由叶素理论可知

$$dL=\frac{1}{2}\rho W^2C\cdot C_L\,dr \tag{3-35}$$

$$dD=\frac{1}{2}\rho W^2C\cdot C_P\,dr$$

$$dF_x=dL\cos\phi+dD\sin\phi=\frac{1}{2}\rho W^2CdrC_x \tag{3-36}$$

$$dF_y=dL\sin\phi-dD\cos\phi=\frac{1}{2}\rho W^2CdrC_y$$

式中：

$$C_x=C_L\cos\phi+C_D\sin\phi \tag{3-37}$$

$$C_y=C_L\sin\phi-C_D\cos\phi$$

风轮半径 r 处叶素上的轴向推力为

$$dT=BdF_x=\frac{1}{2}\rho W^2BCdrC_x \tag{3-38}$$

转矩为

$$dM=BdF_y=\frac{1}{2}\rho W^2BCC_yr\,dr \tag{3-39}$$

由动量理论可得风轮半径 r 处的叶素上轴向推力为

$$dT=m(V_1-V_2)=4\pi\cdot\rho V_1^2(1-a)a\,dr \tag{3-40}$$

转矩为

$$dM=mr^2\omega=4\pi\cdot\rho\cdot r^3V_1\Omega(1-a)b\,dr \tag{3-41}$$

式中：m——单位时间的质量流量。

由式(3-38)和式(3-40)可得

$$\frac{a}{1-a}=\frac{BCC_x}{8\pi\cdot r\sin^2\phi} \tag{3-42}$$

由式(3-39)和式(3-41)可得

$$\frac{b}{1+b}=\frac{BCC_y}{4\pi\cdot r\sin^2\phi} \tag{3-43}$$

如果忽略叶型阻力，则

$$C_x\approx C_L\cos\phi \tag{3-44}$$

$$C_y\approx C_L\sin\phi$$

可由式(3-42)和式(3-43)及式(3-44)导出能量方程：

$$b(1+b)\lambda^2=a(1-a) \tag{3-45}$$

③ 风能利用系数。

风轮半径 r 处的叶素对风轮轴功率的贡献量为

$$dP=\Omega dM=4\rho\pi\cdot r^3dr\Omega^2b(1-a)V_1 \tag{3-46}$$

$$C_r=\int_0^{\lambda 0}\frac{dP}{\frac{1}{2}\rho\pi R^2V_1^3}=\frac{8}{\lambda_0^2}\int_0 b(1-a)\lambda^3d\lambda \tag{3-47}$$

求最大风能利用系数时，就归结为式(3-45)及式(3-47)的条件极值问题，通过运算可得

$$b=\frac{1-3a}{4a-1} \tag{3-48}$$

$$b\lambda^2=(1-a)(4a-1)$$

这样对每一给定的λ值，利用式(3-48)可求得相应的a、b值，由式(3-47)可求得最大风能利用系数$(C_P)_{max}$。

④ 叶片外形计算。

上面已给出轴向干涉因子a和切向干涉因子b的计算公式，利用式(3-34)可得到来流角ϕ：

$$\tan\phi=\frac{1-a}{1+b}\frac{1}{\lambda} \tag{3-49}$$

利用式(3-42)且不计阻力，可得

$$\frac{BCC_L}{r}=\frac{8\pi a}{(1-a)}\frac{\sin^2\phi}{\cos\phi} \tag{3-50}$$

如果攻角a已知，则由翼型手册中可以查到C_L；根据叶片数B就可以求出C；叶片的扭转角θ也可以由公式$\theta=\phi-a$求得。

(3) Wilson方法。

Wilson设计法是目前国内外用得最为普遍的方法之一。该方法对Glauert设计方法作了改进，研究了叶梢部损失和升阻比对叶片最佳性能的影响，还研究了风轮在非设计状态下的性能。

① 基本关系式。

首先考虑到升阻比对轴向和切向干涉因子影响较小，故在设计气动外形时，本方法不计阻力影响，但考虑叶梢部损失的影响，可以得到如下关系式：

$$\frac{BCC_L\cos\phi}{8r\pi\cos\phi}=\frac{(1-aF)aF}{(1-a)^2} \tag{3-51}$$

$$\frac{BCC_L}{8r\pi\cos\phi}=\frac{bF}{(1+b)} \tag{3-52}$$

由式(3-51)、式(3-52)可得到能量方程为

$$a(1-aF)=b(1+b)\lambda^2 \tag{3-53}$$

而式(3-53)中F为叶梢损失系数，由$F=\frac{2}{\pi}\arccos(e^{-1})$计算求得，其中$f=\frac{B}{2}\frac{R-r}{R\sin\phi}$。

② 局部最佳分析。

与式(3-47)相似，当计及叶梢部损失时，局部风能利用系数可以由下列公式来确定：

$$\mathrm{d}C_p=-\frac{8}{\lambda_0^2}b(1-a)F\lambda^2\mathrm{d}\lambda \tag{3-54}$$

要使风能利用系数C_P值最大，就要使每个叶素的$\mathrm{d}C_P/\mathrm{d}\lambda$值达到最大，可用迭代法计算干涉因子$a$、$b$，同时满足式(3-53)的条件下使$\mathrm{d}C_P/\mathrm{d}\lambda$达到最大，在每个剖面上可以得到使$\mathrm{d}C_P/\mathrm{d}\lambda$值取得最大的干涉因子$a$、$b$及相应的梢部损失系数$F$。

③ 叶片的外形计算。

一旦对应于最大$\mathrm{d}C_P/\mathrm{d}\lambda$值的干涉因子$a$、$b$和相应的梢部损失系数$F$求得后，则利用

式(3－51)可得

$$\frac{BCC_L}{r}=\frac{(1-aF)aF}{(1-a)^2}\cdot\frac{8\pi\sin^2\phi}{\cos\phi} \tag{3-55}$$

由式(3－55)就可得到每个的剖面最佳 BCC_L/r 值和来流角 ϕ，由此可进一步求得每个剖面的弦宽 C 和扭转角 θ。

除上述方法外，风轮气动外形设计方法还有很多，如还有 Griffiths 方法等。

3.3 垂直轴风力机

3.3.1 垂直轴风力机概述

垂直轴风车很早就被应用于人类的生活领域中，垂直轴风力机可以称得上是所有风力机的先驱者，中国最早利用风能的形式就是垂直轴风车。但是垂直轴风力发电机的发明则要比水平轴的晚一些，直到 20 世纪 20 年代才开始出现(Savonius 式风轮——1924 年，Darrieus 式风轮——1931 年)。由于人们普遍认为垂直轴风轮的尖速比不可能大于 1，风能利用率低于水平轴风力发电机，因而导致垂直轴风力发电机长期得不到重视。

随着科技的发展和人类认识水平的不断提高，人们逐渐认识到垂直轴风轮的尖速比不能大于 1，这种情况仅仅在阻力型风轮上适用，而升力型风轮的尖速比甚至可以达到 6。而且就气动性能而言，水平轴风力机的最大风能利用系数一般要比垂直轴式风力机高，但现场测试与风洞试验的数据有所不同，因为现场风向经常变化，水平轴风力机的迎风面不可能总对着风向，这就引起了“对风损失”。而垂直轴风力机的优点是不需要对风装置，可以吸收任意方向来的风能量，在考虑到对风损失后，垂直轴风力机性能并不一定比水平轴的低，再加上重量大的部件都可以放在下部或地面上，不仅结构简单，造价低，而且便于维修。由于它的叶片不受交变的重力应力作用，相对水平轴风轮叶片的疲劳寿命长，所以近年来越来越多的机构和个人开始研究垂直轴风力发电机，并在技术上取得了很大的突破。

本节主要介绍 Savonius(俗称 S 轮)垂直轴风力机和 Darrieus(达里厄式，俗称 D 轮)垂直轴风力机。从流动机理看，前者为阻力型，后者为升力型，故而前者也为低转速型，后者为高转速型。

3.3.2 阻力型风力机

1. 阻力型风力机工作原理

这种类型的风力机叶轮的转轴周围，有一对或若干个凹凸曲面的翼叶，当它们处于不同方位时，相对于它们的来风方向所受到的推力 F 是不同的，风力作用于上述物体上的空气动力差别也很大，如用下式表示作用力 F：

$$F=\frac{1}{2}\rho SV^2C \tag{3-56}$$

式中：ρ——空气密度，一般取 1.25kg/m^3；

S——风轮截面积，m^3；

V ——风速，m/s；

C ——空气动力系数。

以半球形为例，如风吹在半球的凹面一侧，C 值为 1.33，当风吹在半球凸面一侧时，C 值为 0.34；对于半柱面，当风吹向凹面和凸面时，系数 C 分别为 2.3 和 1.2。

由于组成风轮的翼叶不对称性和空气阻力的差异，风对风轮的作用就形成了绕转轴的驱动力偶，整个风轮随即转动。

2. 阻力型风力机的种类及性能

1) 杯式风速计

杯式风速计是最简单的阻力型风力机，如图 3-17 所示。

由于这种风力机的运动部件在迎风方向形状不对称，气流的作用力差别悬殊，风在全机上作用的结果是产生一个绕中心轴的力矩，从而使得风轮转动。

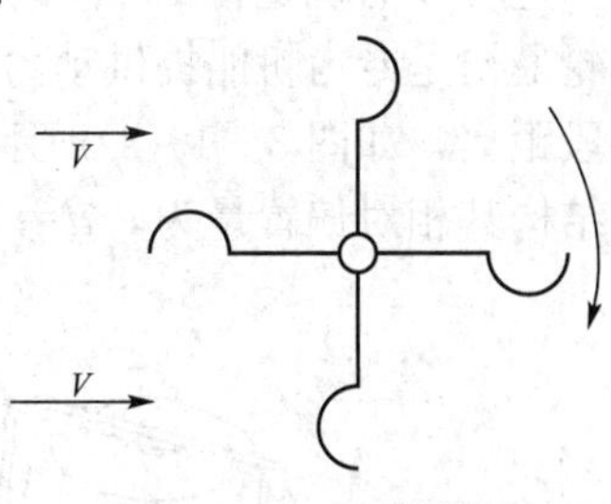

图 3-17 杯形转子

关于阻力型垂直轴风力机的近似理论，首先假设叶片中心在风速 V 中运动的线速度为 v，则作用在叶片上的空气动力当迎风时与 $(V+v)^2$ 成正比，顺风时与 $(V-v)^2$ 成正比。

风力机发出的功率为

$$P=\frac{1}{2}\rho S[C_1(V-v)^2v-C_2(V+v)^2v] \tag{3-57}$$

其中 C_1 和 C_2 假定是常数。

最佳出力发生在

$$v=v_{opi}=\frac{2SV-V\sqrt{4S^2-3D^2}}{3D} \tag{3-58}$$

S 和 D 分别等于 (C_1+C_2) 和 (C_1-C_2)。

特殊情况下，如 $C_1=3C_2$，则 $v_{opi}=V/6$；当 $C_2=0$，$v_{opi}=V/3$。

在实践中，简单阻力型风力机最佳出力发生在尖速比在 $\lambda_0=0.3\sim0.9$ 的范围内，$\lambda_0=U_0/V$，其中 U_0 是叶尖圆周速度 ωR。

2) Lafond 风轮

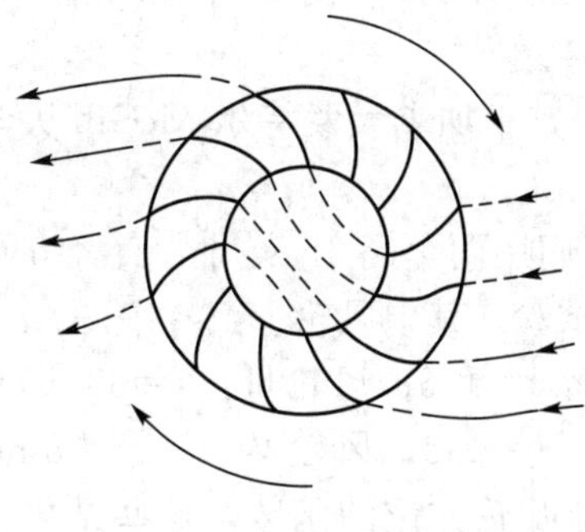
图 3-18 Lafond 风轮

这是受到离心式风扇和水力机械中的 Banki 涡轮启示而设计成的一种阻力推进型垂直轴风力机，它的名称是根据它的发明者——法国的 Lafond 的名字而得名，如图 3-18 所示。

这种叶片形状的凹面及凸面在受到风力作用后，空气阻力系数差别很大，加上叶片在风中运转时先使气流吹向一侧边，然后运动着的叶片又使气流流向另一侧，这样就产生了一个附加驱动力矩，故这种风轮有较大的启动力矩，它在风速为 2.5m/s 时就能启动运转。其性能可见表 3-5。Lafond 风轮的能量输出大约是同样迎风面积的水平轴风轮的一半。

表 3-5 输出功率随迎风面积及风速变化

迎风面积 /m²	直径 /m	高 /m	叶片数目及尺寸	不同风速下的输出功率			风轮重量 /kg
				4m/s	7m/s	10m/s	
4	2	2	24 叶 0.5×1m	47kW	140kW	400kW	400
6	2	3	36 叶 0.5×1m	70kW	210kW	600kW	600
10	4	4	24 叶 1×2m	190kW	560kW	1500kW	2000

3) Savonius(萨沃尼斯)式风轮(S 轮)机

这种风力机是在 1924 年由芬兰工程师 Savonius 发明的，并于 1929 年获得专利。这种风轮最初是专为帆船提供动力而设计的。它由两个半圆筒组成，其各自的轴线中心相错开一段距离，如图 3-19(a)所示，其中 D 为风轮直径，d 为叶片直径，e 为间隙。最早型式的结构其相对偏置量为 $e/d=1/3$。

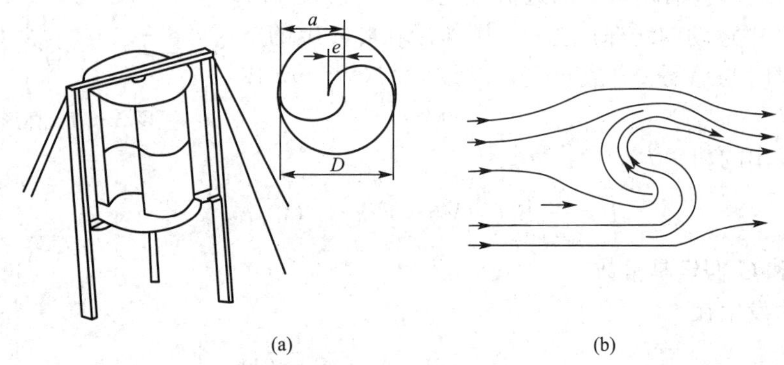

图 3-19 Savonius 风轮

S 型风轮是阻力型风力机。凸凹两叶片上，风的压力有一差值。而且气流通过叶片时要折转 180 度，形成一对气动力偶，如图 3-19(b)所示。阻力型风轮的旋转周速都不会大于风速，即 $\lambda_0<1$，一般情况下，S 轮的 $\lambda_0=0.8\sim1$，这种风力机的优点是启动转矩大，启动性能好，所以这类风轮多用于带动泵、抽水机及压气机等；同时也常利用其启动性能好的特性，作为 ϕ 型风轮的辅助风轮。而且由于它形状比较简单，可以使用一些现成材料，如汽油桶等由使用者自行制造。缺点在于材料利用率低，对于给定的结构材料，得到的叶轮正面面积小。另外当在大风中出现高转速状况时，难以控制，除了刹车机构外，没有任何现成的在风速过高时限制转速的控制手段。

(1) 风轮参数选择。S 风轮一直是很有名的研究课题，其中加拿大蒙特尔 McGill 大学 Newmann 等人研究了不同间距 e 值下的 S 风轮的性能。

由于对 S 风轮特性影响最大的参数是 e/d 的比例。他们用两个高 15 英寸，直径 6 英寸的半圆柱组成一组风轮，对不同 e 值下的 5 种情况进行试验。其中风轮Ⅰ：$e=0$，$e/d=0$(即无间隙的纯 S 轮)；风轮Ⅱ：$e=25.44$mm(1 英寸)，$e/d=1/6$；风轮Ⅲ：$e=38.1$mm(1.5 英寸)，$e/d=1/4$；风轮Ⅳ：$e=50.8$mm(2 英寸)，$e/d=1/3$；风轮Ⅴ：$e=63.5$mm(2.5 英寸)，$e/d=0.43$。试验测量了启动力矩以及风向与叶轮方位的函数，这些结果如图 3-20 和图 3-21 所示。

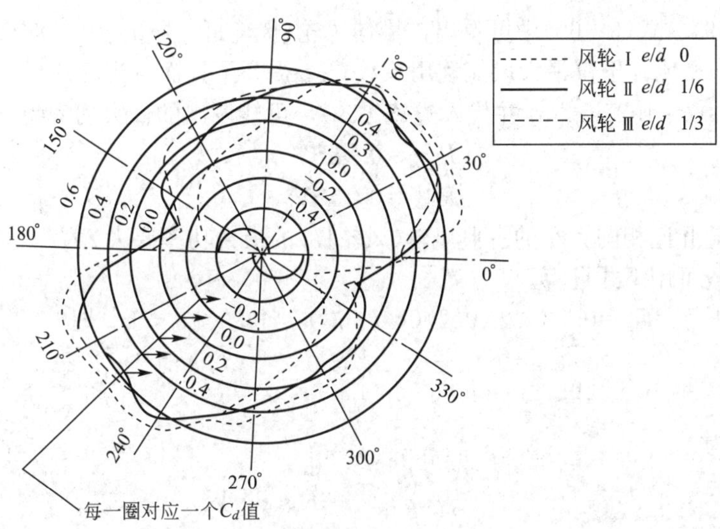

图 3-20 不同 e/d 值的 S 轮性能

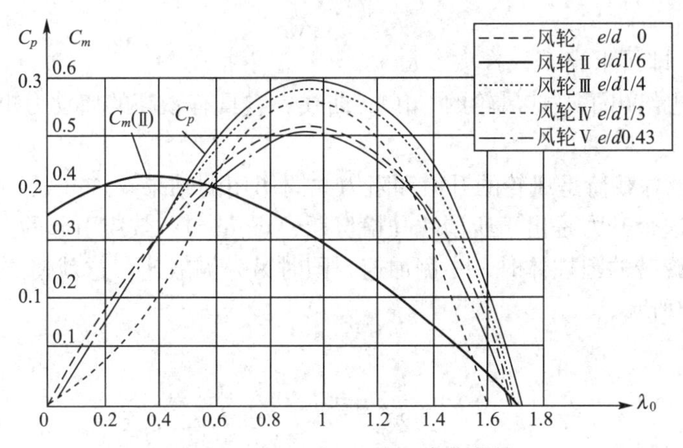

图 3-21 C_P 和 C_m 随 λ_0 变化曲线

由图 3-20 看出，在一些位置时，启动力矩是负的，这种负力矩值的大小及负力矩区的范围也与 e/d 有关。负力矩的最大绝对值是在 $e/d=0$（风轮Ⅰ）时出现，对应的阻力系数 $C_d=-0.40$，负力矩区的范围为 58°。而 $e/d=1/6$（风轮Ⅱ）的负力矩绝对值最小，对应的 $C_d=-0.08$，负力矩区的范围为 18°。为了克服负力矩现象，可将上下两个 S 形风叶交错 90°，而风轮功率不变，从而克服了负启动力矩现象(即增大了风压力作用角)。

由图 3-21 看出，当风轮结构参数 $e/d=1/6$(风轮Ⅱ)时，获得了最佳力矩和功率，其风能利用系数是 0.3，当尖速比 $\lambda_0=\Omega R/V$ 在 0.9～1 之间为最佳工作条件，最早型式的 S 轮(风轮Ⅳ，$e/d=1/3$)最大风能利用系数是 0.25，实验结果表明，风轮最佳参数为 $e/d=1/6$。

(2) 特性计算。

① 有效功率为

$$P=\frac{1}{2}\rho\cdot C_p\cdot S\cdot V^3 \tag{3-59}$$

其中扫掠面积

$$S=h(2d-e)=hD \tag{3-60}$$

从式(3-59)、式(3-60)中可看出，最佳风轮(风轮Ⅱ，$e/d=1/6$)与原型风轮(风轮Ⅳ，$e/d=1/3$)相比，不仅最大风能利用系数 C_{pmax} 提高了，而且当叶片尺寸相等时，扫掠面积也增大。令 $\rho=1.25\text{kg/m}^3$ 并代入式(3-59)，可能发出的最大功率为

风轮Ⅱ $$P_{max}=0.18SV^3 \tag{3-61}$$

风轮Ⅳ $$P_{max}=0.15SV^3 \tag{3-62}$$

显然，风轮Ⅱ比相同大小的古典风轮(风轮Ⅳ)的最大功率要大25%～30%。最佳风轮的风能利用系数可用下式计算。

$$C_p=0.53(\lambda_0-0.2)(1.7-\lambda_0)\ 当\ 0.9<\lambda_0<1.0\ 时 \tag{3-63}$$

$$C_p=0.5\lambda_0-0.2\lambda_0^2 当\ 0<\lambda_0<0.9\ 时 \tag{3-64}$$

② 力矩。

驱动力矩为

$$M=\frac{1}{2}\cdot\rho\cdot C_m\cdot R\cdot S\cdot V^2 \tag{3-65}$$

式中：C_m——力矩系数，它与风能利用系数有下列关系式：

$$C_p=C_m\lambda_0 \tag{3-66}$$

求出 C_p 后，即可求出 C_m。

图3-20中也给出了最佳风轮的 $C_m(\lambda_0)$ 曲线，它具有较高的启动力矩。

③ 支架载荷。

S轮支架所受总载荷是风轮的升力和阻力共同作用的结果。许多人往往忽略了S风轮上的升力作用，这个升力是由于所谓“马格努斯(Magnus)”效应引起的。

即当风通过旋转的圆柱体时，一侧加速，同时另一侧减速，这就使之产生了侧向“升力”，如图3-22所示。

升力

$$Y=\frac{1}{2}\rho\cdot V^2\cdot C_y\cdot S \tag{3-67}$$

阻力

$$X=\frac{1}{2}\rho\cdot V^2\cdot C_x\cdot S \tag{3-68}$$

升力系数 C_y 和阻力系数 C_x，随着尖速比 λ_0 的变化如图3-23所示。

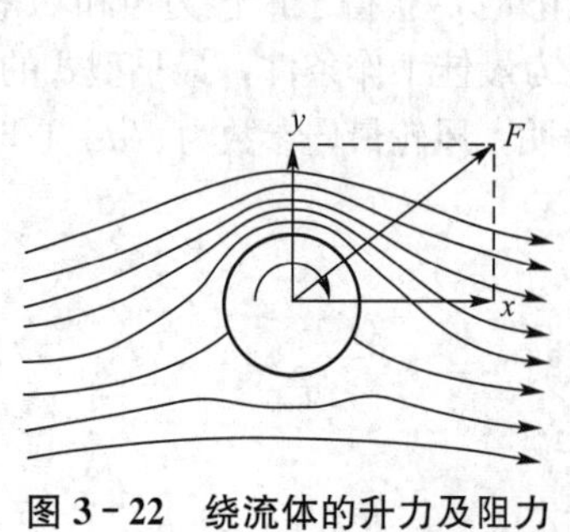

图3-22 绕流体的升力及阻力

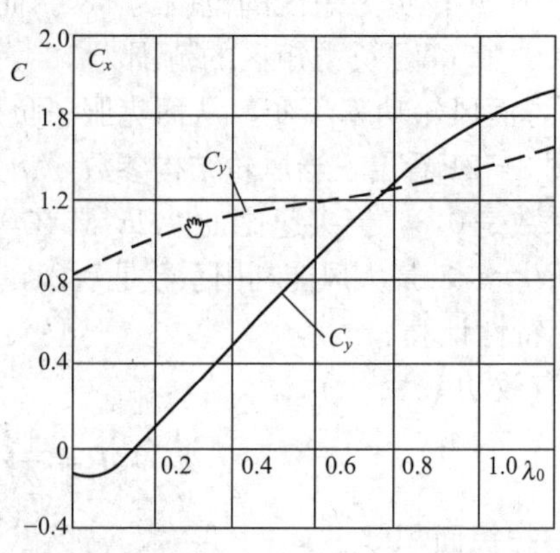

图3-23 C_x 和 C_y 随 λ_0 变化曲线

合力

$$F=\sqrt{X^2+Y^2} \tag{3-69}$$

这个力相当于支撑塔架对风阻力的 2～3 倍，以致当 S 风轮在旋转中发生倾倒。

④ 影响风轮特性的其他因素。

S 风轮设计选型时，除了考虑叶片间距外，还要考虑叶片数目、长径比(纵横比)和顶端板。

叶片数目：双叶片型要比三叶片型好。由实验测试表明，两叶片的负力矩方位的范围要稍大一点(即风压力作用角稍小一点)，但转速却高一些。

叶片的长径比：虽然不存在最佳设计问题，但也会影响叶轮的性能，对于一个给定的正面积，长径比较高的叶轮与长径比较低的叶轮相比，运转速度较高，而力矩较小。

顶端板在叶轮低速启动时，能起到一定的辅助作用。

在前面已了解到，为了在 S 轮的传动轴上产生力矩，就要求在顺风方向运动的翼片上与在逆风方向运动的翼片上对风的阻力有所不同。这种阻力差异越大，在一定转速下转动力矩也越大。这样就有可能使 S 叶轮的风力机的输出功率达到最大值。实施方法一般有下面两种。尽量使逆风向和顺风向运动的翼片之间的阻力系数的差异最大；尽量使逆风向运动的翼片对风的阻力最小。

在设计时应考虑的另外一个重要因素，是不同重量的叶轮在风速突然变化时，叶轮的性能随之变化的趋势。

图 3-24 所示为阵风时，在几秒钟内风速成倍增加的典型情况及轻质(铝板制)S 叶轮(惯量小)与重质(钢板制)S 叶轮(惯量大)，在阵风作用下被加速后转速变化的情形，很显然重的叶轮加速要比轻的叶轮慢得多，对于大的叶轮转速也许需要半分钟才能跟上阵风的风速，而阵风则维持不到半分钟就消失了。重的叶轮转速趋向于对风速的平均值，即维持在一个平均的转速上，轻的叶轮也对风速取平均值，但其转速升高比重的叶轮要快得多，其转速也表现出较多的波动。这种平均效应有其重要意义，说明叶轮不可能总是以其最佳的叶尖速率比运转，而是在一个平均的尖速比上运转，因此它的效率要低于最大效率。

叶轮效率(即风能利用系数)与叶尖速比之间的关系，对于叶轮性能也有很大影响，图 3-25 所示为两种不同效率的曲线，虚线(轻质叶轮表现的性能)比实线具有更高的最大效率，但实线则较宽与较平稳，这种叶轮所受阵风引起的叶尖速比的改变所造成的变化也小得多。因此，由于叶轮对风速取平均值，设计时常常更希望得到较平缓的效率曲线。在长期运行中，具有宽阔、平缓的效率曲线的风力机，比具有陡峰曲线的风力机会得到更多的风能。

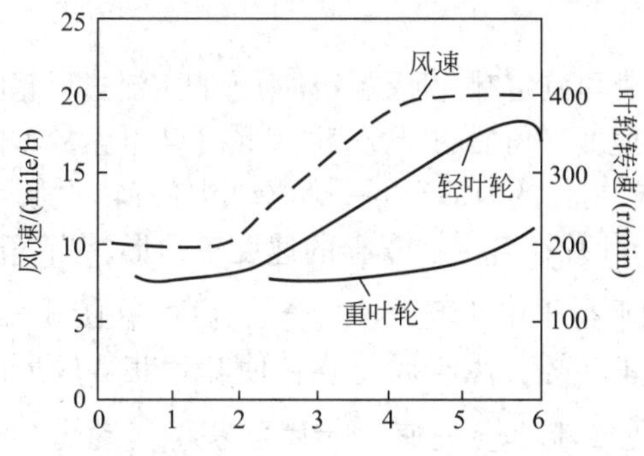

图 3-24　两种叶轮对于阵风的响应

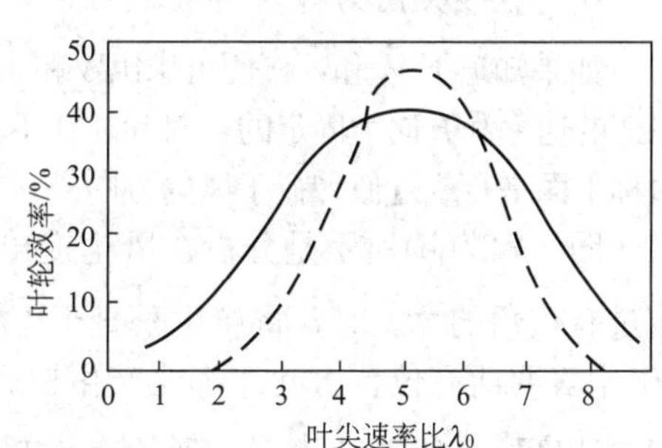

图 3-25　两种小型风机的性能曲线

3.3.3 升力型风力机

升力型 Darrieus(达里厄)式风力机，简称 D 叶轮，它是法国一位名叫 G. J. M. Darrieus 的工程师发明的，在 1931 年获得专利，但一直未被重视，直到 20 世纪 60 年代末才开始引起注意。经加拿大国家空气动力实验室和美国 Sandia 实验室进行大量研究，与所有垂直轴风力机相比，它的风能利用系数最高。

1. D 叶轮的种类

根据它的形状可分弯叶片和直叶片两种，如图 3-26 所示的 ϕ 形和 H 形、Δ 形等。叶片都具有翼型剖面(多为对称翼形)，弯叶片(ϕ 形)主要是使叶片只承受纯张力，不受离心力载荷，但其几何形状固定不变；不便采用变桨距方法控制转速；弯叶片制作成本比直叶片高。直叶片一般都采用横担式拉索支撑，以防止离心力引起大的弯曲应力。这些支撑将产生气动阻力，降低效率。而 D 叶轮风力机装置简单，成本也比较便宜，但气动性能差。因此，设计者常常把这种风轮与 S 风轮组合在一起使用。

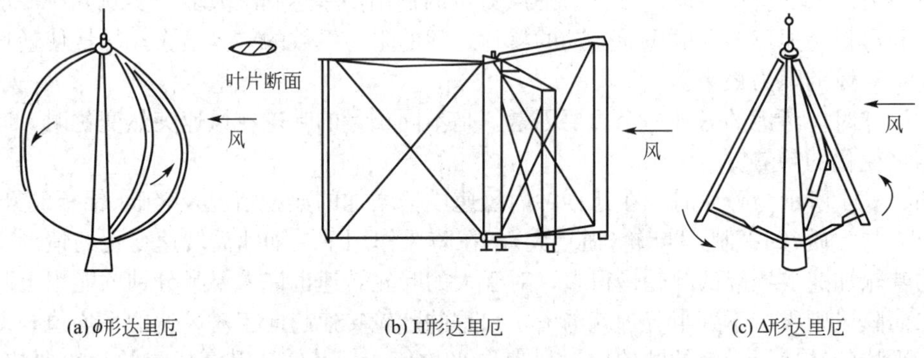

图 3-26 达里厄式风力机

2. 气动力分析

图 3-27 是风轮在转动时，垂直于转轴的一个剖面上，叶片处于相对风速及其所引起气动力的分析。图 3-27(a)中叶片弦线与旋转圆周切线夹角 β 称为叶片安装角，$\vec{V}_a$ 是风速，$\vec{V}_t$ 是叶片圆周速度，$\vec{W}$ 是相对于叶片的气流速度，三者的关系式为

$$\vec{W}=\vec{V}_a-\vec{V}_t \tag{3-70}$$

$\vec{W}$ 与弦线夹角为有效攻角 a。

如果知道了 $\vec{V}_a$ 和 $\vec{V}_t$，便可求出 $\vec{W}$ 和 a，随后也就可确定叶片所受气动力。假定流过风轮的风速的速率和方向为固定的，对叶片在不同方位的速度三角形的研究表明：除了当叶素翼型的对称平面平行或近似平行于风的方向外，在其他所在方位的力都产生一个驱动风轮旋转的力矩。

图 3-27(b)所示是分析在风轮旋转一周中，叶片在各个位置上的速度三角形。当气流流过有攻角的翼型时，将产生垂直于 $\vec{W}$ 的升力和平行于 $\vec{W}$ 的阻力，其合力为 $\vec{F}$，在图 3-27(b)中表明所有位置上叶片都能产生驱动风轮的正转矩。由于风轮旋转使叶片获得较大的切向速度 $\vec{V}_t$，所以叶片感受到的有效攻角很小，气流不会失速，叶片可获得气动力。当然，在一周转动中攻角是不断变化的，所以每个叶片所引起的转矩是波动的。

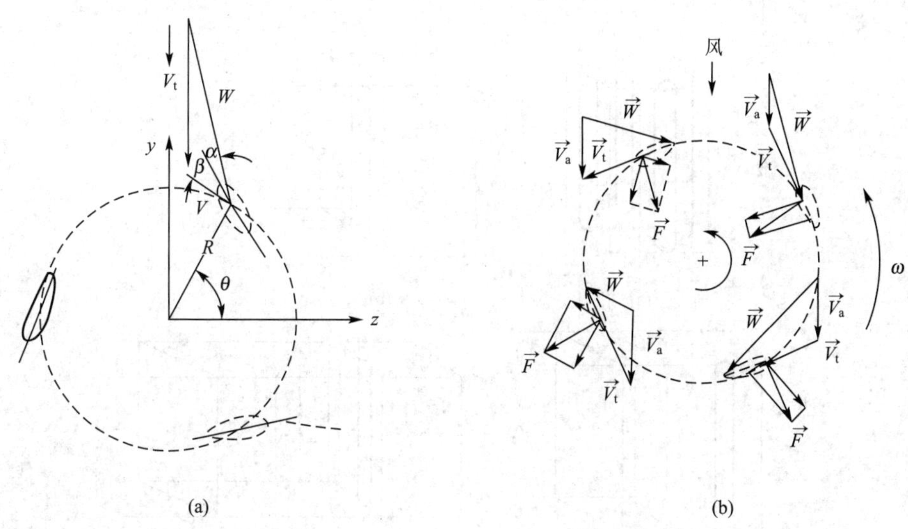

图 3-27 风轮叶片气动力分析示意图

但是，如果风轮是静止的，这时相对风速$\vec{W}$与来流风速$\vec{V}_a$一致，叶片的攻角很大，有些位置甚至大于失速攻角，使得启动转矩非常低。这就是D叶轮不能自行启动，而必须附加外部启动装置的原因。

3. 建立达里厄风轮的气动模型

从上述可知，要对风轮气动性能进行分析，必须了解风轮处的流场，才能进而分析产生的气动力、转矩和功率。为此定要建立达里厄风轮的气动模型，可采用旋涡理论和动量理论两种方法。

1) 旋涡理论

“旋涡理论”是20世纪70年代末、80年代初发展起来的理论。和水平轴风轮一样，先建立达里厄竖轴风轮的尾涡系统，然后用比奥-沙伐(Biota-Savat)定理计算尾涡系产生的诱导速度，将诱导速度叠加到来流风速上，便建立了风轮附近各处的速度流场。

假设一个具有细长升力叶片的竖轴风轮，其叶片并不绕轴作圆形路线运动，而是被约束着沿一个正方形路线以恒定速度运动，叶片相对于路线攻角为零(图3-28(a))。当一个叶片在背风侧向向前运动时，根据凯尔文定理，为保持环量守恒，它要脱出一个起动涡和一对尾涡(图3-28(b))。当叶片运动到前部时，假设升力为零，而脱出附着涡(图3-28(c))继续到迎风侧部，情况相似，最后形成的尾涡系统如图3-28(d)所示。

当尖速比和叶片数目增加时，尾涡的流向涡量分量消失，形成环状涡系。当叶片绕着一固定转轴旋转时，其攻角连续变化，即绕叶片的环量不变化，所以涡量要连续到脱落至风轮的尾流中。

对于D叶轮尾流旋涡系统的研究，最成功的是1979年Strickland等人的理论。它是三维的旋涡模型，除考虑环量随时间变化引起旋涡脱落到尾流中外，还考虑环量随展向变化(即叶尖损失)所引起的旋涡脱落。用涡线模拟叶片，沿展向分段，每段具有均匀环量，用线涡丝格网模拟尾流，包括每一叶片脱落的涡面。先假设未产生尾流，风轮以确定的速度转动，当转过某一等角度后，尾流状态改变，从而确定了每一叶素上的诱导速度，并由

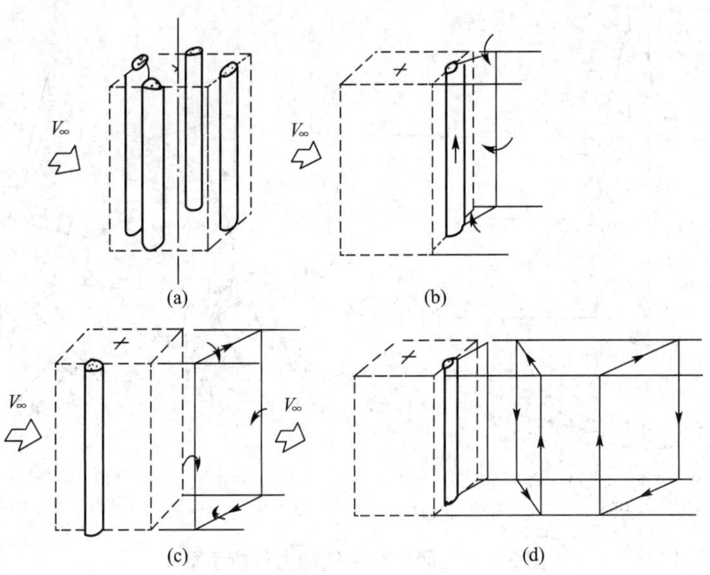

图 3-28　旋涡理论示意图

翼型数据的升力系数求出叶片环量。然后再旋转一个等角度，重复以上过程，直到大量旋转后，使得叶片上的诱导速度在相邻两圈中不变为止，即可认为计算过程收敛了。

由于达里厄风轮的旋涡系统很复杂，以上只对其思路作简要介绍。

2）动量理论

“单流管方法”是最简单的动量理论，它假设风轮被包含在一个流管中，当流管通过风轮时，风轮上风速处处相等，即风轮扫掠的整个体积上诱导速度均匀不变。根据动量定理，风轮上的阻力等于通过风轮气流的动量变化率，而将流管中风轮处风速表示为未扰动风速的函数。在估算小载荷叶片的总体性能时，运用单流管方法效果较佳，但如果考虑通过风轮的风速变化以及来流剪切的影响时，其效果不佳。

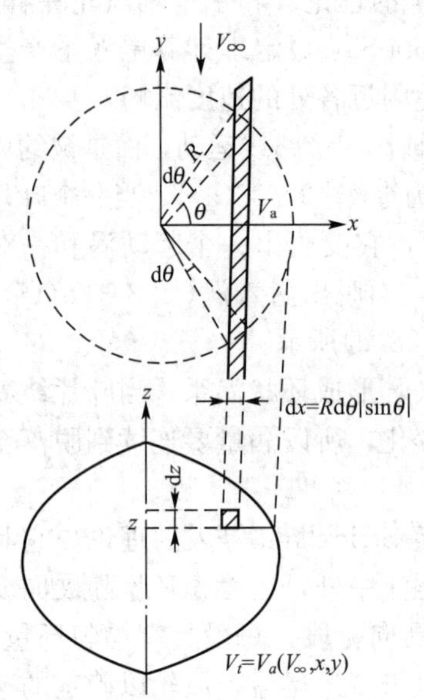

图 3-29　多流管分析示意图

为此需采用“多流管方法”，它是将通过风轮的流动分成无数的平行流管(从上游到下游)，每个流管看成一个单流管，即每一流管中诱导速度不变(图 3-29)，而整个风轮上诱导速度的分布，与来流方向垂直的两个空间坐标成函数关系。它比较真实地反映了叶片上气动力的分布，还考虑了来流剪切的影响，对估算总体性能效果较好。这种“多流管方法”是 1975 年到 1978 年由 Wilson-Lissaman 等人提出的。

1980 年由 Read 和 Sharpe 等人研究提出，进一步考虑了多流管通过风轮时出现的扩张现象，即不仅考虑了诱导速度在横流方向的变化，还考虑了顺流方向的变化。在总体性能估算上虽然改进不多，但却精确估算了叶片各处的当地诱导速度，这样可以详细了解叶片受力变化。

3）线性理论

用多流管理论对达里厄竖轴风轮气动性能进行计算，

称之为线性理论。

为简化分析，故作线性假设，亦即将叶片翼型的升力系数视为简单的平板特性。现将本分析所作假设列于下。

① 叶片无安装角，如图 3-30(a)中 $\beta=0$。

② 无黏性流，$C_D=0$。

③ 线性气动力 $C_L=2\pi\sin\alpha$(限于大尖速比，小 α_{max})。

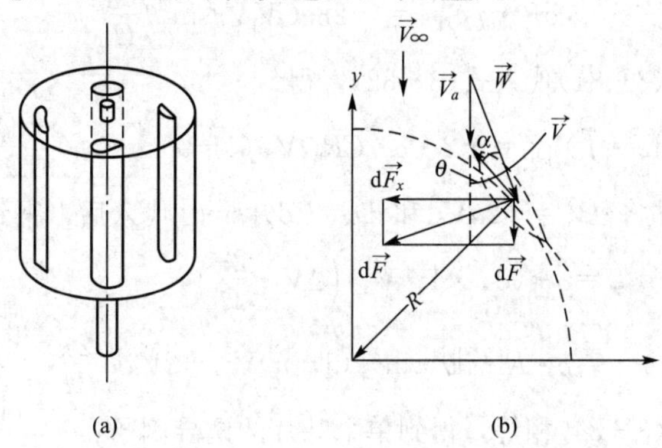

图 3-30　直叶片风轮线性分析示意图

④ 小实度，大展弦比，$C\ll R$。

⑤ 风轮为圆柱形直叶片(叶素法线与旋转平面夹角 $\gamma=0$)，如图 3-30(b)所示。

取一叶素，单位高度 $d_z=1$，位于图 3-29 所示的流管中，由库塔-儒可夫斯基升力定理及升力系数定义可知，叶素产生的升力为

$$|d\vec{F}|=\rho\cdot W\cdot\Gamma=\left(\frac{1}{2}\rho\cdot W^2\right)C\cdot C_L \tag{3-71}$$

所以

$$\text{环量 }\Gamma=\frac{C}{2}W\cdot C_L \tag{3-72}$$

假设

$$C_L=2\pi\sin\alpha$$

则

$$\Gamma=\pi\cdot C\cdot W\cdot\sin\alpha\cdot\vec{K} \tag{3-73}$$

由图 3-30(b)知

$$\vec{W}=-V_t\cdot\sin\theta\cdot\vec{i}-(V_a-V_t\cos\theta)\cdot\vec{j} \tag{3-74}$$

且

$$W\cdot\sin\alpha=V_0\cdot\sin\theta \tag{3-75}$$

所以

$$\vec{\Gamma}=\pi\cdot C\cdot V_a\cdot\sin\theta\cdot\vec{k} \tag{3-76}$$

由式(3-74)和式(3-76)写出库塔-儒可夫斯基定理的矢量形式：

$$d\vec{F}=\rho\cdot\pi\cdot C[-V_0V_t\sin^2\theta\cdot\vec{j}-(V_0^2\sin\theta+V_0V_t\sin\theta\cos\theta)\vec{i}\,] \tag{3-77}$$

式(3-77)中的 V_a 与 V_t，和水平轴风轮分析一样。

$$V_a=V_\infty(1-a) \tag{3-78}$$

$$V_t=R\Omega \tag{3-79}$$

$$\Delta V=-2aV_\infty \tag{3-80}$$

用动量定理对流向力($dF_v=d\vec{F}\cdot\vec{j}$)分析，导出诱导因子 a。由图 3-29 所示流管宽

dx，叶素从角度位置 θ 转到 $d\theta$，则

$$dx = Rd\theta|\sin\theta| \tag{3-81}$$

这种运动每周重复一次，即周期为 $2\pi/\Omega$，在 $2\pi/\Omega$ 时间内，叶素在流管前位置时间是 $d\theta/\Omega$，后位置时间也是 $d\theta/\Omega$，从式(3-77)可看出 $\pm\theta$ 角对于流向力(即 $\vec{j}$ 分量)作用相等。在 $2\pi/\Omega$ 时间内，由式(3-77)得叶片受流向力为

$$(d\vec{F}\cdot\vec{j})_{叶片} = -2\rho\pi C V_t V_a \sin^2\theta \frac{d\theta}{\Omega} \tag{3-82}$$

将式(3-78)、式(3-81)代入式(3-82)，得

$$(d\vec{F}\cdot\vec{j})_{叶片} = -2\cdot\rho\cdot CR\Omega V_\infty(1-a)\cdot\sin^2\theta\cdot\frac{d\theta}{\Omega} \tag{3-83}$$

根据动量定理，并将 $\Delta V=-2aV_\infty$ 和 $dx=Rd\theta|\sin\theta|$ 代入后，得到流管中力为

$$(d\vec{F}\cdot\vec{j})_{动量} = \rho\cdot(dx\cdot 1\cdot V_a)\left(\Delta V\cdot\frac{2\pi}{\Omega}\right)$$

$$= \rho\cdot R\cdot d\theta|\sin\theta|(1-a)V_\infty - 2V_\infty a\frac{2\pi}{\Omega} \tag{3-84}$$

因式(3-83)和式(3-84)相等，得到单个叶片的诱导因子：

$$a = \frac{C}{2R}\cdot\frac{R\Omega}{V_\infty}|\sin\theta| \tag{3-85}$$

对于 B 个叶片

$$a = \frac{BC}{2R}\cdot\lambda_0|\sin\theta| = \sigma\cdot\lambda_0|\sin\theta| \tag{3-86}$$

式(3-86)中：尖速比 $\lambda_0 = \dfrac{R\cdot\Omega}{V_\infty}$；

实度 $\sigma = \dfrac{BC}{2R}$。

上面我们已经求出了诱导速度，下面将通过对转矩的计算，求出风轮的风能利用系数。

由式(3-77)和图3-30看出，在 $\dfrac{2\pi}{\Omega}$ 时间内流管中 B 个叶片的 F_x 和 F_y 对转矩贡献及其合转矩分别为

$$d\theta_{Fx} = -dF_m\cdot R\cdot\sin\theta$$

$$= \rho\pi\cdot C[V_a^2\sin\theta + V_a V_t\sin\theta\cos\theta]R\sin\theta\frac{2d\theta}{\Omega} \tag{3-87}$$

$$dQ_{Fy} = +dF_y\cdot R\cdot\cos\theta$$

$$= -\rho\cdot\pi\cdot C[V_a V_t\cdot\sin^2\theta]R\cdot\cos\frac{2d\theta}{\Omega} \tag{3-88}$$

$$dQ = dQ_{Fx} + dQ_{Fy} = \frac{2\rho\cdot\pi\cdot C\cdot R}{\Omega}V_a^2\sin\theta\cdot d\theta \tag{3-89}$$

另外考虑到前后位置叶片的相互干扰，B 个叶片的时间平均转矩可按下式计算：

$$\overline{Q} = \frac{\frac{\pi}{2}\int_0^\pi dQ}{2\pi} = \rho\cdot\pi\cdot B\cdot C\cdot R\cdot V_\infty^2\left(\frac{1}{2} - \frac{8}{3\pi}\sigma\lambda_0 + \frac{3}{8}\sigma^2\lambda_0^2\right) \tag{3-90}$$

则对应的风能利用系数为

$$C_p=\frac{Q\Omega}{\frac{1}{2}\rho V_\infty^2(2R\cdot 1)}=2\pi\cdot\sigma\cdot\lambda_0\left(\frac{1}{2}-\frac{8}{3\pi}\sigma\lambda_0+\frac{3}{8}\sigma^2\lambda_0^2\right) \quad (3-91)$$

用微分求极值方法得出，当 $\sigma\lambda_0=a_{max}=0.401$ 时，最大风能利用系数为 0.554，由图 3-30 知，最大攻角大约在 $\theta=\frac{\pi}{2}$ 时出现。

$$\tan a=\frac{V_a\sin\theta}{V_t+V_a s\cos\theta}=\frac{V_a}{V_t}=\frac{1}{\lambda_0}-\sigma \quad (3-92)$$

假如是平板翼型最大攻角 $a_{max}=14°$，则启动尖速比为 $\lambda_{启动}\approx\frac{4}{1+4\sigma}$。

例如弦长 1m，半径 20m 的三叶片达里厄风轮的启动尖速比为 3 左右。

在实际使用中，必须考虑阻力的影响。即要将原先的无粘流假设改为阻力系数 C_D，由于该种风轮不能在低尖速比下工作，所以假设相对风速 $W\approx V_t=R\Omega$ 来近似估算阻力损失，那么阻力力矩为

$$\begin{aligned}Q_D&=-C_D\left(\frac{1}{2}\rho\cdot R^2\cdot\Omega^2\right)B\cdot C\cdot R\\&=-\frac{C_D}{2}\rho\cdot V_\infty^2\frac{R\cdot C\cdot\lambda_0^3}{\Omega}\end{aligned} \quad (3-93)$$

它对风能利用系数的增量为

$$\Delta C_p=-C_D\sigma\cdot\lambda_0^3$$

于是，考虑阻力的风能利用系数为

$$C_P=\pi\sigma\cdot\lambda_0-\frac{16}{3}\sigma^2\cdot\lambda_0^2+\sigma^3\lambda_0^3\left[\frac{3\pi}{4}-\frac{C_p}{\sigma^2}\right] \quad (3-94)$$

D 叶轮惯性载荷大，故一般要求在高转速下工作。对于直叶片要承受很大的弯曲载荷。大多数 ϕ 形弯叶片采用“转绳形”，即“troposkien”(希腊文转绳的意思)形状。采用这种形状的 ϕ 形叶片，弯曲应力可减小到最小。当然，由于叶片靠近转轴，减小了当地旋转线速度和有用的升力分量，因而使效率有所损失。在实际风力机设计时，还经常用悬链线、正弦曲线或抛物线形状来近似转绳形，有的大型风力机还采用分段叶片，即中部采用圆弧形，与转轴连接的两端用直叶片过渡。国外有人称这种型弯叶片达里厄风力机为“搗蛋器”形达里厄风力机，十分形象。图 3-31 所示为相等叶片长度的 3 种曲线形状。

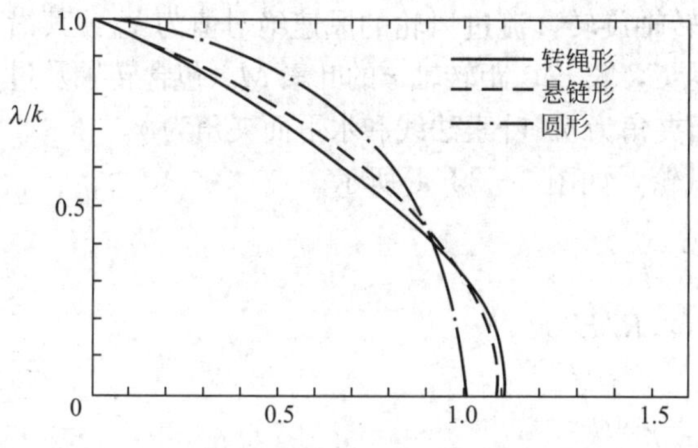

图 3-31 ϕ 形达里厄式风轮叶片曲线形状

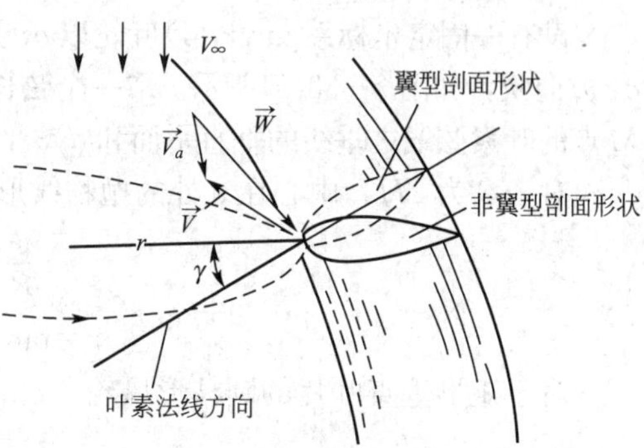

图 3-32 弯叶片风轮分析示意图

对弯叶片风轮的分析与直叶片风轮相同，只是在假设中去除圆柱形直叶片(叶素法线与旋转平面夹角 $\gamma=0$)这一条，并相应作一些修改，从图 3-32 所示可知，由于叶素法线偏转角，所以在叶素法线方向上的分量(即式(3-75))变为

$$W\cdot\sin\alpha=V_0\cdot\sin\theta=V_a\sin\theta\cos\gamma$$

或者说实际影响叶片受力的相对速度 $\vec{W}$ 大小应为

$$W^2=(r\Omega+V_a\cos\theta)^2+V_a^2\sin^2\theta\cos^2\gamma \tag{3-95}$$

叶片攻角为

$$\tan\alpha=\frac{V_a\sin\theta\cos\gamma}{r\Omega+V_a\cos\theta} \tag{3-96}$$

式(3-86)为单位高度风轮的诱导因子：

$$a=\sigma\cdot\lambda_0\cos\gamma|\sin\theta| \tag{3-97}$$

它和旋转半径 r 无关，因为

$$\sigma\lambda_0=\frac{r\Omega}{V_\infty}\cdot\frac{B\cdot C\cdot\Omega}{2r}-\frac{BC}{2V_\infty} \tag{3-98}$$

仿照式(3-90)、式(3-91)，可得到沿转轴微段 dz 风轮产生转矩为

$$\frac{\mathrm{d}Q}{\mathrm{d}z}=\rho\cdot\pi\cdot B\cdot \mathrm{C}\cdot r\cdot V_\infty^2\cos\gamma\left(\frac{1}{2}-\frac{8}{3\pi}\sigma\lambda_0\cos\gamma+\frac{3}{8}\sigma^2\lambda_0^2\cos^2\gamma\right) \tag{3-99}$$

对应的风能利用系数为

$$\begin{aligned}\frac{\mathrm{d}C_p}{\mathrm{d}z}&=\frac{\mathrm{d}\overline{Q}}{\mathrm{d}z}\cdot\frac{\Omega}{\frac{1}{2}\rho\cdot V_\infty^3A}\\&=\frac{4\pi\cdot\sigma\lambda_0}{A}\cdot r\cdot\cos\gamma\left(\frac{1}{2}-\frac{8}{3\pi}\sigma\lambda_0\cos\gamma+\frac{3}{8}\sigma^2\lambda_0^2\cos^2\gamma\right)\end{aligned} \tag{3-100}$$

式(3-100)中，A 是整个风轮的扫掠面积，r 是高度，函数 $r=r(z)$。上述分析仍是以假设翼型具有线性气动力这个条件，即 $C_L=2\pi\sin\alpha$。表示环量 Γ 与垂直于叶片的相对风分量呈线性关系，而阻力影响可参照式(3-94)的方法包括进去。

通过式(3-100)，可以对任何形状的达里厄风轮进行积分，而直叶片可以认为是它的特殊情况，最简单的是圆形叶片，经计算可得到 $\sigma\lambda_0=a_{\max}=0.461$ 时，最大风能利用系数为 0.536。

4) 非线性理论

普通翼型的升力系数不能用近似的解析式表示，而必须采用数值解的方法。

设有一固定坐标系 $oxyz$，D 叶轮以 oz 为转轴旋转，流过风轮的风速绝对值为 V_a，其沿 ox 方向吹，如图 3-33(a)所示。取一个弦长为 C，长 ds，距转轴 r 的叶素 M。包含转轴及过 M 点的叶素弦线之垂线的垂直平面和 oyz 平面夹角为 θ。叶素法线和水平面夹角为 γ。

对于高为 $2H$，中心在 o 处的抛物线形风轮，如图 3-33(a)所示。

$$\frac{r}{R}=-\frac{z^2}{H^2}$$

$$r=\tan^{-1}(2zR/H^2)$$

对于矩形垂直叶片的圆柱形风轮

$$r=R,\ \gamma=0$$

对于倾斜直叶片的切顶锥形风轮(图 3-33(c))：

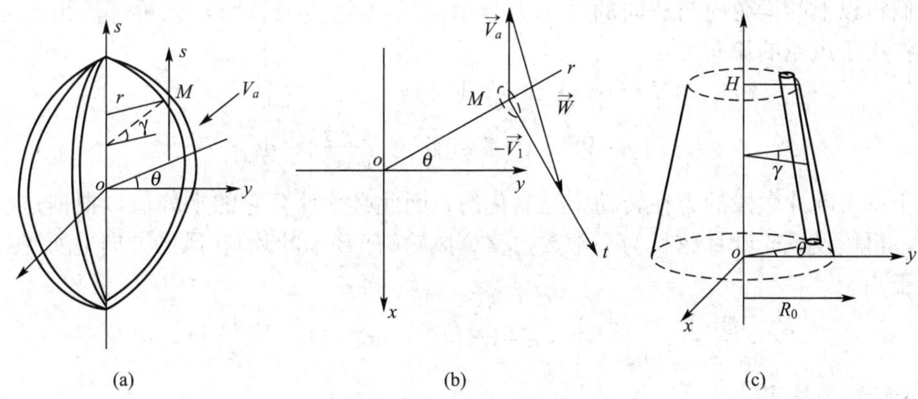

图 3 - 33　非线性分析示意图

$$r=R_0-(R_0-R_1)z/H$$
$$\gamma=\tan^{-1}[(R_0-R_1)/H]$$

再来计算相对速度 $\overline{W}$ 在叶素弦向分量和弦线及前缘相垂直的分量，为便于计算，采用下列辅助轴系。如图 3 - 33(b)所示，M_z 为垂线向上为正；M_t 沿弦向，从前缘向后缘为正；M_r 为水平线，垂直于弦线。

相对速度 $\vec{W}$ 与切向速度 $\vec{V}_t=R\Omega$ 和绝对风速 V_a 有下列关系式：$\vec{W}=\vec{V}_a-\vec{V}_t$。

矢量 $\vec{W}$ 是两个水平矢量的和，所以它本身也是在水平面内。$\vec{W}$ 在上述定义方向上的分量是

$$W_r=V_a\sin\theta\,,\ \vec{W}=\vec{V}_t+\vec{V}_a\cos\theta,\ \vec{W}_r=0$$

在同一坐标系内，叶素法线的方向余弦是 $\cos\theta$、0 和 $\sin\theta$，叶素的弦线方向余弦为 $\cos\gamma$、0 和 $\sin\gamma$。因此可以得到 W 垂直于叶素的分量是 $V\sin\theta\cos\gamma$，另外

$$\vec{W}_t=\vec{V}_t+\vec{V}_0\cos\theta=r\Omega+V_0\cos\theta$$

决定叶片受力的相对速度 $\vec{W}$ 为：

$$W^2=(r\Omega+V_a\cos\theta)^2+(V_a\sin\theta\cos\gamma)^2 \tag{3-101}$$

其攻角为：

$$\tan\alpha=\frac{V_a\cdot\sin\theta\cdot\cos\gamma}{r\Omega+V_a\cos\theta} \tag{3-102}$$

(1) 受力分析。

在求叶素所受气动力时，令动压 $q=0.5\rho W^2$ 并采用 Lillienthal 气动力系数 C_n 和 C_t(分别平行于和垂直于弦线的弦长)。

$$C_t=C_y\sin\alpha-C_x\cos\alpha \tag{3-103}$$
$$C_n=C_y\cos\alpha-C_x\sin\alpha \tag{3-104}$$

ds 为叶素在前缘的投影长度，且 dz=d$s\cdot\cos\gamma$，C 为弦长。于是，叶素弦向与法向的气动力分量为

$$\mathrm{d}N=\frac{1}{2}\cdot\rho\cdot W^2\cdot C_n\cdot C\frac{\mathrm{d}z}{\cos\gamma} \tag{3-105}$$

$$\mathrm{d}T=\frac{1}{2}\cdot\rho\cdot W^2\cdot C_0\cdot C\cdot\frac{\mathrm{d}z}{\cos\gamma} \tag{3-106}$$

我们将以上叶素弦向与法向的气动力分量向风速 $\vec{V}_a$ 方向分解，就可计算出该方向上由于风作用于风轮的流向力：

$$\begin{aligned} dF &= dN \cdot \cos\gamma \cdot \sin\theta - dT\cos\theta \\ &= \frac{1}{2} \cdot \rho \cdot W^2 \cdot C\left(C_0\sin\theta - C_t\frac{\cos\theta}{\cos\gamma}\right) \cdot dz \end{aligned} \tag{3-107}$$

对于单个叶片微段的力在转动中是变化的，因此必须计算它的平均值，根据这些给定的条件，再假设风轮叶片弦长为一常数，整个风轮(有 B 个叶片)在风的方向上所受到的作用力等于

$$F = \frac{B \cdot C}{2\pi}\int_{-H}^{+H}\int_0^{2\pi} \frac{1}{2} \cdot \rho \cdot W^2\left(C_n \cdot \sin\theta - C_t\frac{\cos\theta}{\cos\gamma}\right)d\theta \cdot dz \tag{3-108}$$

(2) 转矩与功率。

作用在叶素上绕旋转轴的转矩等于

$$dM = \frac{C_t \cdot \frac{1}{2} \cdot \rho \cdot W^2 \cdot C}{\cos\gamma} \cdot r dz \tag{3-109}$$

对于整个风轮，其转矩为

$$M = \frac{BC}{2\pi}\int_{-H}^{+H}\int_0^{2\pi} \frac{C_t \cdot \frac{1}{2} \cdot \rho \cdot W^2 r}{\cos\gamma} d\theta \cdot dz \tag{3-110}$$

那么功率为

$$P = M\Omega = \frac{BC}{2\pi}\int_{-H}^{+H}\int_0^{2\pi} \frac{C_t \cdot \frac{1}{2} \cdot \rho \cdot W^2 \cdot r \cdot \Omega}{\cos\gamma} \cdot d\theta \cdot dz \tag{3-111}$$

下面来求在当地风速 V_∞ 中的风轮的特性，即计算尖速比 λ_0。

由动量定理，作用在风轮上的力为

$$F_{动量} = \rho \cdot S \cdot V_a(V_\infty - V_2) \tag{3-112}$$

令 $V_2 = KV_\infty$，所给定的流过风轮风速的关系式可写为

$$V_a = \frac{1}{2}(V_\infty - V_2) = V_a \cdot \frac{1+K}{2} \tag{3-113}$$

因此式(3-112)可表达为

$$\begin{aligned} F_{动量} &= \frac{1}{2}\rho \cdot S \cdot V_a(V_\infty^2 - V_2^2) = \frac{1}{2} \cdot \rho \cdot S \cdot V_\infty^2(1-K^2) \\ &= 2 \cdot \rho \cdot S \cdot V_a^2 \cdot \frac{1-K}{1+K} \end{aligned} \tag{3-114}$$

式(3-108)和式(3-114)应当相等，即

$$2 \cdot \rho \cdot S \cdot V_a^2\frac{1-K}{1+K} = \frac{BC}{2\pi}\int_{-H}^{+H}\int_0^{2\pi} \frac{1}{2} \cdot \rho \cdot W^2\left(C_n\sin\theta - C_t\frac{\cos\theta}{\cos\gamma}\right)d\theta \cdot dz \tag{3-115}$$

$$令\ G = \frac{1-K}{1+K} = \frac{BC}{8\pi \cdot S}\int_{-H}^{+H}\int_0^{2\pi} \frac{W^2}{V_a^2}\left(C_a\sin\theta - C_t \cdot \frac{\cos\theta}{\cos\gamma}\right)d\theta \cdot dz \tag{3-116}$$

由式(3-101)知

$$\frac{W^2}{V_a^2} = \left(\frac{r\Omega}{V_a} + \cos\theta\right)^2 + \sin^2\theta \cdot \cos^2\gamma \tag{3-117}$$

由于

$$\frac{r\Omega}{V_a}=\frac{r}{R}\cdot\frac{R\Omega}{V_a} \tag{3-118}$$

所以

$$\frac{W^2}{V_a^2}=\left(\frac{r}{R}\cdot\frac{R\Omega}{V_a}+\cos\theta\right)^2+\sin^2\theta\cdot\cos^2\gamma \tag{3-119}$$

$$\tan\alpha=\frac{\sin\theta\cdot\cos\gamma}{\frac{r}{R}\cdot\frac{R\Omega}{V_a}+\cos\theta} \tag{3-120}$$

因此，在给定比值$\frac{R\Omega}{V}$时，便可以计算出 G，并可导出 K：

$$K=\frac{1-G}{1+G} \tag{3-121}$$

K 知道后，尖速比就可以求出：

$$\lambda_0=\frac{R\Omega}{V_\infty}=\frac{R\Omega}{V_a}\left(\frac{1+K}{2}\right)=\frac{R\Omega}{V_a(1+G)} \tag{3-122}$$

3）风能利用系数和转矩系数。

根据风能利用系数定义

$$C_P=\frac{2P}{\rho\cdot S\cdot V_\infty^3}=\frac{BC}{2\pi S}\int_{-H}^{+H}\int_0^{2\pi}C_t\frac{W^2}{V_\infty^3}\cdot\frac{\Omega r}{\cos\gamma}\mathrm{d}\theta\mathrm{d}z \tag{3-123}$$

其中

$$\frac{W^2}{V_\infty^3}\Omega\cdot r=\frac{W^2}{8V_a^2}\cdot\frac{\Omega R}{V_\infty}\cdot\frac{r}{R}(1+K)^3 \tag{3-124}$$

利用方程式(3-123)和(3-124)，可以算出不同$\frac{\Omega R}{V_0}$值下的 C_P 值，而每一个$\frac{\Omega R}{V_0}$都对应一个 λ_0，这样就可以画出 $C_P(\lambda_0)$的曲线。

转矩系数和风能利用系数的关系为

$$C_P=C_m\lambda_0 \tag{3-125}$$

由此可求得转矩系数为

$$C_m=\frac{C_P}{\lambda_0}=\frac{2P}{\rho\cdot S\cdot V_\infty^3}\cdot\frac{V_\infty}{\Omega R}=\frac{2M}{\rho\cdot S\cdot R\cdot V_\infty^2} \tag{3-126}$$

上述的积分也可以通过将叶片分段累积的方法，如将 θ 的间隔取 10°(共 19 个点)，z 的间隔取风轮高度的十分之一(共 10 个点)进行计算。

思考题

1. 水平轴风力发电机有哪些组成部分及各部分的作用分别是什么？
2. 垂直轴风力机的类型有哪些？
3. 简述风轮叶片数和尖速比的关系。

第4章 风力发电系统

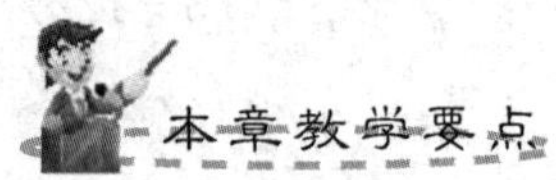

知识要点	掌握程度	相关知识
风力发电系统系统组成	掌握风力发电系统的基本组成； 了解风力发电系统的其他附属部件	利用风力机的基础理论； 各部件的相关作用
风力发电系统的运行方式	掌握两种运行方式的特点及适用条件； 了解各种运行方式不同分类	独立运行的风力发电系统； 风力柴油发电系统
并网发电	熟悉风力发电机组并网运行的方式； 了解建设风力发电机集群的要求	并网发电的条件； 并网发电的方式

导入案例

全球最先进的风力发电机组在中国研发顺利将出首台样机

据科技日报消息：

从位于北京中关村的华锐风电科技(集团)股份有限公司了解到，其全球最先进的单机容量6MW风力发电机组研发工作进展顺利，首台样机已于2011年6月下线。这意味着中国有可能成为继德国之后第二个能自主生产当今最大单机容量风机的国家。

中国风能协会秘书长秦海岩表示，6MW风机下线是中国风电技术进入国际最先进行列的有力证明。根据公开资料，全球还没有一台6MW风机进入商用阶段，目前只有德国的两家公司有两到三台样机处于运行测试阶段。

华锐风电副总裁陶刚说，华锐不仅拥有6MW风电机组的全球知识产权，而且带动了一条完整的零部件国产化产业链，完全掌握产业控制权。陶刚说，6MW风机下线大大推动中国风电，特别是海上风电资源开发进程。“由于海上特殊的自然条件带来的安装维修高费用，必须依靠大型化风电机组技术才能解决大规模商用的成本问题。”

秦海岩说，中国同样拥有丰富的海上风能资源，海上风电资源的开发将对缓解东部沿海经济发达地区用电压力有明显作用，而华锐风电已经初步展露了实力。

2010年8月，华锐风电承担的中国第一个国家海上风电示范项目——上海东海大桥10万千瓦海上风电项目通过240小时预验收考核。所发电能通过海底电缆输送回陆地，预计年发电量可供上海20多万户居民使用一年。

资料来源：河南文化产业网，张舵，2011

4.1 系统组成

风力发电系统通常由以下几部分组成：风轮、调向装置、调速(限速)机构、传动装置、发电装置、蓄能装置、逆变装置、控制装置、塔架及附属部件组成。

4.1.1 风轮

风轮是集风装置，它的作用是把流动空气具有的动能转变为风轮旋转的机械能。风轮一般由叶片、叶柄、轮毂及风轮轴等组成。叶片的构造如图4-1所示。

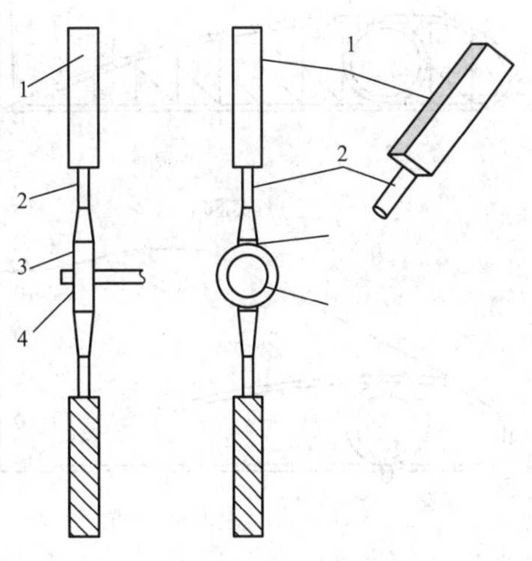

图4-1 风轮结构剖面

1—叶片；2—叶柄；3—轮毂；4—风轮轴

小型风力机的叶片常用优质木材加工制成。表面涂上保护漆，其根部与轮毂相接处使用良好的金属接头并用螺栓拧紧。有的采用玻璃纤维或其他复合材料蒙皮则效果更好。

大、中型风力机使用木制叶片时，不像小型风力机上用的叶片由整块木料制作，而是用很多纵向木条胶接在一起(图 4－2(a))，以便于选用优质木料，保证质量。有些木料，如叶片的翼型后缘部分可填塞质地很轻的泡沫塑料，表面再包以玻璃纤维形成整体(图 4－2(b))。采用泡沫塑料的优点不仅可以减轻重量，而且能使翼型重心前移(重心移至靠前缘 1/4 弦长处最佳)。这样可以减少叶片转动时所产生的不良振动，对于大、中型风力机叶片尤为重要。

为了降低成本，有些中型风力机的叶片采用金属挤压件，或者利用玻璃纤维或环氧树脂抽压成型(图 4－2(d))。但整个叶片无法挤压成渐缩形状，即宽度、厚度等不能变化，难以达到高效率。有些小型风力机为了达到更经济的效果，叶片用管梁和具有气动外形的较厚的玻璃纤维蒙皮做成(图 4－2(e))，或者用铁皮或铝皮预先做成翼型形状，加上铁管或铝管，用铆钉装配而成(图 4－2(f))。总的说来，除小型风力机的叶片部分采用木质材料外，大、中型风力机的叶片今后的趋势都倾向于采用玻璃纤维或高强度复合材料。

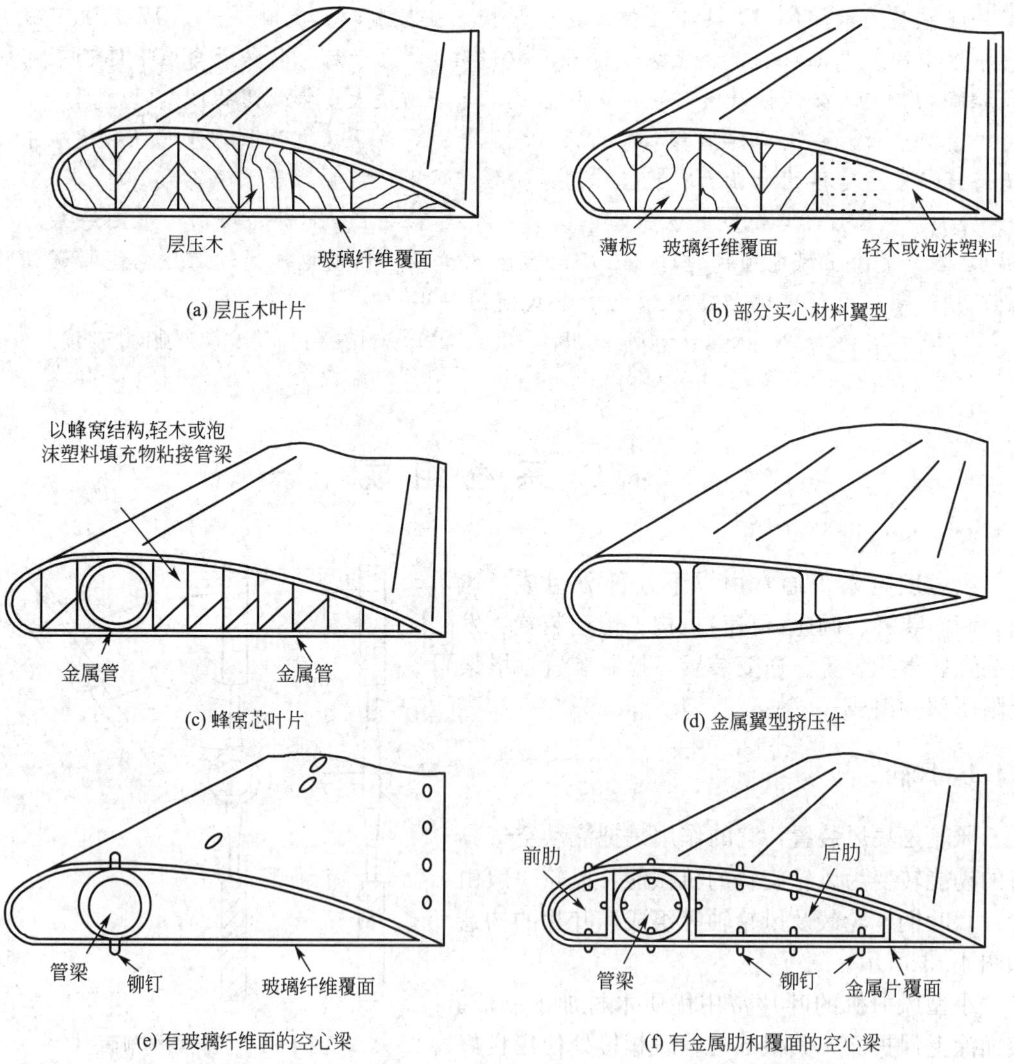

层压木　玻璃纤维覆面

(a) 层压木叶片

薄板　玻璃纤维覆面　轻木或泡沫塑料

(b) 部分实心材料翼型

以蜂窝结构,轻木或泡沫塑料填充物粘接管梁

金属管　金属管

(c) 蜂窝芯叶片

(d) 金属翼型挤压件

管梁　铆钉　玻璃纤维覆面

(e) 有玻璃纤维面的空心梁

前肋　后肋　管梁　铆钉　金属片覆面

(f) 有金属肋和覆面的空心梁

图 4－2　叶片的构造图

风机叶片材料的强度和刚度是决定风力发电机组性能优劣的关键。目前，风机叶片所用材料已由木质、帆布等发展为金属(铝合金)、玻璃纤维增强复合材料(玻璃钢)、碳纤维增强复合材料等，其中新型玻璃钢叶片材料因为其重量轻、强度高、可设计性强、价格比较便宜等因素，开始成为大中型风机叶片材料的主流。然而，随着风机叶片朝着超大型化和轻量化的方向发展，玻璃钢复合材料也开始达到了其使用性能的极限，碳纤维复合材料(CFRP)逐渐应用到超大型风机叶片中。

风机叶片翼型气动性能的好坏，直接决定了叶片风能转换效率的高低。早期的水平轴风机叶片普遍采用航空翼型，例如NACA44xx和NACA230xx，因为它们具有最大升力系数高、桨距动量低和最小阻力系数低等特点。随着风机叶片技术的不断进步，人们逐渐认识到传统的航空翼型并不适合设计高性能的叶片。美国、瑞典和丹麦等风能技术发达国家都在发展各自的翼型系列，其中以瑞典的FFA-W系列翼型最具代表性。FFA-W系列翼型的优点是在设计工况下具有较高的升力系数和升阻比，并且在非设计工况下具有良好的失速性能。

4.1.2 调向装置

调向装置就是使风轮正常运转时一直使风轮对准风向的装置。自然风不仅风速经常变化，而且风向也经常变化。垂直轴式风车能利用来自各个方向的风，它不受风向的影响。但是对于使用最广泛的水平轴螺旋桨式或多叶式风车来说，为了能有效地利用风能，应该经常使其旋转面正对风向，因此几乎所有的水平轴风车都装有转向机构。常用的风力机的对风装置有尾舵、舵轮、电动机构和自动对风4种。图4-3所示是几种典型的风车转向机构。图4-3(a)所示是最普通的尾舵转向机构，小型风车大多数采用这种转向机构。图4-3(b)所示是利用装在风车两侧的小型风车(舵轮)的旋转力矩差进行转向的方法，中型风车大多数采用这种转向机构。图4-3 (c)所示是电动机构，它是把风向传感器和伺服电动机结合起来的转向方法，这种方法可用于大型风车的转向。图4-3(d)所示是利用自动对风，用作用在顺风式风车上的阻力来转向的方法，因为这是一种很简单的转向方法，所以可用于各种形式的风车。

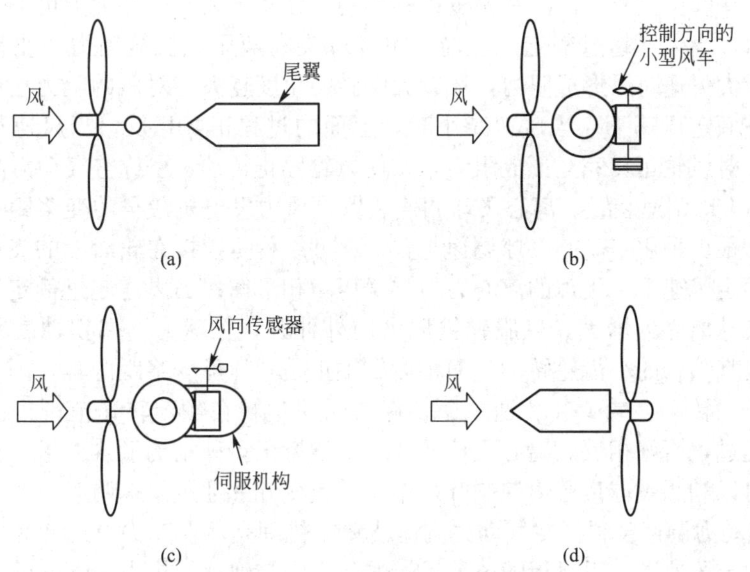

图4-3 几种典型的风车转向机构

4.1.3 调速机构

风速是变化的，风轮的转速也会随风速的变化而变化。为了使风轮运转在所需要的额定转速下的装置称为调速装置。

当风速超过停机风速时，调速装置会使风力发电机停机。调速装置只在额定风速以上时调速。有了调速(限速)机构，即使风速很大，风轮的转速仍能维持在一个较稳定的范围之内，防止超速乃至飞车的发生。

风力机的调速(限速)机构大体上有3种基本方式：减少风轮的迎风面积；改变翼型攻角值；利用空气阻尼力。

(1) 减少风轮迎风面积。风轮在正常工作时，其迎风面积为叶片回转时所扫掠的圆形面积。当风速超过额定风速，风轮相对风向发生偏转，减少风轮接受风能的面积。所以尽管风速增大了，而风轮的转速并未变快。

(2) 改变翼型攻角值。此种调速方法也被称为变桨距调速法。其基本原理是改变翼型的攻角值，减小升力系数，降低叶片的升力，从而达到限速的目的。

(3) 利用空气阻尼力。此种调速方法的基本原理是在风轮中心或叶片尖端装有带弹簧的阻尼板(翼)，当风轮转速过大时，让空气对它的运动产生阻力来限制风轮转速的增加。

目前世界各国所采用的调速装置主要有以下几种。

(1) 可变桨距调速装置。变桨距调速装置是现代风力发电机主要调速方式之一。变桨距调速装置有液压变桨距调速装置和调速电机调速装置。以液压变桨距调速装置为例：微机发出指令让叶片增大安装角以减少由于风速增大使叶片转速加快的趋势，电磁阀打开，变桨距液压油缸动作，拉动叶片向叶片安装角增大的方向转动一定角度以使叶片接受风能减少，维持风轮运转在额定转速范围内。当风速减小时，微机指令的动作与上述相反，减小叶片的安装角以使叶片接受风能增加，维持风轮转速在额定转速的范围内。

(2) 定桨距叶尖失速控制调速装置。定桨距叶尖失速控制调速装置是当代风力发电机常采用的主要调速方式之一。定桨距就是叶片的安装角是固定的，也就是叶片固定在轮毂上不能转动。在叶尖上有一段叶片是可以转动的，在额定风速下叶尖上可动的一段叶片与叶片保持一致，当风速超过额定风速时，可动叶尖在液压或机械动力的驱动下转一定角度，使可动叶尖失速对风形成阻力，风越大则转的角度越大，对风的阻力也越大，从而保持叶片运转在额定风速下。当风速减小时，上面的过程正好相反。当风速达到停机风速时，可动叶尖对风轮运转完全形成阻力，致使风轮停止转动，也称空气动力制动或刹车。

(3) 离心飞球调速装置。离心飞球调速装置是风力发电机最早的变桨距调速装置，现代风力发电已很少采用。离心飞球调速装置最典型结构是绞接在轮毂上的飞球随风轮转动而转动，在额定风速下，飞球的离心力与弹簧压力相平衡；当风速超过额定风速时，风轮转速加快，飞球离心力增大，克服弹簧压力向外伸开，飞球另一端拐轴就驱动大齿轮转动，并驱动与其啮合的小齿轮转动，而小齿轮轴正是叶片可变桨距的轴，因此叶片向其安装角增大的方向转动，减少叶片迎风面，保持风轮运转在额定转速范围内。当风速减小时，飞球调速过程恰好相反。离心飞球调速装置还有很多种结构形式，可以控制整个叶片变桨距，也可以利用飞球离心力控制叶片锥角以改变叶片迎风面来调速，如图4-4所示。

(4) 空气动力调速装置。空气动力调速装置的机理是，在叶尖上或叶片中部安装一块阻尼板，在额定风速下，阻尼板随风轮运转的离心力与弹簧的拉力平衡并保持与风轮转动

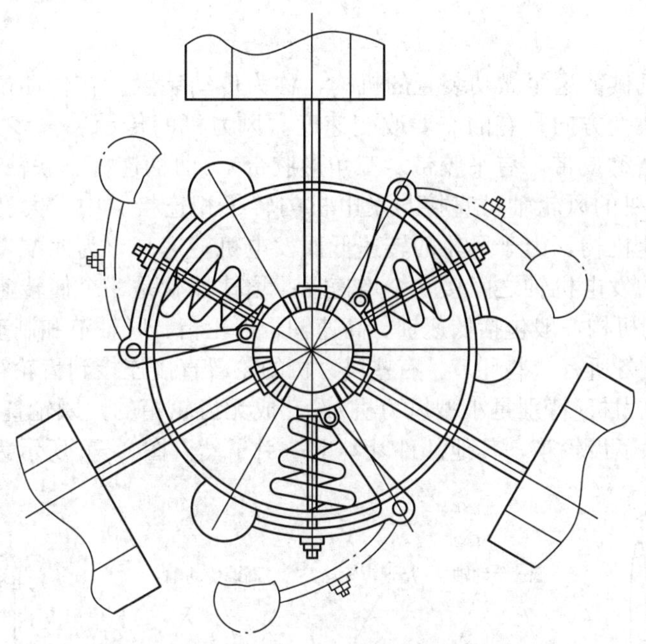

图 4-4 离心飞球变桨距调速

中受空气阻力最小的位置。当风速超过额定风速时，阻尼板由于离心力的作用而张开并对空气形成阻力，以使风轮转速保持在额定转速的范围内。空气动力调速形式有很多。定桨距叶尖失速控制调速也属空气动力调速之一。

(5) 扭头、仰头调速装置。扭头、仰头调速装置就是把风轮和机舱与转盘偏心布置，当风速超过额定风速时，风轮和机舱能绕转盘偏离风向一定角度，从而减小叶片迎风面积以达到调速的目的。超过额定风速越大，则风轮偏离风向越大，以使风轮保持在额定转速的范围内。风力发电机的扭头调速装置如图 4-5 所示。

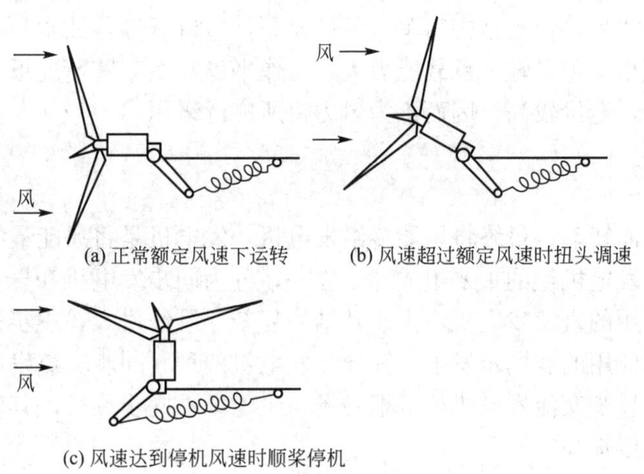

图 4-5 风力发电机的扭头调速装置

4.1.4 传动装置

将风轮轴的机械能送至做功装置的机构，称为传动装置。在传动过程中，距离有远有近，有的需要改变方向；有的需要改变速度。风力机的传动装置多为齿轮(圆柱形或圆锥形)、胶带(俗称皮带，有平胶带、三角形胶带)、曲柄连杆、联轴器等。小型(尤其是微型)风力发电机的风轮轴可直接与发电机的转子相连接。中、大型风力发电机，其传动装置包括增速机构，由于风轮的转速低而发电机转速高，为匹配发电机，要在低速的风轮轴与高速的发电机轴之间接一个增速器。增速器就是一个使转速提高的变速器。

风力机的传动机构一般包括低速轴、高速轴、齿轮箱、联轴节和制动器等，但不是每种风力机都必须具备所有这些环节。有些风力机的轮毂直接连接到齿轮箱上，不需要低速传动轴。也有些风力机(特别是小型风力机)设计成无齿轮箱的，风轮直接连接到发电机，在整个传动系中除了齿轮箱，其他部件基本上一目了然。图 4－6 所示为传动系统的部件及位置。

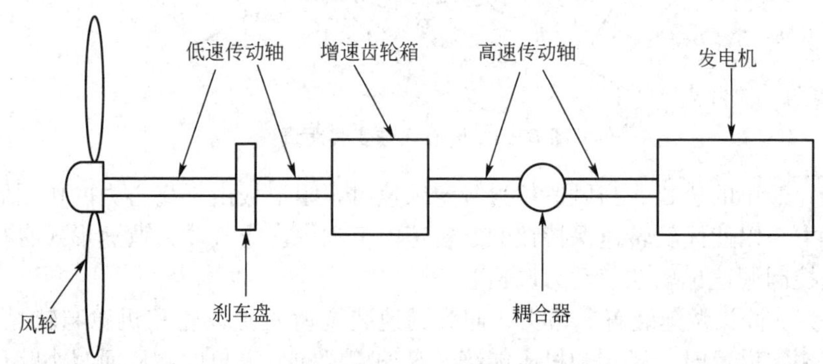

图 4－6 传动系统的部件及位置

风力机所采用的齿轮箱一般都是增速的。大致可以分为两类，即定轴线齿轮传动和行星齿轮传动。定轴线齿轮传动结构简单，维护容易，造价低廉，故常为风力机采用。行星齿轮传动具有体积小、重量轻、承载能力大、工作平稳和在某些情况下效率高等优点，但结构相对较为复杂，造价较高。因而不为风力机所广泛采用。

4.1.5 发电装置

叶片接受风能而转动，最终将风能传给发电机，发电机是将风能最终转变成电能的设备。发电机是风力发电机组的重要组成部分之一，分为同步发电机和异步发电机两种。以前小型风力发电机用的直流发电机，由于其结构复杂、维修量大，逐步被交流发电机所代替。目前得到普遍应用的有同步发电机和异步发电机两种。同步交流发电机的电枢磁场与主磁场同步旋转。异步交流发电机的电枢磁场与主磁场不同步旋转，其转速比同步转速略低，当并网时转速应提高。

1. 恒速恒频发电机系统

恒速恒频发电机系统一般来说比较简单，所采用的发电机主要有两种，即同步发电机和鼠笼型感应发电机。前者运行于由电机极数和频率所决定的同步转速，后者则以稍高于同步速的转速运行。

1）同步发电机

风力发电中所用的同步发电机绝大部分是三相同步电机，其输出连接到邻近的三相电网或输配电线。因为三相电机比起相同额定功率的单相电机来，一般体积较小，效率较高，而且便宜，所以只有在功率很小和仅有单相电网的少数情况下才考虑采用单相发电机。

同步发电机的主要优点是可以向电网或负载提供无功功率，一台额定容量125kVA，功率因数为0.8的同步发电机可以在提供100kW额定有功功率的同时，向电网提供+75kW和−75kW之间的任何无功功率值。它不仅可以并网运行，也可以单独运行，满足各种不同负载的需要。同步发电机的缺点是它的结构以及控制系统比较复杂，成本相对于感应发电机也比较高。

2）感应发电机

感应发电机也称为异步发电机，有鼠笼型和绕线型两种。在恒速恒频系统中，一般采用鼠笼型异步电机。它的定子铁心和定子绕组的结构与同步发电机相同。转子采用笼型结构，转子铁心由硅钢片叠成，呈圆筒形，槽中嵌入金属(铝或铜）导条，在铁心两端用铝或铜端环将导条短接。转子不需要外加励磁，没有滑环和电刷，因而其结构简单、坚固，基本上无需维护。

感应电机既可作为电动机运行，也可作为发电机运行。当作电动机运行时，其转速n总是低于同步速n_s($n<n_s$)，这时电机中产生的电磁转矩与转向相同。若感应电机由某原动机(如风力机)驱动至高于同步速的转速($n>n_s$)时，则电磁转矩的方向与旋转方向相反，电机作为发电机运行，其作用是把机械功率转变为电功率。

感应发电机与同步发电机的比较见表4-1。

表4-1 感应发电机与同步发电机的比较

(a) 感应发电机的优点

项目	感应发电机	同步发电机
结构	结构定子与同步发电机相同，转子为鼠笼型，结构简单，牢固	转子上有励磁绕组和阻尼绕组，结构较复杂
励磁	由电网取得励磁电流，不需要励磁装置及励磁调节装置	需要励磁装置及励磁调节装置
尺寸及重量	无励磁装置，尺寸较小，重量较轻	有励磁装置，尺寸较大，重量较重
并网	强制并网，不需要同步装置	需要同步合闸装置
稳定性	无失步现象，运行时只需适当限制负荷	负载急剧变化时有可能失步
维护检修	定子的维护与同步机相同，转子基本上不需要维护	除定子外，励磁绕组及励磁调节装置需要维护

（续）

(b) 感应发电机的缺点

项目	感应发电机	同步发电机
功率因数	功率因数由输出功率决定，不能调节。由于需要电网供给励磁的无功电流，导致功率因数下降	功率因数可以很容易地通过励磁调节装置予以调整，既可以在滞后的功率因数下运行，也可以在超前的功率因数下运行
冲击电流	强制并网，冲击电流大，有时需要采取限流措施	由于有同步装置，并网时冲击电流很小
单独运行及电压调节	单独运行时，电压、频率调节比较复杂	单独运行时可以很方便地调节电压

2. 变速恒频发电机系统

这是20世纪70年代中期以后逐渐发展起来的一种新型风力发电系统，其主要优点在于风轮以变速运行，可以在很宽的风速范围内保持近乎恒定的最佳叶尖速比，从而提高了风力机的运行效率，从风中获取的能量可以比恒速风力机高得多。此外，这种风力机在结构上和实用中还有很多的优越性。利用电力电子学是实现变速运行最佳化的最好方法之一，虽然与恒速恒频系统相比可能使风电转换装置的电气部分变得较为复杂和昂贵，但电气部分的成本在大、中型风力发电机组中所占比例不大，因而发展大、中型变速恒频风电机组受到很多国家的重视。

变速运行的风力发电机有不连续变速和连续变速两大类。一般说来，利用不连续变速发电机可以获得连续变速运行的某些好处，但不是全部好处。主要效果是比以单一转速运行的风电机组有较高的年发电量，因为它能在一定的风速范围内运行于最佳叶尖速比附近。但它面对风速的快速变化(湍流）实际上只是一台单速风力机，因此不能期望它像连续变速系统那样有效地获取变化的风能。更重要的是，它不能利用转子的惯性来吸收峰值转矩，所以这种方法不能改善风力机的疲劳寿命。连续变速系统可以通过多种方法来得到，包括机械方法、电/机械方法、电气方法及电力电子学方法等。机械方法如采用变速比液压传动或可变传动比机械传动，电/机械方法如采用定子可旋转的感应发电机，电气式变速系统如采用高滑差感应发电机或双定子感应发电机等。这些方法虽然可以得到连续的变速运行，但都存在这样或那样的缺点和问题，在实际应用中难以推广。目前最有前景的当属电力电子学方法，这种变速发电系统主要由两部分组成，即发电机和电力电子变换装置。发电机可以是市场上已有的通常电机如同步发电机、鼠笼型感应发电机、绕线型感应发电机等，也有近来研制的新型发电机如磁场调制发电机、无刷双馈发电机等，电子变换装置有交流/直流/交流变换器和交流/交流变换器等。

4.1.6 蓄能装置

风能是随机性的能源，具有间歇性，并且是不能直接储存起来的。因此，即使在风能资源丰富的地区，把风力发电机作为获得电能的主要办法时，必须配备适当的蓄能装置。在风力强的期间，除了通过风力发电机组向用电负荷提供所需的电能以外，将多余的风能转换为其他形式的能量在蓄能装置中储存起来。在风力弱或无风期间，再将蓄能装置中储存的能量释放出来并转换为电能，向用电负荷供电。可见蓄能装置是风力发电系统中实现稳定和持续供电必不可少的工具。

当前风力发电系统中的蓄能方式主要有蓄电池蓄能、飞轮蓄能、抽水蓄能、压缩空气蓄能、电解水制氢蓄能等几种。

(1) 蓄电池蓄能。在独立运行的小型风力发电系统中，广泛使用蓄电池作为蓄能装置。蓄电池的作用是当风力较强或用电负荷减小时，可以将来自风力发电机发出的电能中的一部分蓄存在蓄电池中，也就是向蓄电池充电。当风力较弱、无风或用电负荷增大时，蓄存在蓄电池中的电能向负荷供电，以补足风力发电机所发电能的不足，达到维持向负荷持续稳定供电的作用。风力发电系统中常用的蓄电池有铅酸电池(亦称铅蓄电池)和镍镉电池(亦称碱性蓄电池)。

蓄电池经过多次充电及放电以后，其容量会降低，当蓄电池的容量降低到其额定值的80％以下时，就不能再使用了，也就是蓄电池有一定的使用寿命，影响蓄电池寿命的因素很多，如充电或放电过度，蓄电池的电解液浓度太大或纯度降低以及在高温环境下使用等都会使蓄电池的性能变下降，降低蓄电池的使用寿命。

(2) 飞轮蓄能。做旋转运动的物体皆具有动能，此动能也称为旋转的惯性能。若旋转物体的旋转角速率是变化的，则旋转物体所增加的动能储存在旋转体中。反之，若旋转物体的旋转角速度减小，则有部分旋转的惯性动能被释放出来。

风力发电系统中采用飞轮蓄能，即在风力发电机的轴系上安装一个飞轮，利用飞轮旋转时的惯性储能原理，当风力强时，风能即以动能的形式储存在飞轮中；当风力弱时，储存在飞轮中的动能则释放出来驱动发电机发电，采用飞轮蓄能可以平抑由于风力起伏而引起的发电机输出电能的波动，改善电能的质量。

风力发电系统中采用的飞轮一般由钢制成。飞轮的尺寸则视系统所需储存和释放能量的多少而确定。

(3) 电解水制氢蓄能。众所周知，电解水可以制氢，而且氢氧可以储存，在风力发电系统中采用电解水制氢蓄能就是在用电负荷小时，将风力发电机组提供的多余电能用来电解水，使氢和氧分离，把电能储存起来；当用电负荷增大，风力减弱或无风时，使储存的氢和氧在燃料电池中进行化学反应而直接产生电能，继续向负荷供电，从而保证供电的连续性。故这种蓄能方式是将随机的不可储存的风能转换为氢能储存起来；而制氢、储氢及燃料电池则是这种蓄能方式的关键技术和部件。

燃料电池(Fuelcell)是一种化学电池，其作用原理是把燃料氧化时所释放出来的能量通过化学变化转化为电能。在以氢作燃料时，就是利用氢和氧化合时的化学变化所释放出来的化学能，通过电极反应直接转化为电能，即：$H_2+\frac{1}{2}O_2 \longrightarrow H_2O+$电能。由此化学反应式看出，除产生电能外，只产生水。因此，利用燃料电池发电是一种清洁的发电方式。而且由于没有运动条件，工作起来更安全可靠，利用燃料电池发电的效率很高，例如碱性燃料电池的发电效率可达50％～70％。

在这种蓄能方式中，氢的储存也是一个重要环节，储氢技术有多种形式，其中以金属氧化物储氢最好，其储氧密度高，优于气体储氢及液态储氢，不需要高压和绝热的容器，安全性能好。

近年，国外还研制出一种再生式燃料电池(Regenerative Fuel Cell)。这种燃料电池既能利用氢氧化合直接产生电能，反过来应用它也可以电解水而产生氢和氧。

毫无疑问，电解水制氢蓄能是一种高效、清洁、无污染、工作安全、寿命长的蓄能方式，但燃料电池及储氧装置的费用则较贵。

(4) 抽水蓄能。这种蓄能方式在地形条件合适的地区可以采用。所谓地形条件合适就是在安装风力发电机的地点附近有高地，在高地处可以建造蓄水池或水库，而在低地处有水。当风力强而用电负荷所需要的电能少时，风力发电机发出的多余的电能驱动抽水机，将低地处的水抽到高处的蓄水池或水库中转换为水的位能储存起来；在无风期或是风力较弱时，则将高地蓄水池或水库中储存的水释放出来流向低地水池，利用水流的动能推动水轮机转动，并带动与之连接的发电机发电，从而保证用电负荷不断电。实际上，这时已是风力发电和水力发电同时运行，共同向负荷供电。当然，在无风期，只要是在高地蓄水池或水库中有一定的蓄水量，就可靠水力发电来维持供电。

(5) 压缩空气蓄能。与抽水蓄能方式相似，这种蓄能方式也需要特定的地形条件，即需要有挖掘的地坑或是废弃的矿坑或是地下的岩洞。当风力强，用电负荷少时，可将风力发电机发出的多余的电能驱动一台由电动机带动的空气压缩机，将空气压缩后储存在地坑内；而在无风期或用电负荷增大时，则将储存在地坑内的压缩空气释放出来，形成高速气流，从而推动蜗轮机转动，并带动发电机发电。

4.1.7 整流、逆变装置

(1) 整流就是将交流电变成直流电的过程。

现代风力发电机基本上都是交流发电机，当需要把风电变成直流向蓄电池充电或向电镀供电等，就要将三相交流电经变压器降压至可以充电或电镀的交流电压再经整流变成直流。

(2) 逆变就是把直流电变成交流电的过程。有的逆变器还兼有把交流电变成直流电的功能。

单机使用的风力发电机往往将多余电能储存在蓄电池内，当无风不能发电时，需要将蓄电池的直流电变成 50Hz 的交流电为用电器供电。逆变技术很成熟，形式也很多。

旋转逆变器是利用一个直流电动机驱动一个交流发电机，由于直流电动机以固定转速驱动发电机，所以发电机的频率不变。由于风力发电机受风速变化的影响，发电频率的控制难度大，若先将发出的交流电整流成直流电，再用旋转逆变器转变成质量稳定的交流电，供给用电质量要求严格的用户，或者将交流电送入电网，都是比较稳定的。

静态逆变器是用晶体管制成的。常用于小型风力发电机供电系统中，小型风力发电机组提供的直流电有 12V、24V、32V，而家用电器如电灯、收音机、电视(机)等，常用 220V 的交流电。用静态逆变器可以实现这种转换。

具有把交流电转换成直流电功能的逆变器，在风力发电机损坏、检修期间，可将蓄电池和逆变器送到有电网处进行充电，取回再供给用户直流电。

4.1.8 控制装置

由于风能是随机性的，风力的大小时刻变化，必须根据风力大小及电能需要量的变化及时通过控制装置来实现对风力发电机组的启动、调节(转速、电压、频率)、停机、故障保护(超速、振动、过负荷等)以及对电能用户所接负荷的接通、调整及断开等。在小容量的风力发电系统中，一般采用由继电器、接触器及传感元件组成的控制装置；在容量较大的风力发电系统中，普遍采用微机控制。

4.1.9 塔架

风力机的塔架除了要支撑风力机的重量，还要承受吹向风力机和塔架的风压，以及风力机运行中的动载荷。它的刚度和风力机的振动有密切关系，如果说塔架对小型风力机影响还不太大的话，对大、中型风力机的影响就不容忽视了。

水平轴风力发电机的塔架主要可分为管柱型和桁架型两类。管柱型塔架造价较桁架型塔架高，可以从最简单的木杆，一直到大型钢管和混凝土管柱。小型风力机塔杆为了增加抗弯矩的能力，可以用拉线来加强。大、中型塔杆为了运输方便，可以将钢管分成几段。一般圆柱形塔架对风的阻力较小，特别是对于下风向风力机，产生紊流的影响要比桁架式塔架小。桁架式塔架常用于中小型风力机上，其优点是造价低廉，运输也方便。但这种塔架会使下风向风力机的叶片产生很大的紊流。

4.1.10 其他附属部件

风力机的附属部件主要有机舱、机头座、回转体、停车机构等。

① 机舱。风力机长年累月在野外运转，工作条件恶劣。风力机一些重要工作部件多数集中在塔架的上端，组成了“机头”。为了保护这些部件，用罩壳把它们密封起来，此罩壳称为“机舱”。机舱应美观，尽量呈流线型，最好采用重量轻、强度高、耐腐蚀的玻璃钢制作。

② 机头座。它用来支撑塔架上方的所有装置及附属部件，它是否牢固将直接关系到风力机的安危与寿命。

③ 回转体。回转体是塔架与机头座的连接部件，通常由固定套、回转圈以及位于它们之间的轴承组成。固定套锁定在塔架上部，而回转圈则与机头座相连，通过它们之间的轴承和对风装置，在风向变化时，机头便能水平地回转，使风轮迎风工作。

④ 停车机构。遇有破坏性大风，导致风力机运转出现异常时或者需要对风力机进行保养维修时，需用停车机构使风轮静止下来。微小型风力机的停车机构一般都安放在风轮轴上，多采用带式制动器，在地面用刹车绳操纵。大、中型风力机的刹车机构，可选用液压电动式制动器，在地面进行遥控。倘若机组采用液压变桨距调速法，最好使用嵌盘式液压制动器，两者共用一个液压泵，这样可使系统简单、紧凑。

4.2 风力发电系统的运行方式

风力发电有3种运行方式：一是独立运行方式，通常是一台小型风力发电机向一户或几户提供电力，它用蓄电池蓄能，以保证无风时的用电；二是风力发电与其他发电方式(如柴油机发电)相结合，向一个单位或一个村庄或一个海岛供电；三是风力发电并入常规电网运行，向大电网提供电力，常常是一处风电场安装几十台甚至几百台风力发电机，这是风力发电的主要发展方向。

4.2.1 独立运行的风力发电系统

风力发电机输出的电能经蓄电池蓄能，再供应用户使用。其采用独立运行方式，可供边远农村、牧区、海岛、气象台站、导航灯塔、电视差转台、边防哨所等电网达不到的地区利用。独立运行风力发电系统如图 4－7 所示。根据用户需求，可以进行直流供电和交流供电。

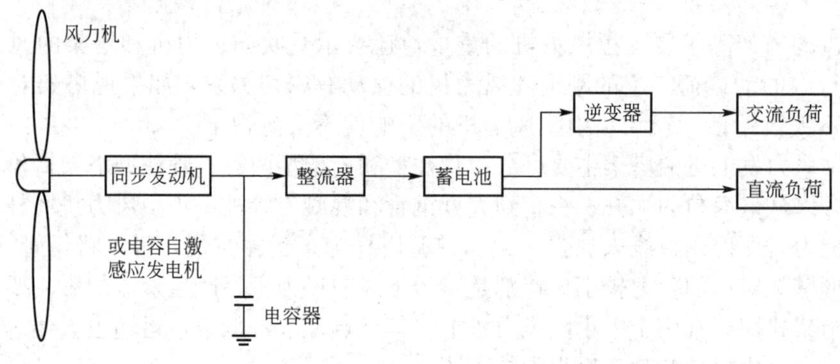

图 4－7　独立运行风力发电系统

1．直流供电

风力发电机组发出的交流电整流成直流，并采用储能装置储存剩余的电能，使输出的电能具有稳频、稳压的特性。一般小型风力发电机组要采取独立的直流供电，主要用来作照明、使用电视机和收音机等生活用电的电源；也可用作电围栏等小型生产用电的电源。用电的运营方式分为以下几种。

(1) 一户一机的供电方式。这种方式一般都是自购、自管、自发、自用、自备蓄电池。

(2) 流线路供电。这种方式一般为一机多户，或多机多户合用，实际上就是风力发电站(场)的直流供电。机组通常是集中安装，统一管理；蓄电池可以集中配备，也可以分散到户，各户自备。应当指出，当配电电压较低(例如 12V 或 24V)，其线路电损较多，所以用户不宜相距太远。

(3) 充电站式供电。在这种情况下，风力发电站就是一个充电站，各户自备蓄电池到发电站充电，充电后取回自备。蓄电池的容量不宜太大，否则不易搬运，且易出事故。

2．交流供电

(1) 交流直接供电。多用于对电能质量无特殊要求的情况，例如加热水、淡化海水等。在风力资源比较丰富而且比较稳定的地区，采取某些措施改善电能质量，也可带动照明、动力负荷。这些措施包括：利用风力机的调速机构、电压自动调整器、频率变换器、变速恒频发电机等，使供电的电压和频率保持在一定范围内。图 4－8 所示为交流发电机向直流负载供电。

(2) 通过“交流—直流—交流”逆变器供电。先将风力发电机发出的交流电整流成直流，再用逆变器把直流电变换成电压和频率都很稳定的交流电输出，保证了用户对交流电的质量要求。图 4－9 所示为交流发电机向交流负载供电。

在容量较大的独立运行方式中，为了避免大量使用蓄电池，采取由负荷控制器按负荷的优先保证次序来直接控制负荷的接通与断开，以适应风速大小的变化。这种方式的缺点是在无风期不能供电。为了克服这一缺点，可配备少量蓄电池，来保证不能断电的设备在无风期间内从蓄电池获得电能。具有负荷控制器的独立风电系统如图 4－10 所示。

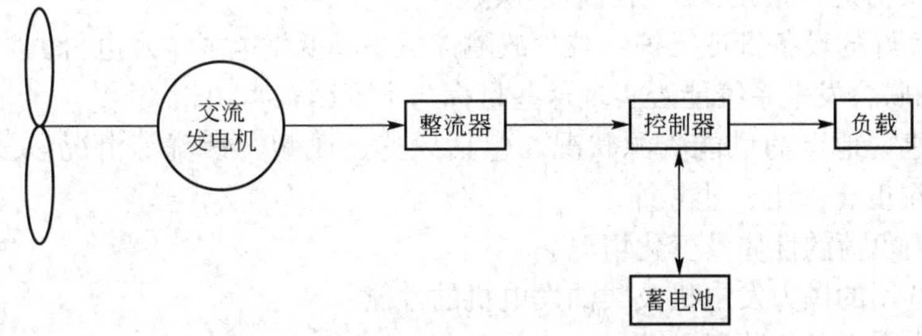

图4-8　交流发电机向直流负载供电

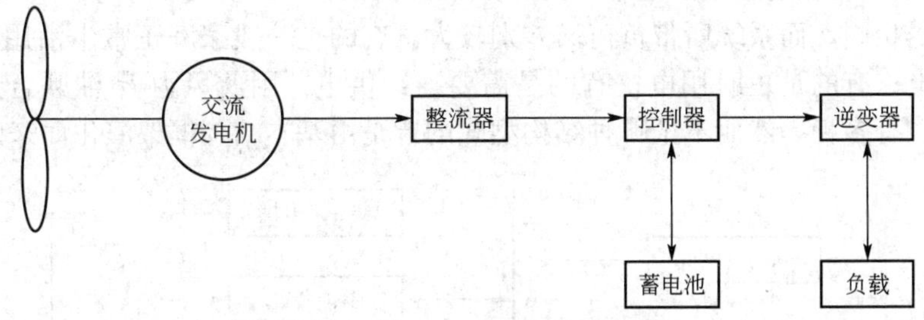

图4-9　交流发电机向交流负载供电

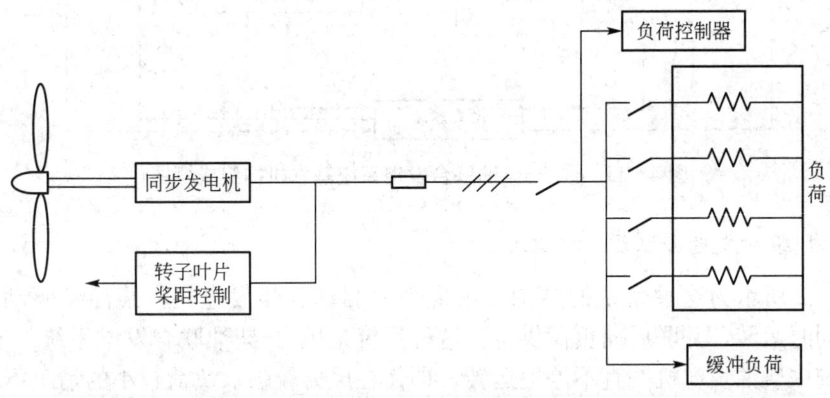

图4-10　具有负荷控制的独立风电系统

4.2.2　风力-柴油发电联合运行

众所周知，采用风力-柴油联合发电系统的目的是向电网覆盖不到的地区(如海岛、牧区等)提供稳定的不间断的电能，并减少柴油的消耗，改善环境污染状况。由于各地区的风能资源及负荷情况不同，有多种不同结构型式的风力-柴油联合发电系统。但不论哪种结构型式的风力-柴油联合发电系统的运行，皆应实现如下的目标。

(1) 能提供符合电能质量标准的电能。

(2) 有较好的柴油节油效果。

(3) 具有合理的运行控制策略，使系统的运行工况得到优化，尽可能多地利用风能，避免柴油机低负荷运行，减少柴油机启停次数。

(4) 具有良好的设备管理维护，减少故障停机，降低发电成本及电价。

风力-柴油联合发电系统能否实现这些目标与下列因素密切相关。

(1) 系统建立地点的风能资源状况，包括风速、风频、紊流等情况以及其他气象条件，如气温、湿度、沙尘、盐雾等。

(2) 系统内负荷的性质及变化情况。

(3) 系统选用的风力发电机及柴油发电机的性能。

(4) 系统内有无蓄能装置。

(5) 系统的运行方式及控制策略。

风力-柴油联合发电系统的基本结构组成框图如图 4－11 所示。但由于不同地区风力资源状况不尽相同，而系统所带负荷又差别较大，有的是一般家庭正常生活用电；有的是生产动力用电；有的是短时用电；有的是需要连续供电。因此风力-柴油联合发电系统的结构组成型式有多种。然而不论哪种结构型式的皆是由基本结构框架演化而来的。

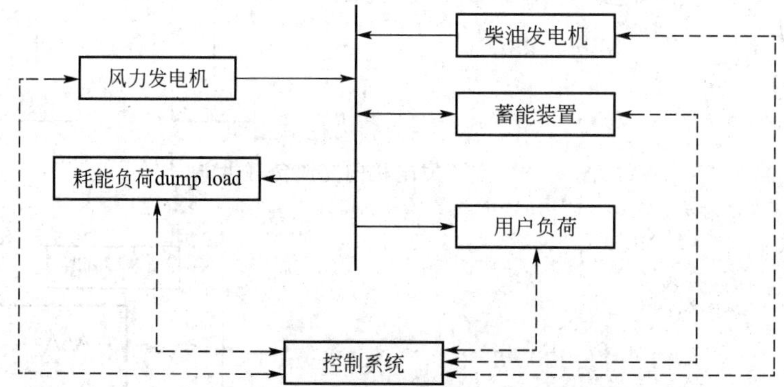

图 4－11　风力-柴油联合发电系统基本机构组成框图

1. 风力-柴油发电并联运行系统

图 4－12 所示为这种系统的结构。由风力机驱动异步发电机，柴油机驱动同步发电机，两者同时运转，并联后向负荷供电。这种系统是风力-柴油联合发电系统的基本型式。在这种系统中柴油发电机一直不停地运转，即使在风力较强，负荷较小的情况下也必须运

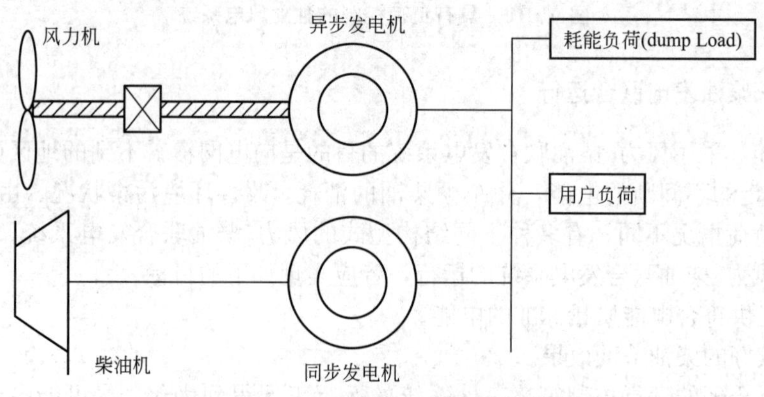

图 4－12　风力-柴油发电并联运行系统

转，以供给异步发电机所需要的无功功率。这种系统的优点是结构简单，可实现连续供电。缺点是由于柴油机始终不停地运转，因而柴油的节省效果低。

由于这种系统是风力发电机与柴油发电机并联运行向负荷供电，因此必须慎重考虑异步发电机(由风力机驱动)向由柴油机驱动的同步发电机电网并网瞬间的电流冲击问题。为了保证系统的稳定与安全，一般对小容量的电网(由小容量的柴油机驱动的同步发电机组成)，要求柴油发电机的容量与异步风力发电机的容量之比应大于或等于 2∶1，此比值越大，则并网瞬间电网电压的下降幅度越小，系统越安全稳定。这种由单台异步风力发电机及单台同步柴油发电机组成的并联运行系统，其容量都较小。在运行中，风力发电机因风速变化，使输出的机械功率变化或系统负载突然发生较大变化，皆可能引起系统电压及频率的变化而导致对发电机不利，因此在系统中应对系统的电压及频率进行监控。

2. 风力-柴油发电交替运行系统及负载控制

图 4-13 所示为这种系统的结构，在这种系统中风力发电机与柴油发电机交替运行向负荷供电，两者在电路上无联系，因此不存在并网问题，但由风力机驱动的发电机通常采用同步发电机(也可采用电容自励式异步发电机，但需增加电容器及其控制装置，故一般不采用)。这种系统的运行方式根据风力的变化实行负载控制，自动接通或断开某些负荷，以维持系统的平衡。通常是按照用户负荷的重要程度将用户负荷分为优先负荷、一般负荷及次要负荷等。优先负荷所需电能应保证供给，其他两类负荷只是在风力较强时才通过频率传感元件给出信号依次接通。当风力较弱，对第一类负荷也不能保证供给时，则风力发电机退出运行，柴油发电机自动启动并投入运行；当风力增大并足以供给第一类(优先)负荷的电能时，则柴油机退出运行，自动停机，风力机自动启动，投入运行。这种系统的优点是可以充分地利用风能，柴油机运转的时间被大大减少，因此能达到尽可能多地节约柴油的目的；缺点是交替运行会造成短时间内用户供电中断，而柴油机的频繁启停易导致磨损加快，负荷的频繁通断则可能造成对电器的危害。

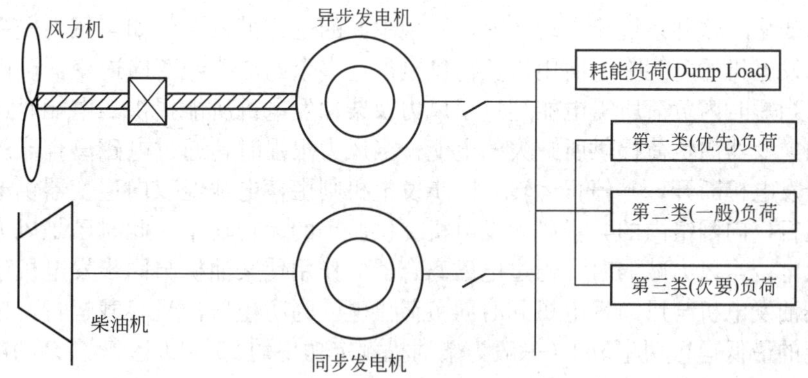

图 4-13　风力-柴油发电交替运行系统

3. 集成的风力-柴油发电并联运行系统

所谓集成的风力发电系统即是将同步风力发电机发出的变频交流电静止的交流-直流-交流(AC-DC-AC)变换，获得恒频恒压交流电，然后再与同步柴油发电机并联向用户负荷供电，这种系统的结构也可采用静止整流，旋转逆变的 AC-DC-AC 变换方式。

这种系统的优点是风力机可以在变速下运行，因而可以优化风力机运行的 C_p 值，更有效地利用风能。系统中的 AC - DC - AC 装置可以实现恒频恒压输出及平抑功率起伏的作用。缺点是 AC - DC - AC 装置中的电力电子器件的费用较高，特别当风力发电机的容量增大时，AC - DC - AC 及蓄电池的容量也将随之增大，使造价增高。

这种系统可以对用户负荷实现连续供电，在用户负荷不变的情况下，若风速降低，则柴油机自动启动投入运行；在无风时，则由柴油发电机向负荷供电。

4. 具有蓄电池的风力-柴油发电联合运行系统

这种系统的结构组成如图 4 - 14 所示。与基本型的风力-柴油发电并联系统比较有两点不同：一是在系统组成中增加了蓄能电池及与之串接的双向逆变器；二是在柴油机与同步发电机之间装有一个电磁离合器。与集成的风力-柴油发电并联系统中的蓄电池比较而言，这种系统中蓄电池的容量小，通常可按风力发电机在额定功率下 1～2h 输出的电能来考虑确定其容量。

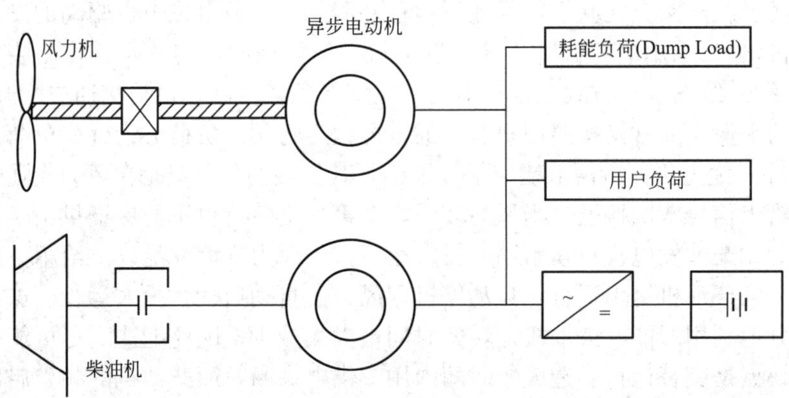

图 4 - 14　具有蓄能蓄电池及离合器的分离-柴油联合发电系统

当风力变化时这种系统能自动转换，实现不同的运行模式。例如当风力较强时，来自风力及柴油发电机的电能除了向用户负荷供电外，多余的电能经双向逆变器可向蓄电池充电；反之，当短时内负荷所需电能超过了风力及柴油发电机所能提供的电能时，则可由蓄电池经双向逆变器向负荷提供所缺欠的电能；当风力很强时，通过电磁离合器的作用使柴油机与同步发电机断开，并停止运转，同步发电机则由蓄电池经双向逆变器供电，变为同步补偿机运行，向网络内的异步风力发电机提供所需的无功功率，此时已是风力发电机单独向负荷供电；当风力减弱时，通过电磁离合器的作用使柴油机与同步发电机连接并投入运行，由柴油发电机与风力发电机同时向负荷供电。为防止柴油机轻载运行，柴油机应运行于所限定的最低运行功率以上(一般为柴油机额定功率的 25%以上)，多余的电能则可向蓄电池充电或由耗能负荷吸收。

这种系统的优点是由于蓄电池短时投入运行，可弥补风电的不足，而不需启动柴油发电机发电来满足负荷所需电能，因此节油效果较好，柴油机启停次数也可减少。这种系统的缺点是投资高，发电成本及电价皆比常规柴油发电要高。

5. 具有蓄电池及蓄能飞轮的风力-柴油发电联合运行系统

这种系统又称为混合的(Hybrid)风力-柴油发电系统，它将蓄能蓄电池及蓄能飞轮与风力及柴油发电机综合在一个系统内，如图 4-15 所示。

在这种系统内，由于加装了蓄能飞轮，蓄能蓄电池的容量可以相应减小。飞轮对于减小系统的频率波动，提高供电质量也是有帮助的。

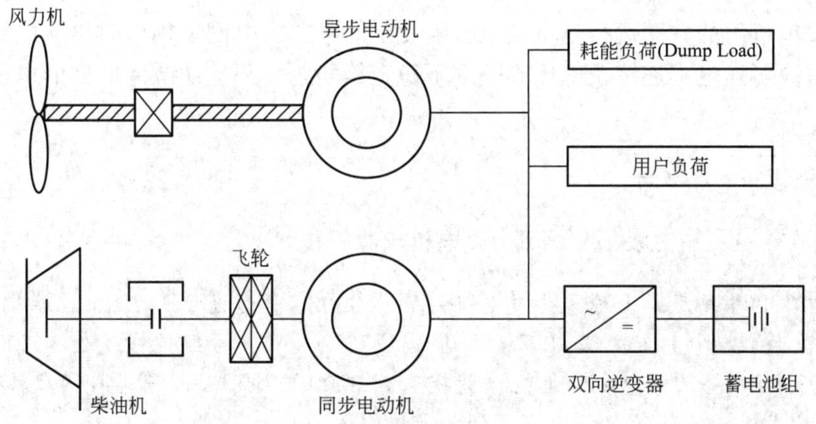

图 4-15 具有蓄能蓄电池及离合器的分离-柴油联合发电系统

6. 多台风力发电机-柴油发电机-蓄电池联合发电系统

由于高频率的风紊流是不相关联的，因此采用多台风力发电机组，则功率起伏的影响能够被减小，同时系统内蓄电池的容量也可相应减小，这种系统结构如图 4-16 所示。

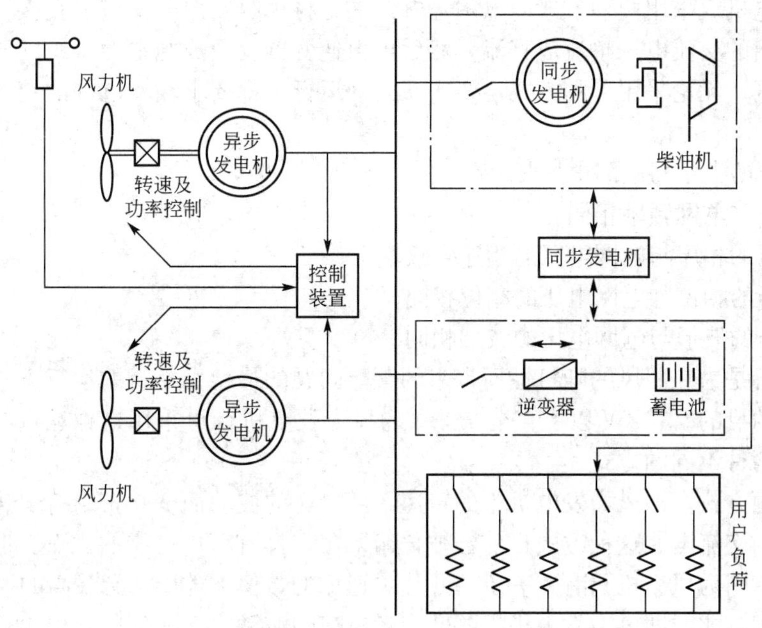

图 4-16 多台风力-柴油-蓄电池联合供电系统

4.3 并网发电

风力发电机组的并网运行是将发电机组发出的电送入电网，用电时再从电网把电取回来，这就解决了发电不连续及电压和频率不稳定等问题，并且从电网取回的电的质量是可靠的。

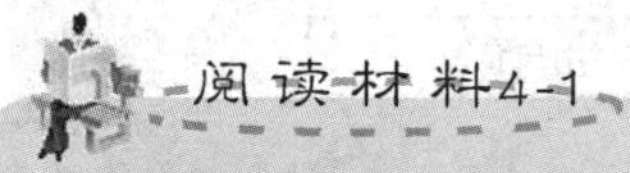

风力发电机组并网技术

截至2008年年底，全球风力发电机组的总装机容量超过了1亿kW，我国经过近几年的快速发展，风电机组总装机容量也达到1200万kW。按照国家发改委2005年的规划，到2020年，全国风电机组装机容量将达到3000万kW。因此，我国风能的规模化利用正逐步成为国家能源可持续发展的重大需求。

伴着风力发电机组单机容量的增大，在并网时对电网的冲击也越大。这种冲击严重时不仅引起电力系统电压的大幅度下降，并且可能对发电机组和机械部件(塔架、桨叶、增速器等)造成损坏。如果并网冲击时间持续过长，还可能使系统瓦解或威胁其他挂网机组的正常运行。因此，采用合理的并网技术成为了风力发电中一个不可忽视的问题。

资料来源：陈艳．对风力发电机组并网技术问题的探讨．

风力发电机组采用两种方式向电网送电：一是将机组发出的交流电直接输入电网；二是将机组发出的交流电先整流成直流，然后再由逆变器变换成与电力系统同压、同频的交流电输入电网。无论采用哪种方式，要实现并网运行，都要求输入电网的交流电具备下列条件。

(1) 电压的大小与电网电压相等。

(2) 频率与电网频率相同。

(3) 电压的相序与电网电压的相序一致。

(4) 电压的相位与电网电压的相位相同。

(5) 电压的波形与电网电压的波形相同。

并网运行是为克服风的随机性而带来的蓄能问题的最稳妥易行的运行方式，可达到节约矿物燃料的目的。10kW以上直至兆瓦级的风力发电机皆可采用这种运行方式。并网运行又可分为两种不同的方式。

恒速恒频方式，即风力发电机组的转速不随风速的波动而变化，维持恒速运转从而输出恒定频率的交流电。这种方式目前已被普遍采用，具有简单可靠的优点。但是对风能的利用不充分，因为风力机只有在一定的叶片尖速比的数值下才能达到最高的风能利用率。

变速恒频方式，即风力发电机组的转速随风速的波动作变速运行，但仍输出恒定频率的交流电。这种方式可提高风能的利用率，因此成为追求的目标之一，但将导致必须增加实现恒频输出的电力电子设备，同时还应解决由于变速运行而在风力发电机组支撑结构上出现共振现象的问题。

到目前为止，国内已经并网运行的风力发电机的数量并不很多，由风力发电机组组成集群，有望成为并网发电的排头兵。在风能资源丰富的地区按一定的排列方式成群安装风力发电机组，组成集群。这种集群内的风力发电机，少的有3～5台，多的可达几十台、几百台，甚至数千台。集群内的风力发电机组的容量多数为几十千瓦至几百千瓦，也有个别达到兆瓦以上的。风力发电机集群属于大规模利用风能，其发出的电能全部经变电设备送往大电网。

风力发电机集群是在大面积范围内大规模开发利用风能的有效形式，弥补了风能能量密度低的弱点。风力发电机集群的建立与发展可带动和促进形成新的产业，有利于降低设备投资及发电成本。

中国于20世纪80年代中期开始建设小型风力发电机集群，已在新疆、内蒙古、广东、浙江、福建、山东等省、自治区建立起数个风力发电机集群。安装大、中型风力发电机组上百台，总装机容量数千兆瓦。

建设风力发电机集群的要求包括以下几项。

建立风力发电机集群地区的风力资源应达到年平均风速在6～7m/s以上，风向稳定，有效风能密度在200W/m^{2}以上，全年风速在3～20m/s的累计时数不小于5000h。对装机地点的风速、风向、沿高度方向上的风速分布、湍流等应进行实测；还应考虑地形、地貌、障碍物(如平坦地区、山地、建筑物)影响、特殊恶劣气象情况(如热带风景、雷暴、沙暴等)的发生频率。

风力发电机集群中各个机组的排列方式仍是在研究和探索的问题。现已建造的风力发电机集群所遵循的原则是：在平坦的地面上风力机按矩阵分布排列，沿盛行风向风力机前后之间的距离约为风力机风轮直径的10倍，风力机左右之间的距离约为风力机风轮直径的两倍；在非平坦的地形起伏的地面上，风力机安装在等风能密度线上，风力机之间的距离比在平坦地形上的稍小些。在地形复杂的丘陵或山地，除按上述原则考虑风力机尾流的影响外，还要考虑地形造成的湍流的影响。

风力发电机集群对环境有一定的干扰，主要是噪声及对电磁波的干扰。建设风力发电机集群应离开居民点，尽可能不选用具有金属包层或骨架的风力机叶片，按环境保护法规限定的噪声标准设计与制造风力机。

思考题

1. 风力发电系统由哪几部分组成？
2. 简述变速恒频发电机系统的优缺点。
3. 风力发电的运行方式有哪几种？
4. 输入电网的交流电应具备哪些条件？

第5章 风力利用系统

知识要点	掌握程度	相关知识
风力提水	了解风力提水机组的基本原理及特点； 熟悉风力提水机组的应用	利用水泵的特性与风力相结合； 典型风力提水机组
风力压缩机驱动	了解风力压缩机驱动基本原理及特点； 了解的风力压缩机驱动应用	利用风力发电机组与压缩机相结合从而简单储存能量
风力制热	了解风力制热的基本途径； 了解风力制热的方法	利用机械能电能及压缩能之间的相互转化关系达到风力制热的目的
风力助帆	了解最早风能利用的方式	风能在航海方面的应用
风能和其他可再生能源综合利用	了解风能与其他形式能的综合利用方式	风能与太阳能、水利、内燃机等方面进行综合利用

导入案例

风能的利用

风能的利用主要是以风能作动力和风力发电两种形式，其中又以风力发电为主。以风能作动力就是利用风来直接带动各种机械装置，如带动水泵提水等。这种风力发动机的优点是：投资少、工效高、经济耐用。目前，世界上约有一百多万台风力提水机在运转。澳大利亚的许多牧场都设有这种风力提水机。在很多风力资源丰富的国家，科学家们还利用风力发动机铡草、磨面和加工饲料等。

利用风力发电，以丹麦应用最早，而且使用较普遍。丹麦虽只有500多万人口，却是世界风能发电大国和发电风轮生产大国，世界10大风轮生产厂家有5家在丹麦，世界60%以上的风轮制造厂都在使用丹麦的技术，它是名副其实的“风车大国”。

资料来源：http：//www.duwenzhang.com/plus/view.php？aid=49647，2009

人类利用风能的历史可以追溯到公元前，我国是世界上最早利用风能的国家之一。公元前数世纪我国人民就利用风力提水。灌溉、磨面、舂米，用风帆推动船舶前进。到了宋代更是我国应用风车的全盛时代，当时流行的垂直轴风车一直沿用至今。在国外，公元前2世纪古波斯人就利用垂直轴风车碾米。10世纪伊斯兰人用风车提水，11世纪风车在中东已获得广泛的应用。13世纪风车传至欧洲，14世纪已成为欧洲不可缺少的原动机。在荷兰风车先用于莱茵河三角洲湖地和低湿地的汲水，以后又用于榨油和锯木。只是由于蒸汽机的出现，才使欧洲风车数目急剧下降。数千年来，风能技术发展缓慢，没有引起人们足够的重视。但自1973年世界石油危机以来，在常规能源告急和全球生态环境恶化的双重压力下，风能作为新能源的一部分才重新有了长足的发展。风能作为一种无污染和可再生的新能源有着巨大的发展潜力，特别是对沿海岛屿、交通不便的边远山区、地广人稀的草原牧场，以及远离电网和近期内电网还难以达到的农村、边疆，作为解决生产和生活能源的一种可靠途径，有着十分重要的意义。即使在发达国家，风能作为一种高效清洁的新能源也日益受到重视。

风能通过风力机转换为电能，也可以通过一些动力机械装置如提水机、压缩机以及其他热转换系统对风能进行利用。

5.1 风力提水

人类利用风力提水的历史很长，并且延续不断，现在还在发展。中国旧式的风力提水机有很多种，如立帆式，直接由船的风帆演变而来，像走马灯似的几个竖立的风帆，风吹即转动，所以也叫“走马灯式风力提水机”；斜杆式，形若斜躺着的风轮，并配有木制的龙骨水车，这种风力提水机使用的时间最长，差不多从明代直至20世纪50年代。在国外，主要是欧洲的荷兰式风车，高大的叶轮，古典的塔楼，安装有大口径的木制螺旋泵，颇为壮观。

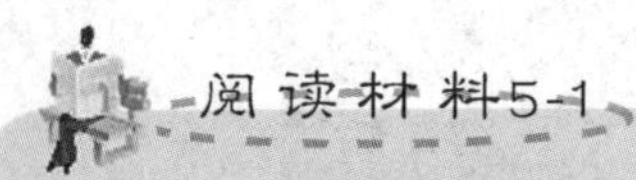
阅读材料5-1

风力提水技术

我国风力提水技术的水平得到迅速提高，但这项高新技术尚未形成规模化生产，存在着如下问题。

(1) 目前我国的风力提水技术主要是针对广大的边远和无电地区，由于人们的环保意识较差，加之广大农牧区尚未致富，购买力不强，未形成规模化市场。

(2) 风能利用(特别是风力提水)是直接经济效益低，生态效益与社会效益高的项目。该技术产业尚处于起步阶段，市场规模小，企业参于成果产业化的积极性不高，不少可以进入工业化阶段的机型不能投入生产，只能储备起来，无法形成高新技术对产业结构调整和经济增长的支持。

(3) 我国风力提水研究的起步水平低，应用历史短，经费投入少，许多重大关键技术问题(如高效风轮的设计、风机与水泵的高效匹配技术以及水泵运动部件的耐久性问题等)还未很好地解决。

(4) 风力提水的开发利用是环保型的高新技术产业，政府应加以扶持并协助市场开发，尽快实现产业化，以扭转我国可再生能源利用比例低的现状，遏制土地沙化退化、环境恶化之势。现在我国虽有一些激励性的导向政策，但还未具体化，应参照国外先进国家的有关政策，制定具体的减免税收、财政补贴、贴息贷款、增加科技攻关。

资料来源：刘惠敏，吴永忠，刘伟. 可再生能源，2005.

风力机的叶片越多，越能捕捉低速风。虽然叶片多，转速慢，但对于提水而言，启动风速低，有风就转，能转动便可提水，做到细水长流，不像发电那样，转速低了就发不出电，当然，现代风力提水机也有适合高风速的，可以利用少叶片(1～3个叶片)风力机，甚至也有用垂直轴风力机提水的，其中关键是看风况和选用的提水泵如何。一般排灌用要求扬程不高，但流量是主要的，并且希望做到有风就提水。通常低速风较多，像我国多数地区夏天风小，冬天风大，而提水需要恰恰是夏天多冬天少，因此充分利用小风力提水更有必要。由于风力提水一般扬程不高，对于某些需要高扬程提水的地方，可以采用多台风力提水机联合作业，像接力赛那样一级接一级地把水提到高处，国外一般提水总扬程达20～30m的。

风力提水之所以能在世界各地，特别是在发展中国家得到较广泛的应用，其主要原因有以下几点：风力提水机结构可靠，制造容易，成本较低，操作维护简单；储水问题容易解决，当水被提上来后，只要注入水罐或水池中就可以储存，在无风或小风时，可放水使用；风力提水机在低风速下工作性能好，多数风力提水机在风速3m/s时就可以启动工作，它对风速要求不严格，通常只要风轮转动起来就能进行提水作业。风力提水效益明显，风力提水制盐、养虾、改良盐碱地等，不仅节省常规能源，没有污染，而且经济效益也很显著，一般2～4年即可收回风力机组的投资成本。代表性的风力提水机如图5-1所示。

根据提水方式的不同，现代风力提水机可分为风力直接提水和风力发电提水两大类，风力提水机又可分为高扬程小流量型、中扬程大流量型和低扬程大流量型。

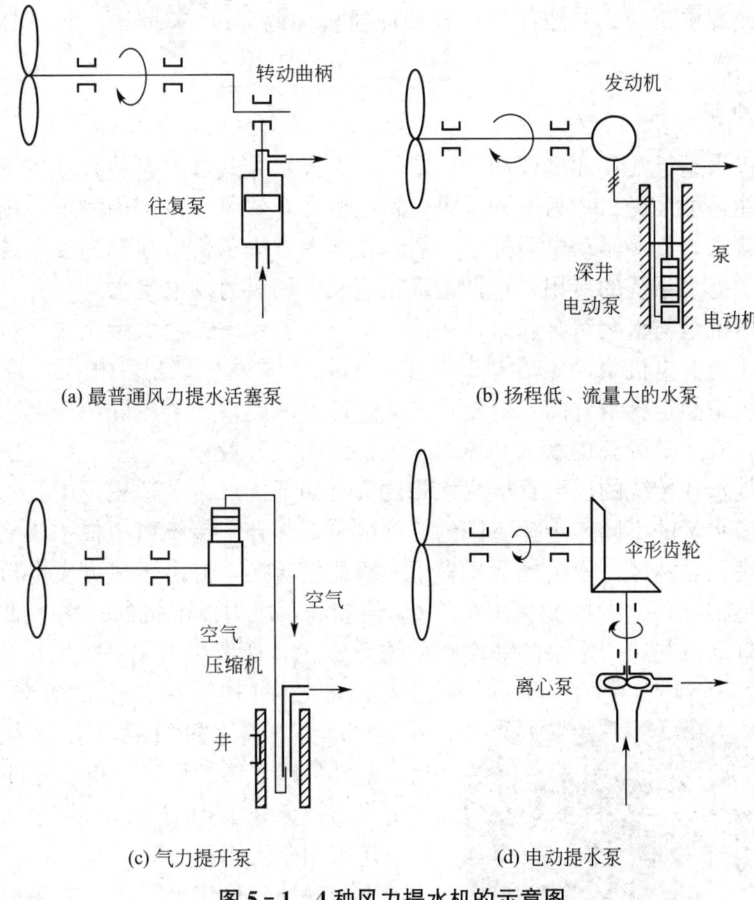

(a) 最普通风力提水活塞泵

(b) 扬程低、流量大的水泵

(c) 气力提升泵

(d) 电动提水泵

图 5-1　4 种风力提水机的示意图

1. 高扬程小流量型风力提水机组

高扬程小流量型风力提水机组是由低速多叶片立轴风力机与活塞水泵相匹配组成的。这类机组的风轮直径一般都在 6m 以下，扬程为 20～100m，流量为 0.5～5m³/h，主要用于提取深井地下水。这类提水机是通过曲柄连杆机构把风轮轴的旋转运动变为活塞泵的往复直线运动进行提水作业的。风轮的对风一般都是通过尾翼来自动调整的，并采用风轮偏置-尾翼挂接轴倾斜方法进行自动调速。

2. 中扬程大流量型风力提水机组

这是由高速桨叶匹配容积式水泵组成的提水机组，主要用来提取地下水。这类提水机组的风轮直径一般为 5～8m，扬程为 10～20m，流量为 15～25m³/h。这类风力提水机一般为现代流线型桨叶，效率较高，性能先进，适用性强，但其造价高于传统式风力机。

3. 低扬程大流量型风力提水机组

这是由低速或中速风力机与链式水车或螺旋泵相匹配组成的提水机组，借助机械式回转传输结构，风力发电机组叶轮向离心泵或者螺旋泵等回转泵传送动力。它可以提取河水、湖水或海水等地表水，用于农田排灌和盐场制盐、水产养殖提水。这类机组的扬程一般为 0.5～3m，流量为 50～100m³/h，机组的风轮直径为 5～7m，风轮轴动力是通过锥齿轮传递给水车或螺旋泵的，一般都采用自动迎风机构调节风轮对风方向，用侧翼-配重调速机构进行自动调速。

4. 风力发电提水机组

风力发电提水是近几年才出现的一种新的风力提水方式，它有两种基本形式：一种为风力发电、储能、电泵提水；另一种是风力发电机在有效风速范围内发电，由控制器来调节电泵的工作状态，直接驱动电泵提水。后者较前者省去了蓄电池和逆变系统，减少了中间环节，降低了提水系统的费用，可谓是真正意义上的风力发电提水。

在风力发电机组与水泵组合起来使用的情况下，若考虑选用大型水泵，可使其提水量尽可能大。但风力发电机组额定容量却变低，而且常常发生停机。相反，选用小型水泵时，风力发电机组额定容量升高，但提水量却降低。因此，为了更好地协调水泵和风力发电机组的组合，有必要调整提水量和风力发电机组额定容量。

风力发电提水和传统的风力直接提水相比具有如下优点：①适用范围广。用户可根据井深、井径和需水量的不同，选择不同的常规电泵，弥补了传统风力提水机之不足。②能量转换效率较高。虽然风力发电提水机多了一级能量转换，但由于风力发电机的风轮采用的是现代流线型桨叶，它的风能利用系数 C_P 值较高，风力发电机的效率一般都在30%左右，提水用的电动机与通用水泵的效率乘积约为50%，所以风力发电提水系统的整体效率为10%～15%，达到或超过了传统风力提水机组的效率(10%左右)。③安装、维修方便。由于风力发电提水机组的电泵均为通用定型产品，配件易购，维护修理及更换零件简单容易。

图 5-2　多叶式风力提水车

风力提水不仅用于农田灌溉和人畜饮水需要，还可用于大面积土壤改良，如我国黄河淮海一带多盐碱地。近年来天津市郊采用风力提水排碱，经过几年的努力，已把大片原来不可耕种的土地变成了果园和菜地，经济效益明显。有的地方还在水产养殖业中利用风力提水机，不仅用于换水，更可作为鱼池的增氧设备，节约用电。现代化的农牧渔业都可利用风力提水设备，海滩晒盐更少不了风力提水。尽可能多地利用风力提水，减少用柴油机和电机抽水，不仅是节能措施，更是环境保护需要。田野、草原和海滨等少一些机器噪音和烟尘，多一些风车点缀，就会多一分古色的田园气息，环境更加优美怡人。图 5-2 所示为多叶式风力提水车。

5.2　风力压缩机驱动

利用风力发电机组驱动空气压缩机，可以比较简单地储藏能量。对于空气压缩机来说，使风力发电机组输出特性和离心式压缩机相匹配效果最佳。如果是小型空气压缩机，可以使用多翼型风力发电机组与往复式压缩机相组合的形式。如图 5-3 所示，该套系统是于冬季湖塘、池塘防止结冰时使用。被储存的压缩空气，用于池塘的水质净化，为养鱼场供氧，以及用在污水处理设施上。

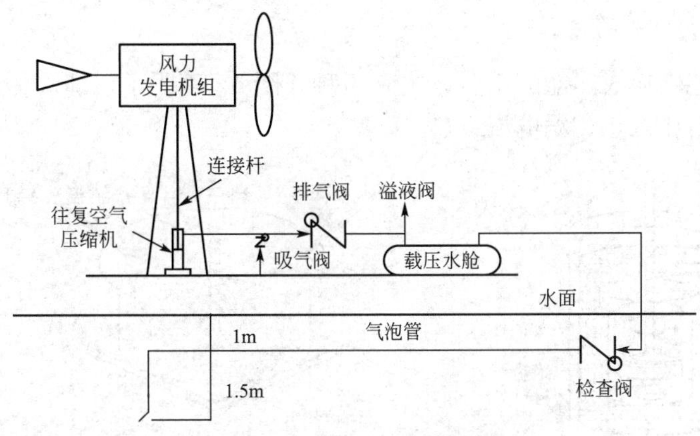

图5-3 风力压缩机驱动系统

5.3 风力制热

由于风速经常地变化，能源储存尤为重要。把风能转变为热能比保存在储藏槽里更安全，而且经济。通常日常生活需要的能源包括暖气、热水等低温热能，能源用量占到半数以上。风能转换成热能的两个优点是能量易储存和能量转化损失小。因此，当最终目的是利用热能时，不要通过中间环节转变成电能，而是直接变成热能。这样在这个转换过程中能量损失少，系统效率更高。

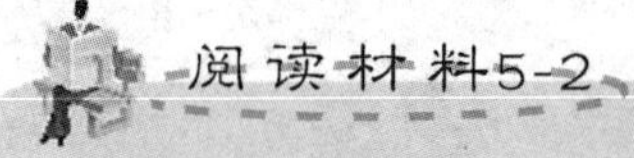

风力制热

风力制热(Wind Power Heating)将风轮旋转轴输出的机械能通过风能制热装置直接或间接转换成热能或电能。风力制热系统对风的质量要求不高，制热装置结构简单，容易满足与风力机最佳匹配的要求，并能在很宽的风速范围内正常工作，多应用于禽舍、温室和水产养殖的加温，农产品干燥以及建筑采暖等方面。风能制热装置按制热方式不同可分为两大类。①采用直接制热方式：固体与固体摩擦制热装置、搅拌液体制热装置、油压阻尼式制热装置、压缩气体制热装置。②采用间接制热方式：风能转换电能后用电阻制热、涡电流制热、电解水制氢取热等装置。风能直接制热装置的效率要比间接制热装置的效率高，制热系统也简单。风力制热的综合效率比风力发电和风力提水的综合效率高。一般风力发电综合效率低于35%，而风力制热的综合效率在40%以上。

资料来源：中国知网

1. 风能转换为热能的途径

将风能转换成热能，一般有3种途径：①风能-机械能-电能-热能；②风能-机械能-

空气压缩能-热能；③风能-机械能-热能。其中，第三种转换方式具有系统效率高(30%)、对风速变化适应性强等优点。

2. 风能转换成热能的方式

目前，把风能转换成热能的主要方式有 4 种，图 5-4 所示，即固体摩擦致热、搅拌流体致热、液体挤压致热、涡电流致热。

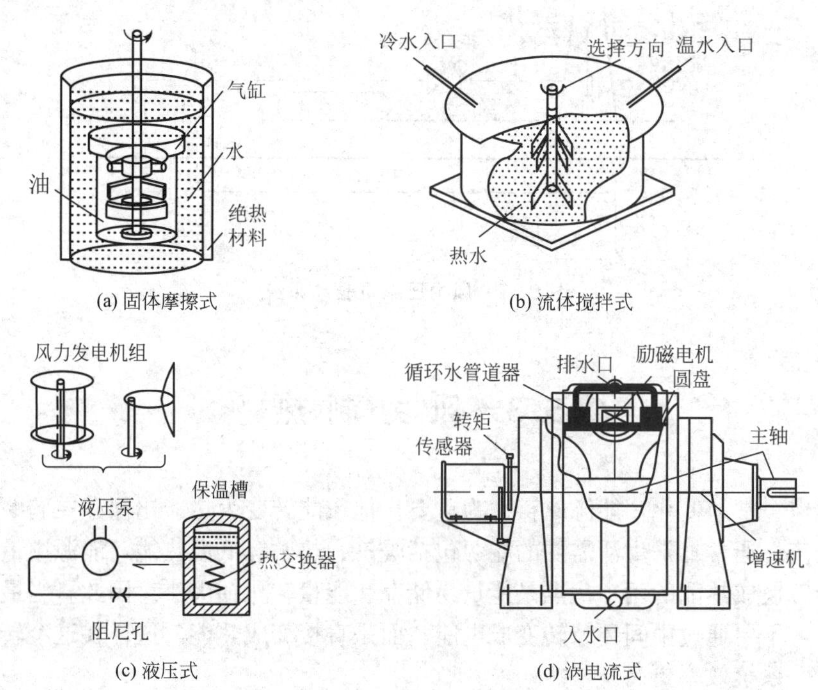

图 5-4 代表性致热方式

固体摩擦致热，如图 5-4(a)所示，它是指利用风力发电机组驱动刹车毂或刹车盘，它们被刹车片夹着，刹车摩擦而产生热，用流体(水)吸收热的方式。这种方式的优点是即使低速旋转也可以吸收较大转矩，不必增加速度就可以使风力发电机组与负荷直接匹配。但摩擦面有损耗，需要维护。流体系统的作用是传输摩擦面产生的热，如果流体系统发生故障时，设备会由于过热而导致损坏。同时，刹车扭矩的损耗和由于发热等条件发生变化使系统变得不稳定。

搅拌液体致热，如图 5-4(b)所示，它是挡板附带搅拌轴在液体里旋转搅拌。与古典的焦耳试验装置的原理相同。该方法与固体摩擦致热相比较，不会由于系统过热而损坏，而且由于转矩与转数二次方成比例，一方面因为低速旋转时转矩不足，很多场合需要加速。另一方面高速旋转时，流体与固体分离，会产生气穴现象，可能造成腐蚀。所以它的缺点是转数范围不能太大。

液体挤压致热是液体之间摩擦，是最简单、方便、适宜的方法。如图 5-4(c)所示，风力发电机组驱动固定容量液压泵，液压泵即使在低速时也能吸收大转矩，可以直接连接驱动。首先，利用风力发电机组把风能转换成机械能，然后利用液压泵将机械能转换成液体压力能。最后压力能通过阻尼孔(薄圆盘中央有小孔)转换成动能，在出口处动能转换成热能。这种情况液压泵的负荷转矩与转数的二次方成比例，风力发电机组具有良好的协调性特点。

涡电流致热与以上描述的机械热转换方式都不同，它是一种利用涡电流的方式，如图 5-4(d)所示。涡电流法制热靠风力发电机组的转轴驱动一个转子，在转子外缘与定子之间装上磁化线圈，当微弱电流通过磁化线圈时，转子在磁场中旋转，便产生磁力线，形成涡电流，并在定子和转子之间生成热，这就是涡电流制热。这种负载控制(旋转控制)是用电进行的，所以响应快。其优点是可以高精度控制风力发电机组叶轮的旋转。

5.4 风力助帆

大约5000多年前，在古埃及的尼罗河上出现风帆船航行。我国从河南安阳殷墟出土的甲骨文上“𠂔”(帆)可以推知，中国至少在3000多年前的商代就已利用风帆助航。它形象地说明了当时可能是用双桅杆的方帆。据史书记载，我国风帆船的鼎盛时代是明朝，当时帆船的设计和制造水平居世界领先地位。14世纪初叶著名的中国航海家郑和曾率领27800多人，乘坐包括62艘宝船在内的200余艘船，只利用风力作为动力驱船前进，从1405年至1433年扬帆远航前后七下“西洋”，到达30多个国家，总航程100000多里，为中外文化技术交流做出了不可磨灭的贡献。据历史记载，郑和第一次出航的“宝船”长44丈(约147m)，宽18丈(60m)，挂帆的桅杆至少有9根，排水量约3100t，载重量约900t，可载500人左右，称得上是当时的远洋货轮。图5-5所示为郑和下西洋时所乘的木帆船(模型)。

图5-5 郑和下西洋时所乘的木帆船(模型)

直至18世纪蒸汽机的发明并大量使用之后，无论是内河还是远洋航运，大型帆船逐渐退出历史舞台，郑和下西洋的壮观场面一去不复返了。可是20世纪70年代的石油危机和日益高涨的绿色世界呼声，又使风帆助航开始了新的篇章——现代新型机帆船。这种机帆船是以风帆与轮机互补，采用计算机操纵，综合节能效率较高，综合高技术、新材料和新能源的现代远洋轮。

5.5 风能和其他可再生能源综合利用

互补发电系统是风能和太阳能等两种以上能源组合起来的发电系统。其目的是在弱风时，由太阳能补充电力，两种能源组合起来得到的电力更稳定，也降低了发电成本。尽管是两种以上能源组合起来，但要完全消除每时、每日、每月风速变化带来的影响较为困难。一般而言，利用形式是与蓄电池等稳定输出装置组合起来构成的离网型系统，或者并网型系统。这里介绍的风力互补发电系统有：风能与太阳能、风能与水能、风能与内燃机、风能与生物能等，如图 5－6 所示。

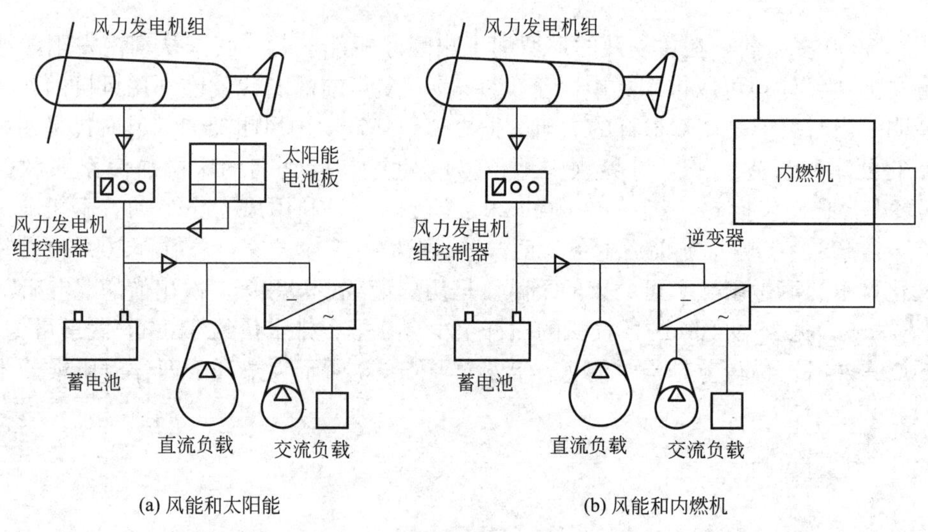

图 5－6　互补发电系统构成例子

1. 风能与太阳能

对于市区街道用的照明灯、山区住宅等非商业用电源等场所，作为离网型系统，目前普遍使用的是风光互补系统。在年平均风速 4m/s 以下的低风速区域安置的照明灯，只能利用风能来确保足够电力，其安装成本过高。如果利用太阳能补充风能的不足，就能大幅度控制系统成本。

2. 风能与水能

随着季节不同，江河水量发生很大变化的区域(带有旱季和雨季地区，或者对于冬季结冰期无水地区)，可以考虑风能和水利能源有效利用系统。

3. 风能与内燃机

对于山区及孤岛等偏僻地区的发电，可以引入互补发电系统。仅使用内燃机(柴油机)发电，要考虑运输成本，所以燃料费比较高。充分利用风力和柴油互补发电系统，风能可以削减这个燃料费，通过减少柴油发电的时间，还可以控制由于维修和补充燃料所需的人工费。就发展中国家而言，由于化石燃料价格较高，更适合使用风能与内燃机互补发电系统。

4. 风能与生物能

生物能是指生物资源，包括地球上所有的动植物及其废弃物。生物能作为能源利用技术包括：①燃烧；②热解气化；③沼气发酵；④乙醇发酵等方法。如果持续不断地植树造林，对避免二氧化碳带来的地球温室效应具有重大意义。另外，生物能与风能或者太阳能等其他可再生能源不同，可以通过燃料形式储藏起来，与负载相对应，可以人为改变发电量。因此，利用风能和生物能的场合，避免全球变暖，并且能够提供稳定的电力输出，今后应该是最受重视的互补发电系统。

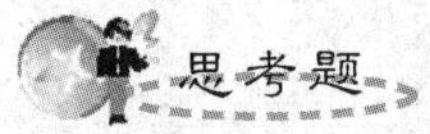

1. 简要说明风能的主要利用形式。
2. 风力发电系统并网运行有哪几种方式？简述各种运行方式的优缺点。
3. 风能转换成热能的方式有哪几种？

第6章 风力机的安装、调试、维护及现场性能测试

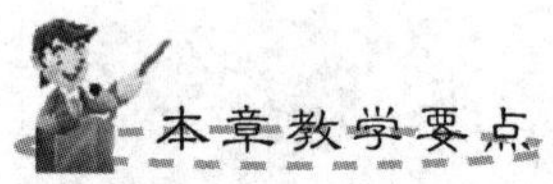

知识要点	掌握程度	相关知识
风力机的安装及起吊	了解风力机安装； 熟悉风力起吊操作	风力机安装工程概况及工艺流程
风力机的调试	了解风力机调试的相关内容	风力机的厂内调试
风力机的维护	了解风力机维护的基本原则； 了解齿轮箱的维护	风力机维护基本原则； 齿轮箱在维护过程中出现的问题

导入案例

我国首台1.5MW抗台风型风机下线

2007年8月16日，由明阳电气集团承担的国家“十一五”国民经济与社会发展重大项目，国内首台抗台风型1.5MW变桨变速双馈式风力发电机组在广东明阳风电技术有限公司整体下线。一直以来，对于中国风资源现状调查是一个复杂且艰苦的过程，所以国内兆瓦级以上的风机从研制到批量生产进程非常缓慢。此次，经过广东明阳风电技术有限公司充分调研与分析，这台机组从概念策划到样机下线仅用了15个月时间，设计制造达到了世界先进水平，标志着国内兆瓦级风力发电机组的产业开发又取得了重大突破。

鉴于国内风电技术水平远远落后于国外发达地区，必须高起点研发才能追赶国际水平。明阳电气采取了以自我为主、联合国际先进技术资源、拥有完全自主知识产权的技术开发路线，与德国aerodyn公司联合设计，根据国内风资源现状，以度电成本最低为开发目标，充分考虑南方沿海地区平均风速低、湿热、有台风危害以及北方地区低温、高海拔、沙尘等特殊气候环境，开发了面向中国东南沿海和三北地区两个主要风资源分布地带的两款风力发电机组，并针对特殊环境创造性地制定了特殊的技术标准。除了拥有两个机型的自主知识产权外，明阳电气还拥有电控系统的全部核心技术和源代码，并能自主提供风电场监控系统整体解决方案。这两款风电机组能够抵御台风、沙尘、严寒等极端气候条件，是我国第一个完全按照中国的自然环境和产业条件量身定做的全新一代风力发电机组。

资料来源：http://www.kjcxpp.com/chuangxinchengguo.asp?id=2791

6.1 风力机的安装及起吊

6.1.1 风电场吊装工程概况

风机主要由塔筒、机舱、轮毂、扇叶四部分组成。以目前全国风电场主流机型1500kW、频率为50Hz的可变桨控制、可变速的机组为例。风机最重件为机舱，约重60t，就位高度为61.15m。桨叶组件总重约32.5t，就位高度约63m。主吊机械选用450t汽车吊(45m+2.9m+25m塔式工况)或CC1400履带吊(84m主臂工况)。主吊机械的选用应根据现场地形情况而定。对于地形复杂的丘陵地带，道路崎岖且坡度较大，履带吊行走困难，对机械自身会造成一定的损坏，而且影响风机吊装。表6-1为东方汽轮机厂——FD708风机基本参数。

表6-1 东方汽轮机厂——FD70B风机基本参数

序号	部件名称	部件尺寸/mm	数量	单重/kg
1	第一节塔筒	底面直径：4000 顶面直径：3837 长度：16500	1	38700

（续）

序号	部件名称	部件尺寸/mm	数量	单重/kg
2	第二节塔筒	底面直径：3837 顶面直径：3457 长度：19250	1	31700
3	第三节塔筒	底面直径：3457 顶面直径：2955 长度：25400	1	30000
4	机舱	长度：10200 宽度：3725 高度：4100	1	约重 60000
5	轮毂	4330×3750	1	16000
6	扇叶	叶根处直径：Φ1885 长度：34000	3	5500/单片

风电场吊装工作大致分为两个部分：风机设备卸车、风机吊装。风机吊装包括吊装前准备、塔筒吊装、机舱吊装、桨叶组合、风轮吊装、消缺等几个部分。其中前期准备包括桨叶螺栓的安装(扇叶组合前 24h)、基础环内平台方向及标高的调整、螺栓的准备等。后期的消缺工作主要是跟随调试人员进行的一些零部件的安装等。

塔筒的吊装需要一台 50t 汽车吊配合主吊机械将其抬吊竖直后再由主吊机械起吊，机舱的吊装由主吊机械独立完成(风电场选用主吊机械一般依据机舱的吊装要求而定)，桨叶组合有选用一台吊车进行的也有选用两台吊车配合进行的，风轮的吊装则必须由一台 50t 汽车吊配合主吊机械进行。

6.1.2 工程工艺流程

1. 风机卸车工艺流程

风机卸车主要有以下几个基本过程。

1）场地平整

基础环浇铸回填完毕后，平整场地，一般场地要求在 40m×40m 左右。如果现场环境比较好的情况一般场地平整稍大一点，基本满足塔筒吊装与风轮组装同时进行，大大加快了风机安装速度。

2）塔筒的卸车

风机塔筒的卸车（图 6－1）一般选用 2 台 50t 汽车吊抬吊卸车，卸车时预留出汽车吊抬吊的站车位置，塔筒卸车后的支垫最好选用沙袋，沙袋避免了塔筒表面污染。支点选择在塔筒两端距离端口 3～5m 的位置，这样避免了因长时间支垫造成塔筒变形的问题。塔筒的卸车尽量靠近场地边缘，一般按照 3、2、1 的顺序卸车，1＃塔筒距离基础环最近，吊装时按照顺序 1、2、3 进行吊装。

3）机舱的卸车

机舱一般卸在基础环附近(图 6－2)，遇到场地不足时，机舱也可卸在主吊机械的吊装范围内平整地带。机舱的卸车主要本着一个原则，机舱离开地面直到就位的过程中主吊机械尽可能避免行走，冬季卸车时要考虑春季地面解冻后下沉，支点垫道木等。

图 6-1 塔筒的卸车

图 6-2 机舱的卸车

1500kW 的风机机舱约重 62t，两台 50t 汽车吊抬吊卸车需选用一根直径 420mm，长 2m 的钢管作为“抬吊扁担梁”。50t 吊车分别站在运输车辆两侧(图 6-2)，抬吊钢管的一端，使作业半径尽可能减小，提高吊车的起重量及作业稳定性。机舱运输过程中，机舱底部前后分别有一个支架，卸车时连同支架一起卸车，由于支架较低，考虑到夏季地面松软，为避免机舱支架下沉，在支架下垫道木支垫牢固。机舱重量大，离开运输车辆时晃动不易控制，可选用 4 个 2t 倒链事先将机舱四角与吊车或运输车辆间固定，注意倒链不要太紧，避免起吊时倒链受力过大损坏。

4) 桨叶的卸车与存放

桨叶占场地面积较大。FD70B 机桨叶长 34m，3 片桨叶卸车后占地面积为 7m×35m。风机的桨叶一般采用玻璃钢材料，材质比较轻，桨叶长 34m，而重量约为 5.5t。

桨叶卸车可以选用 2 台吊车抬吊(图 6-3)，也可 1 台吊车卸车。由于桨叶受风面积较

图 6-3 叶片的卸车

大，桨叶卸车后，注意摆放整齐，这样便于整体固定。如果场地可以满足要求，桨叶最好按顺风方向摆放，避免大风等原因造成桨叶损坏。

由于桨叶受风面积较大，而自身重量较轻，如果遇到大风很有可能被吹翻，所以桨叶摆放时要按顺风方向(顺风方向指的是：风机停机时，桨叶相对于风轮旋转平面的位置，此时桨角为90°)摆放。3片桨叶根部的支架要连接在一起(图6－4)，整体进行固定，桨叶尾部要拴好拖拉绳，并做好地锚，以减小桨叶随风摆动的范围。

图6－4　叶片的存放

图6－5所示是风电场的扇叶损坏事故现场，由于当时扇叶卸车后未及时进行加固，摆放时也没有按主导风向摆放，致使当晚有8片扇叶被风吹翻，最严重的一片被翻转180°。

图6－5　扇叶损坏事故现场

5）轮毂的卸车

涉及以后风轮的组合时，需要重新选择合适的场地以及最佳的吊装方向摆放轮毂，对其没有什么具体的要求。轮毂卸车位置一般与桨叶较近。

2. 风机安装工艺流程

风机吊装包括吊装前准备、塔筒吊装、机舱吊装、桨叶组合、风轮吊装、消缺等几个部分。其中前期准备包括桨叶螺栓的安装、基础环内平台方向及标高的调整、螺栓的准备等。后期的消缺工作主要是跟随调试人员进行的一些零部件的安装等。螺栓紧固力矩必须按照厂家规定的力矩进行紧固，表6-2为某种机型的紧固力矩表。

表6-2 螺栓紧固力矩表

名称	标准	紧固件	数量	套筒规格
（塔筒）第一节	DIN6914	螺栓 M36*245	144(42CrMoA)	60
	DIN6915	螺母 M36	144(35CrMoA)	
	DIN6916	垫圈 37(35CrMoA)	288(35CrMoA)	
第二节	DIN6914	螺栓 M36*205	136(42CrMoA)	60
	DIN6915	螺母 M36	136(35CrMoA)	
	DIN6916	垫圈 37(35CrMoA)	272	
第三节	DIN6914	螺栓 M36*175	120(42CrMoA)	60
	DIN6915	螺母 M36	120(35CrMoA)	
	DIN6916	垫圈 37(35CrMoA)	240	
机舱	ISO4014	螺栓 M27*305(42CrMoA)	84 塔筒与机舱 84 连接	41(臂薄型)
	DIN6916	垫圈 28(35CrMoA)		
	ISO4014	M36*320(42CrMoA)	54 机舱与轮毂 54 连接	55
	DIN125	垫圈 37(45#)		
叶片	螺母 M30		54/单支(162)	46(半加长) 46(加长)
轮毂起吊吊耳	螺栓 M30*240		10	46
变桨轴承螺栓	双头螺栓 M30*240		10	46

1）基础环的施工

基础环就位后，要及时调整好标高与水平度。基础环法兰面距基础地面高度为3m，基础环法兰面水平度误差要小于1.5mm(图6-6)。

2）基础环内平台调整

基础环内平台需要在吊装塔筒前调整好方向与标高。平台的方向由塔筒的方向决定，塔筒门背对主导风向(一般厂家建议如此)。平台的标高要求平台上平面距离基础环上表面1.18m(按照厂家安装规范要求)(图6-7)。

图 6-6　基础环的施工(1)

图 6-7　基础环的施工（2）

3）变频柜安装

变频柜运输有木箱包装，打开木箱顶部，采用 1 台 50t 吊车将变频柜吊起，注意变频柜吊出时严禁磕碰，尽量避免将变频柜表面的塑料薄膜撕坏。变频柜安装到平台上时注意安装方向(图 6-8)，正面对正塔筒门的方向。变频柜固定螺栓在柜门内，需打开柜门安装固定螺栓，待变频柜固定完毕后应将外部保护塑料重新包裹好，避免变频柜受潮或塔筒安装过程中下雨造成变频柜浸水。

图 6-8　变频柜安装

4) 第一节塔筒安装

塔筒吊装前的准备工作很重要。安装工具要事先准备齐全，如紧固螺栓用的液压扳手、电动力矩扳手、撬棍等。塔筒吊装前还需要事先在所有连接螺栓的螺扣部分涂抹二硫化钼润滑脂，防止螺栓生锈，便于以后的检修，如更换坏掉的螺栓(图 6-9)。

图 6-9 第一节塔筒安装(1)

安装塔筒需要两台吊车配合起吊(图 6-10)，这样便于将塔筒竖直，避免塔筒变形。主吊机械吊塔筒顶部 4 个吊点，塔筒底部用吊车辅助，避免其底部与地面接触变形。注意塔筒吊装时顶部主吊机械 4 个吊点在端面上必须分布均匀，避免起吊时因受力不均致使塔筒顶部法兰面变形，无法安装。

图 6-10 第一节塔筒安装(2)

5) 塔筒螺栓紧固力矩

塔筒螺栓穿装完毕后，分别用电动力矩扳手和液压扳手进行紧固。紧固螺栓应严格按照风机厂家的安装规范进行。例如某型号风机液压扳手紧固一遍力矩为 2800N·m，全部紧固完毕后用液压扳手复查一遍，力矩依旧为 2800N·m。每台风机 3 节塔筒紧固力矩相同，紧固要求也相同。力矩紧固时注意液压扳手的使用，避免挤手。

6）第二、三节塔筒安装

图 6－11、图 6－12 所示分别为第二节和第三节塔筒安装。

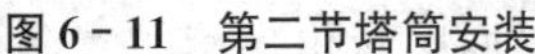

图 6－11　第二节塔筒安装

图 6－12　第三节塔筒安装

7）机舱顶部配件安装

机舱顶部气象架的安装(图 6－13)，以东汽厂家的机舱安装为例，机舱顶部气象架安装有两部风速仪，一部风向标。顶部设有避雷针。风速仪、风向标等信号线通过架管直接与机舱内电气控制柜连接。

图 6－13　机舱顶部配件安装

8）机舱吊装

各种型号的风机机舱吊点不完全一样(图 6－14)。以国产东汽风机为例，机舱内有 4 个吊点，选用两根 3.25m 与两根 3.75m 吊带进行吊装。机舱底部一般均有运输底盘，机舱微微起升离开地面后回钩使机舱底盘轻微着地，摘除连接螺栓，这样避免机舱起吊时晃动而碰撞机舱部件。

机舱离开地面后，作业人员使用 M27 的丝锥对机舱与第三节塔筒顶部连接的法兰螺

图 6-14 机舱吊装

栓孔进行清理(过丝)，清除掉螺扣内残留的一些铁锈及残渣，同时机舱在运输及现场存放时也会进入螺扣一些尘土、泥沙等。

在厂家出厂前机舱会在连接法兰面涂抹一定的防锈蜡，避免机舱安装前法兰面生锈腐蚀，主要在机舱与第三节塔筒连接、机舱与轮毂连接的法兰面较多，这些物质不利于部件安装时法兰面的结合，需清理干净。法兰面间螺栓连接完毕后，机舱轮毂等有相对运动倾向时并不是完全靠螺栓的剪切应力抗衡，主要是靠的连接面摩擦力来避免相对运动，因此法兰面必须清理干净后安装。

机舱吊装时，在头部与轮毂连接的法兰面顶部和尾部电动葫芦孔内分别拴一根长约120m、直径26mm的麻绳作为溜绳，便于作业人员在地面控制机舱的起升方向，同时避免机舱在起升过程中旋转、磕碰。

9）轮毂的摆放

轮毂连接3片桨叶，通过桨叶迎风面积的大小控制旋转速度以带动机舱内的转子发电。摆放轮毂时注意地面要坚实平整，并考虑将来3片桨叶组合时的伸展方向以及主吊机械的吊装方向。

10）桨叶组合

桨叶组合之前需将单片桨叶与轮毂的连接螺栓全部安装齐全(图 6－15)。桨叶组合吊装时有两种方式，一种是两台吊车配合吊装，抬吊桨叶根部的吊车使用两个吊钩，这样方便法兰面对接时旋转桨叶使螺栓孔对正。另一种方式是单台吊车吊装(要求厂家出厂时确定好桨叶的重心位置)，这种吊装方式要求轮毂内的法兰接口能够变桨，便于法兰对接。单台吊车组合对桨叶的卸车摆放位置要求比较宽松一些。

图 6－15　桨叶组合

桨叶组合时，作业人员注意尽量避免用手扶桨叶螺栓位置，因为安装时容易将手挤伤。除作业人员外，其他人员应远离作业场地，避免桨叶突然撞进轮毂接口时挤压人员，造成伤害。桨叶安装时，如吊点略有偏斜致使难于安装，作业人员可以进入到桨叶里面，略微压低接口，使桨叶顶部一些螺栓先进入螺孔，缓慢回钩使下面的螺栓逐渐安装完毕。桨叶与轮毂对接完毕后，作业人员在轮毂内部对桨叶连接螺栓进行紧固，紧固力矩严格按照厂家安装规程进行。

11）风轮吊装

如图 6－16 所示，轮毂离开地面后，同样需要清理与机舱对接的法兰面，将法兰面的防锈蜡及尘土等清理干净。轮毂与机舱对接的螺栓孔用 M36 的丝锥清理干净(过扣)，避免安装螺栓时里面过多的杂质致使螺栓丝扣与轮毂内部丝扣“咬死”，使得螺栓无法紧固，进而破坏轮毂或螺栓的丝扣。

风轮起吊时，用一台汽车吊配合抬吊，避免背对吊点的桨叶末端着地而损坏桨叶。风轮起吊前在吊点左右的桨叶末端安装好风绳套，并拴好溜绳，这样便于控制风轮，避免风轮起吊后转动、磕碰以致损坏设备。

3. 风电吊装质量控制要点

风机安装注意事项：塔筒安装前要对基础环水平度进行复测，基础环水平度不得大于 1.5mm，检查螺栓孔和排水孔有无堵塞。

1）塔筒安装及验收

检查所有附件是否齐全、安装好；检查塔筒门打开后是否可以固定；安全滑轨是否通畅；平台紧固装置是否完好；检查每节塔筒内的 BUS－BAR 在地面是否紧固好(注意横向即垂直方向的误差，要求横向 50m 的误差小于 2mm，垂直方向的误差小于 1mm)，塔筒

图 6-16 风轮吊装

节间的 BUS-BAR 在整体塔筒安装后紧固；必须保证每枚螺钉均按要求紧固到位；检查照明及插座是否正常。

第一节塔筒的底面要求：基础环平面＜1.5mm(复查)。第三节塔筒和机舱连接的法兰面必须是：圆周＜2mm，平面＜0.5mm(复查)。验收项目必须包含所有 BUS-BAR 测量合格，符合要求。所有连接法兰面必须清除高点/异物。第三节塔筒吊装时必须对顶端法兰进行测量，如果变形严重，要通知厂家修复后再吊，因为塔筒法兰变形后与机舱法兰不能对正，螺栓穿不进去。(在 10mm 之内可以用手拉葫芦将其纠正，直到螺栓紧固完后再松开手拉葫芦)。在穿螺栓时如果拧不动，不能强行拧，将螺栓拧出来再重新拧紧。

2）轮毂/叶片安装

叶片与轮毂的连接螺栓要提前 24h 安装完成，因为连接螺栓为双头螺栓，安装时必须量好尺寸，螺栓外留部分长度为 190mm。安装叶片，进入轮毂时必须要求安装公司穿戴新的布质鞋套，严防带入任何杂物(泥沙、杂草等)。打开控制柜取干燥剂时，必须小心，严禁野蛮拉扯，严防弄破干燥剂袋子。一旦有破损，马上用吸尘器吸取干净。工作时，必须小心，不踩及损伤任何电缆、部件(仅允许踩控制柜外壳及轮毂的边缘)。轮毂内蓄电池开关不能随意动，取掉92°限位开关(轮毂盖、限位开关固定好)。转动叶片前，必须检查是否完全，防止叶片触地损坏。在吊装轮毂前，必须确保轮毂内所有部件、电缆外观完好，同时检查变桨轴承内齿面上无污染，并涂刷润滑油脂。如果有污染，必须全面清擦干净后再涂刷润滑油脂。

3) 机舱

机舱内有多处禁止人脚踩压(有标记)，严禁踩压机舱内各处油管，严禁吸烟。机舱起吊前清除主轴法兰面防锈油，偏航、主轴刹车盘不得有油污存在，机舱与塔筒连接螺栓的螺栓孔必须清理，用丝锥进行过扣，避免在就位时螺栓穿不进去。另外塔筒存放时要做好支撑，建议使用沙袋，支撑物必须在塔筒两端，不能在塔筒中间进行支垫，以免塔筒变形。风机到货后存放时，必须保证包装完好、无破损、无漏风、漏雨。发现异常及时补救。

4) 风电吊装安全控制要点

安装叶片及轮毂吊装前测风速应小于8m/s，安装机舱测风速及安装塔筒吊装前测风速应小于12m/s。风机安装时使用的临时电源和电源线要做好保护，防止人员触电。调试通电前释放蓄电池氢气。塔筒就位后必须做好防雷接地，遇到雷雨天气时禁止靠近塔筒，如果正在塔筒内施工时，必须尽快撤离。由于主吊机械组立完成后的高度高于风机高度，必须做好防雷接地。严禁从高处向下抛洒任何物品。

攀爬塔筒时必须穿戴安全护具。当风速大于15m/s时禁止攀爬塔筒。大件吊装和双车抬时不能多人同时指挥。加强现场安全防盗工作。扇叶卸车后要及时做好防护措施，3片扇叶根部的支架要连接在一起，尾部拴好拖拉绳并固定在地锚上，这样可以缩小扇叶尾部随风摆动的范围。另外扇叶存放时最好按主导风向摆放，这样可以减小扇叶的受风面。

6.2 风力机的调试

6.2.1 概述

风力发电机组调试的任务是将机组的各系统有机地结合在一起，协调一致，保证机组安全、长期、稳定、高效率地运行。调试分为厂内调试和现场调试两部分。

调试必须遵守各系统的安全要求，特别是关于高压电气的安全要求及整机的安全要求，必须遵守风机运行手册中关于安全的所有要求，否则会有人身安全危险及风机的安全危险。调试者必须对风机的各系统的功能有相当的了解，掌握在危急情况下必须采取的安全措施。

总之，调试必须由通过培训合格的人员进行。尤其是现场调试，因为各系统已经完全连接，叶片在风力作用下旋转做功，必须小心，完全按照调试规程中的要求逐步进行。

6.2.2 厂内调试

厂内调试是尽可能地模拟现场的情况，将系统内的所有问题在厂内调试中发现、处理，并将各系统的工作状态按照设计要求协调一致。由于厂内条件的限制，厂内调试分为了两个部分：轮毂系统调试和机舱部分调试。

1. 轮毂调试

轮毂是指整个轮毂加上变桨系统、变桨轴承、中心润滑系统组成一个独立的系统。在调试时用模拟台模拟机组主控系统。调试的目的是检查轴承、中心润滑系统、变桨齿轮箱、变桨电机、变桨控制系统、各传感器的功能是否正常。

1）调试准备

调试前必须确认系统已经按照要求装配完整，系统在地面固定牢固，系统干燥清洁。变桨齿轮箱与轴承的配合符合要求。

连接调试试验柜与轮毂系统，进行通电前的电气检查，确认系统的接地及各部分的绝缘达到要求，检查进线端子处的电压值、相序是否合格。只有符合要求后才能向系统送电。

送电采用逐级送电，按照电路图逐个合闸各手动开关，并检查系统的状态是否正常。

2）轮毂调试

用计算机连接轮毂控制系统，按照调试文件进行必要的参数修改，按照调试规程逐项进行调试工作，并作完整的纪录。

主要工作如下。

用手动及程序控制逐个活动3个变桨轴，检查各部分是否活动灵活无卡涩，齿轮箱、发电机、轴承是否润滑良好，没有漏油的现象。检查变桨控制系统的状态是否正常，充电回路、过电流保护、转速测定等是否正常，并测试蓄电池充电回路的功能。

逐个活动3个变桨轴，检查各轴的角度传感器、92°及95°限位开关(风机厂家或机型不同所设定的限位角度可能不同)、各电机的电流、温度传感器等的工作是否正常，并进行角度校准。用主控制系统模拟器模拟各状态信号、指令信号等，检查变桨控制系统是否正确识别并执行。用测试软件进行各刹车程序的功能测试。检查刹车程序执行过程中的各参数是否在正常范围内。进行紧急停机程序的测试，此时应由蓄电池供电进行停机。检查刹车程序执行过程中的各参数是否在正常范围内。用测试软件进行长时间连续运行，重点检查中心润滑系统是否正常工作，各轴承、齿轮箱、电动机的润滑是否良好，没有漏油的现象发生，检查电动机外部冷却风扇的启动温度是否符合要求，并检查冷却风扇是否能够将电动机温度降低10℃以上。进行低温加热试验，用冷却剂冷却各温度传感器，检查各加热系统是否正常启动加热。

2. 机舱调试

机舱调试时，机舱内各部件、系统安装完毕，用变频电动机通过皮带驱动齿轮箱与发电机间的联轴器模拟机组的运行，用轮毂模拟器模拟轮毂变桨系统，变频器与发电机及主控系统、电网正常连接。这样来模拟系统在现场的工作状态。

1）调试准备

调试前必须确认系统已经按照要求装配完整、合格，系统在地面固定牢固，系统干燥清洁。各润滑系统、液压系统充满油。各电气系统已经按照接线图接线正确。按照《调试电气检查规程》进行通电前的电气检查，确认系统的接地、雷电保护系统及各部分的绝缘达到要求。将所有手动开关打开，将进线供电开关合闸，检查变频器进线端子处的电压值、相序是否合格。只有符合要求后才能向系统送电。

2）机舱调试

送电采用逐级送电，按照电路图逐个合闸各手动开关，并检查系统的状态是否正常，检查主控制系统的供电电压幅值与相序是否符合要求。此时，主控制系统已经正常启动，使用密码登录系统，按照控制参数清单文件将主控制系统各控制参数修改后，复位控制系统。检查状态清单中各状态值是否正常，因为是装配后的首次调试，存在各种故障是正常的。状态清单中有状态值不正常时，调试人员需要按照故障指示查找原因，逐步消除各故障，使控制系统显示正常。

按照调试规程要求逐步进行调试，并按照要求进行完整的记录，主要内容如下。

连接各辅助装置的电源，进行电压及相序的测量，分别激活齿轮箱油泵、液压系统油泵、主轴中心润滑系统、发电机轴承润滑泵，检查电机的转向是否正常，出口压力是否达到要求。对液压系统，可能需要将油路中的空气逐步排除才能建立起要求的油压。按照电路图检查各开关的过流保护设定值是否正常，按照实际情况可以调整设定值。检查齿轮箱润滑油压力是否达到要求，液压系统的压力是否达到要求。还需测试手动刹车功能是否正常。

通过修改齿轮箱冷却风扇、发电机冷却风扇的启动控制参数，检查转向是否正确，检查各开关的过流保护设定值是否正常，按照实际情况可以调整设定值。进行 10 分钟的连续运行，检查冷却风扇的振动、噪声是否符合要求。

修改各加热器的启动控制参数，启动各加热器，测试各加热电流。

取下主轴轴承处润滑进口连接管，启动主轴轴承中心润滑泵，使管路中的空气排出。直到各管子流出了润滑油脂后再连接轴承，向轴承注油。

逐个启动各偏航电机，检查偏航运动是否灵活、无卡涩。检查偏航运动的方向是否正确无误，并在主控制系统的状态菜单中检查角度、运动方向是否无误，检查调整过流保护开关的设定值，检查电气刹车功能是否正常无误。CW(顺时针)及 CCW(逆时针)运动到设定的缠绕安全链开关触发值，调整设定 CW/CCW 缠绕安全链开关触发、并检查是否正确触发、断开安全链。

风力发电机组的调试：

连接变桨控制系统的供电，检查照明、信号等是否正常。

逐个激活各安全链(安全链是风机的最后一道保护，是一组串联的常闭接线电路，安全链动作会触发风机紧急停机)的开关，检查主控制系统是否已经正常识别，并执行紧急刹车程序。

逐个激活各传感器，检查主控制系统是否已经正常识别。检查是否各传感器的功能正常。

逐个激活各输出信号，检查继电器是否正常激活。

检查各温度测量显示是否正常，必要时可以通过桥接 PT100 检查温度显示是否正常。

测试变频器与主控制系统之间的通信是否正常，用毫安表及软件测试力矩及功率因素和转速的设定值是否正常及是否被正确识别处理，必要时可以调整参数设定值。

启动驱动电机，低速约 100rpm，检查各运行部件转动是否灵活，有无卡涩。检查各转速信号是否正确显示，检查齿轮箱转速与发电机转速是否同步，齿轮箱转速与主轴转速比是否与齿轮箱速比相同。检查主控制系统测定的旋转方向是否与实际方向一致。

修改各超速跳闸值，用发电机升速，检查到设定值停机信号是否触发。

用电动机驱动系统到1200r/min左右，用调试软件启动变频器，测试调整发电机的励磁曲线值及相位同步值，观察发电机滑环接触是否良好，有无火花。此时必须按照变频器的技术要求进行。

退出变频器调试软件。用电动机驱动系统到1200r/min左右，测试机组是否能够自动并网，并用软件中的示波器录下并网的各参数曲线，检查相位差值是否符合要求，并保存数据文件。

连接加热系统的电源，检查电压及相序是否符合要求。检查各温度测点的信号是否正确显示。通过软件修改加热系统的启停参数，检查加热器是否正常运行，检查各加热器出口的风向及是否是热风。检查各加热器是否按要求停止加热。各项工作完成后，整理试验记录，检查是否有漏项及不合格项，提交完整的调试记录。厂内调试工作完成。

3. 现场调试

现场调试非常重要，尽管已经进行了厂内调试并合格，由于厂内调试条件的限制与现场的实际情况有差异，现场调试的情况与厂内不完全一样。非常重要的差别是机组的驱动由叶片进行，因此关于安全的要求必须完全遵守。

应完全按照机组的操作说明书的安全要求进行，特别注意的是关于极端情况下机组失去控制时，人没有办法使机组安全停机的情况下，应遵守“人身安全第一”的原则紧急撤离所有人员。在雷暴天气、结冰、大风等情况下不能进行机组的调试。调试人员必须熟悉机组各部件的性能，掌握在危急情况下所应采取的停机措施，熟悉所有紧急停机按钮的位置及功能。

现场不能吸烟，预防火灾的发生，知道在发生火灾等紧急情况下的逃生装置、通道。总之，现场调试必须由厂家的经过培训合格的专业技术人员进行，严禁无权操作，严禁随意操作，必须由至少两人一组互相监视安全状态。

1）调试准备

调试前检查机组的各部件已经正确安装，所有高强度螺栓均已经按照安装要求的力矩值紧固，并按照《安装质量检查手册》逐项检查无误。

进行通电前的电气检查，完成电气检查表中的所有内容，确认各系统的接地、雷电保护系统的接地、各电缆的相间绝缘及对地绝缘等均达到要求。确认风机的上级——箱式变压器的过流保护开关已经正确安装，测试调整无误。将电气及控制系统的所有手动开关打开，通过箱式变压器向机组送电。在进线端子处检查电压值及相序是否符合要求。按照电路图将变频器、轮毂变桨系统的UPS充电，保证充电24h。

2）机组调试

严格按照现场调试规程的步骤进行调试，只有每一步已经完成无误后才能进行下一步的调试工作。

调试的内容与厂内调试大致相同，不再一一重复，不同之处有以下内容。

叶片的零度调整，采用手动逐个慢转叶片，用叶片零度调整工具按照叶片的零度标记对准轮毂的零度标记，并将此时变桨系统的6个角度传感器置为零度，其余按照厂内轮毂调试的内容逐项进行。注意调试时机组应处于刹车状态，风轮安全锁应锁紧。注意观察风速，如果风速过大，应停止调试，将各叶片转到90°位置，解开风轮安全锁，人员撤离现场。

现场不做变桨系统的长期运转试验。进行安全系统试验前应完成轮毂系统的调试，在试验时应随时准备按紧急停机按钮。

6.3 风力机的维护

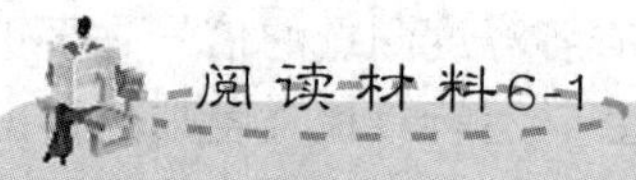

风力机维护注意事项

(1) 要经常查看风力发电机运转是否正常，如发现运转不平稳、立柱抖动、出现异常杂音，要立即停机进行维护排除。经常检查拉索松紧和铁桩的牢固程度，发现松弛应及时缩紧，不牢的要立即加固。

(2) 随时检查刹车装置是否可靠。风力发电机在高速运转时，切不可急刹车，应缓慢制动，以免损坏机件。遇到特别大风时，要暂时刹车，以避免机组遭受损坏。

(3) 风力发电机工作半年至一年时，要对机组进行一次全面的维护保养，包括：

①对回转部件进行润滑，如发电机轴承、机座回转体等。润滑保养时，把回转部位拆卸开，去掉油污，轻轻擦洗干净，重新加入润滑油后再装好。②清理检查各电器接头，使其接触良好。③拧紧风力发电机上的全部螺母，使其牢固。

(4) 蓄电池的维护保养。蓄电池是风力发电机组的重要组成部分。其维护保养有下述各点：①注意观察电压表指示值，防止蓄电池过充电和过放电。放电后要及时充电，防止极板硫化。②电解液液面要经常保持高于极板 10～15mm，如果液面下降，要及时加入蒸馏水。③蓄电池使用过程中要保持清洁。④接线夹头和蓄电池极柱必须保持紧密接触。⑤注液孔上胶塞要旋紧，胶塞上的通气孔必须保持畅通。⑥蓄电池在寒冷地区使用时不允许蓄电池完全放电，以免电解液冻结而损坏蓄电池。

资料来源：商力今．中国农机化．风力发电机的维护保养．2005.

6.3.1 基本原则

风机维护工作属于高空作业，应特别注意人身及设备安全，运行人员与检修技术人员无论何时进行风机作业，必须认真遵守下列安全规则。

(1) 在风速≥10m/s 时，勿在叶轮上工作。在风速≥12m/s 时，勿在机舱内工作。

(2) 雷雨天气，勿在机舱内工作。

(3) 在风机上工作时，应确保此期间无人在塔架周围滞留。

(4) 工作区内不允许无关人员停留。

(5) 在吊车工作期间，任何人不得站在吊臂下。

(6) 在塔架及机舱内不能单独工作。

(7) 平台窗口在通过后应当立即关闭。

(8) 工作过程中应注意用电安全，防止触电。在进行与电控系统相关的工作之前，断开主控开关以切断电源，并在门把手上挂警告牌。

(9) 不允许带电作业，如果某项工作必须带电作业，只能使用特殊设计的并经批准可使用的工具工作，并将裸露的导线作绝缘处理。

(10) 地面与机舱内同时有人工作时，应通过对讲机相互联系。

(11) 使用提升机吊运物品时，勿站在吊运物品的正下方。

6.3.2 齿轮箱的维护

1. 概述

风力发电齿轮箱的作用是将风力带动的桨叶经齿轮箱增速后传给发电机发电，齿轮箱是风力发电动力传递的核心装置，齿轮箱一旦出了问题，整台发电设备将处于瘫痪状态，齿轮箱处在几十米的高空，维修吊装极其困难。由于齿轮箱使用工况很不稳定，环境极其恶劣，而且每年要300天以上持续运行，所以对齿轮箱及时有效的维修及定期全面检查是极为重要的工作。

风力发电机齿轮增速箱是由一级直齿行星传动和两级平行轴斜齿轮组成的二级传动。叶轮轴与齿轮箱成为一体，由一个自动压力循环系统保证齿轮及轴承的润滑。在运行期间润滑系统是一直工作的，在停机期间作间隙运行。

齿轮箱的润滑为强制润滑系统，设置有油泵、过滤器，箱体作为油箱使用，油泵从箱体抽油口抽油后经过过滤器，再通过管系将油送往齿轮箱的轴承、齿轮等各个润滑部位；还设置有电加热器、测油温的热电阻PT100、油位传感器、压力传感器等，以适于地面监控。

2. 漏油问题

常见的漏油问题有3类：①油管、接头处漏油；②空心轴滑环处漏油；③空心轴内部漏油。

针对各种具体情况，总结如下：油管、接头处漏油。包括低速端漏油、传感器处漏油、加热器处漏油、润滑油路油管接口处漏油、管子压套处漏油、冷却器管接头漏油等。

这种情况一般是由于气候环境(热胀冷缩)、运行工况(齿轮箱整体在70m高空震动剧烈)恶劣等影响，导致螺纹管接口处松动产生渗油现象。

风机现场处理方案：打压检查齿轮箱漏油点，并作标记(若遇到润滑油管质量问题则及时更换新件)；卸压后拆开密封部位并擦拭漏油处；涂抹密封胶或生胶带，然后重新把合牢固；待密封胶晾干后启机打压检查漏点。

3. 齿轮质量问题

常见的齿轮质量问题有行星轮齿面损坏、太阳轮齿面损坏、高速齿轮轴齿面损坏、大齿轮齿面损坏等，分析原因为齿轮齿面热处理渗碳淬火不符合。现场表现为齿轮箱整体出现异常响声和震动。针对各种具体情况处理方案如下。

1) 高速齿轮轴齿面损坏(图6-17)，风场现场处理方案

电气人员配合停机并锁紧轮毂，将制动盘刹车。

图6-17 高速齿轮轴齿面损伤

安装好拆卸工具，并拆下主轴联轴器，然后拆开刹车器和制动盘。

打开行星轮视孔盖，用千斤顶顶住高速齿轮轴，并检查相关齿轮齿面情况。

利用机舱内吊车更换一件新的高速齿轮轴。

利用工具拆下损坏的齿轮轴，将新的高速齿轮轴安装到位，并按顺序回装各零件。

用磁棒将沉于箱体中的断屑吸出后松开轮毂启机检查。

拆卸工具，清理现场。

2）太阳轮齿面损伤，风机现场处理方案

停机并锁紧轮毂，将制动盘刹车，然后拆卸安装在空心轴上的线缆及接头等电器元件，在电线上作不同标记便于回装。

钳工按照顺序拆卸连接套、油泵、轴承盖、大齿轮、圆螺母及轴承等零件。

将工具螺杆旋入太阳轮断面 M16 螺孔内，把太阳轮沿空心轴向外拉出。

利用机舱内吊车更换一件新的太阳轮，并用工具螺杆将太阳轮沿空心轴推入，安装到位，然后按顺序回装各零件。

用磁棒将沉于箱体中的断屑吸出后松开轮毂启机检查，并清理现场。

行星轮、大齿轮齿面损坏。由于风机机舱内空间较小，无法现场更换齿轮，故需要整机吊回进行修复。

4. 油压低问题

通过控制柜面板观察各种温度数据，确定风机现场处理方案。

停机 20 分钟以后观察箱体上油标，确认油量，若油量不足则及时补充油脂。

1）一般检查处理方案

单独打开电机泵：①若电机泵压力正常，在 5～8bar，报警入口油压低，则电机泵和单向阀没问题，应为过滤器滤芯堵塞，检查并清洗或更换滤芯（滤芯使用半年后需要清理杂质或更换新件）；②若电机泵油压偏低，则检查单向阀是否有异物堵塞或磨损，根据情况现场清理或更换备件；③若电机泵无油压，需检查电机是否转动，泵齿轮是否损坏，排气孔是否堵塞，根据各种情况一一处理。

2）在低速或启动时油压报警，但运行时正常

确认泵停机启动程序是否按齿轮箱油压参数设定及控制：启动时润滑压力≥0.5bar；运行时，润滑压力报警为 0.9bar，停机为 0.7bar；电机泵切换设置为：润滑压力≤1.5bar，电机泵启动；润滑压力≥3.5bar，电机泵停止。

3）电机泵正常，但启机后泵压较低，需检查机械泵是否损坏

机械泵确认正常，但油压偏低，检查润滑油黏稠度及油温是否正常，确认风扇是否按双重要求设置温度工作。若箱体内部个别润滑油孔偏大，也会导致油压偏低，这时需要更换大流量电机。

机械泵流量大，电机泵流量小，机械泵和电机泵配合使用是目前国外流行的设计方式。油泵停机后再重新启动时，按照油泵使用通用要求，需先启动电机泵，运行 10～30 分钟，保证油管内空气排除，油压正常后才能启动齿轮箱。

5. 轴承温度异常

轴承温度异常主要表现为高速轴前、后轴承温度过高导致停机。主要原因是：第一，轴承处润滑油量较小；第二，轴承与传感器有轻微摩擦产生高温。

风机现场处理方案：检查油路是否畅通(若油泵中有脏东西堵塞则现场清理干净)；观察轴承处润滑油油量大小，通过清理铁屑或取下轴承处喷嘴提高供油量，达到降温效果；确保准确测量温度的前提下，将传感器提高 2～3mm，加铜垫避免产生摩擦来降低轴承温度。

6. 太阳轮轴向窜动

太阳轮轴向窜动主要是指太阳轮处轴向窜动 2～3 mm，表现为间歇性冲击响声。主要原因是定距环太薄或锁紧螺母未锁紧。

风机现场处理方案：检修人员配合停机并锁紧轮毂，将制动盘刹车，然后拆卸安装在空心轴上的线缆及接头等电器元件，在电线上作不同标记以便于回装；按照顺序拆卸连接套、油泵、轴承盖、大齿轮等零件；检查并把合锁紧圆螺母到位；按顺序回装各零件，松开轮毂启机检查并清理现场。

7. 齿轮箱油滤清器的维护

该滤清器的维护主要是更换阻塞的过滤器芯，过滤器芯的精度为 30μm。更换过滤器芯的时间间隔不固定，它依赖于过滤器芯的饱和程度。当滤清器进油口和出油口之间的压力差达到 2bar 时，说明过滤器芯已经处于饱和状态，再没有能力过滤齿轮油，滤清器上安装的压差传感器动作，向系统处理器发出信号，TAC 控制器显示“91 Gear oil filter”，表示过滤器芯需要更换(如果润滑油的温度低于 55℃，显示警告信息，当油温高于 55℃表示是故障)。必须在出现故障后的 120h 内进行更换，如果超出 120h 的时限，齿轮传动系统会自动关闭，只有当故障清除后齿轮传动系统才能再次开启。为了安全运行，滤芯使用 12 个月后必须更换。

目测检查齿轮传动机构是指每次到机舱都必须对齿轮传动机构进行一次目测检查，工作人员须完成以下工作。

(1) 所有的外部元件或从外部可见的部件都必须检查是否有泄漏。如有必要应紧固连接螺母或螺栓。

(2) 在齿轮箱停止时，必须检查油位(油窗的中间位置，温度 20℃时)。如需要，须将油位恢复正常。由于油温度的变化，油位可能上下移动。

(3) 检查油漆是否剥落，如需要则补上。

(4) 检查为监测装置和齿轮油电机提供电源的线路有无损坏。如必要，则进行正确的维护。

6.3.3 发电机的维护

1. 运行期间的检查

电机在运行时要注意它的清洁，绝不允许有水、油或其他杂物进入电机内。滚动轴承应在累计使用 2000h 后更换润滑脂，鉴于风力发电机的运行特点，每隔半年加一次润滑脂。

润滑油脂的加油量不应过多或过少，润滑脂过多将导致轴承的散热条件变差，润滑脂过少则会影响轴承的正常润滑，这两种情况都将使轴承的温升较高，如果温度过高会引起润滑脂的分解，不利于轴承的运行。每次加油之后需清理溢出的旧润滑脂，注意观察油脂的颜色，如果颜色异常要及时采取处理措施。

运行人员每次上至机舱内，如果发电机正在运转，须仔细聆听发电机及其前后轴承的声音，若有异常声音要及时提出书面报告，如果轴承需要加注润滑脂则必须及时进行。如果轴承用汽油或专用清洗液进行了清洗，在加油前必须进行烘干，否则加注润滑油脂后形成不了均匀的油膜，不利于轴承的润滑，发电机运行很短时间就要重新加注新油。

每逢风机检修，必须检查所有螺栓的紧固程度，特别注意发电机轴头与安全离合器以及安全离合器与万向联轴器等转动部分的连接螺栓。注意观察发电机的负载情况，如果电机长期过电流运行将会影响电机的寿命，以致损坏电机。定时作好运行记录及记录结果的分析，详细、系统的记录是及早发现电机故障的有力措施，因此风机的运行记录及记录结果分析是非常重要的。

2. 发电机的故障及排除

1）电机不启动

原因可能是接线有误、线电压不符、定子绕组故障。应检查控制部分接线是否正确，检查电机接线端子线电压是否为690V或是在690V的95%～105%范围内，检查过载保护(保险丝)是否断开，检查电机定子线圈是否开路、短接或有接地现象，检查电机的转子、齿轮箱(原动机)以及发电机和齿轮箱的连接部分是否有锁住现象，检查发电机气动控制部分是否有故障。

2）发电机过热

发电机的温度监测有发电机绕组和发电机轴承两方面，发电机过热通常指的是发电机绕组温度过高，超过电机绝缘等级对应的最高绝对温度值。发电机侧线电压过高或过低、电机过载、冷却介质量不足、冷却介质温度过高(运行环境温度超过40℃)、线圈匝间短路等都可能导致发电机过热。应检查电压是否与电机铭牌相符，检查发电机负荷大小，检查二相电压是否平衡，检查环境温度是否超过标准值，检查风口(风扇)附近是否有发热体，检查绕组二相电阻是否平衡。

3）电机轴承过热

原因可能是润滑脂牌号不对或轴承损坏。润滑脂过多或过少，润滑脂内混有杂物，转轴弯曲，轴向力过大，轴电流通过轴承油膜，轴承损伤等都会造成发电机轴承过热。应检查润滑脂牌号是否与维护手册规定的相符，检查润滑脂量是否合适，检查润滑脂质量，检查转轴是否弯曲，检查联轴器是否产生轴向力。条件允许的情况下测试轴电压大小，分析轴承运转声音，检查轴承。

4）电机的振动

原因可能是机组轴线没有对准，电机在基础上位置不正，转轴弯曲，联轴器不平衡，转子鼠笼条断开等。应检查电机安装质量，检查电机转子与联轴器的不平衡程度，条件允许的情况下检查电机转子鼠笼条是否损坏。

5）绝缘电阻低

原因可能是绕组表面不干净，空气湿度大，因空气温度变化大使绕组表面凝聚水滴，绝缘老化等。应给加热器供电烘干发电机内部，条件允许则清洁电机内部，检查电机绕组是否有机械损伤。

6.3.4 偏航系统的维护

目前国内大多风力发电机组的偏航采用主动对风形式。在机舱后部有两个互相独立的传感器——风速计和风向标，当风向发生变化时，风向标将检测到风机与主风向之间的偏差，控制器将控制偏航驱动装置，转动机舱对准主风向。

偏航系统主要包括 2～4 个偏航驱动机构、一个经特殊设计的带内齿圈的四点接触深沟球轴承、偏航保护以及一套偏航刹车机构。偏航驱动机构包括一个偏航电机、一个减速比为 1590 的 4 级行星减速齿轮箱、一个用于调整啮合间隙的偏心盘和一个齿数为 14 的偏航小齿轮。

偏航刹车分为两部分，一为与偏航电机轴直接相连的电磁刹车，另一为液压闸。在偏航刹车时，由液压系统提供约 120～140bar 的压力，使与刹车闸液压缸相连的刹车片紧压在刹车盘上，提供制动力。偏航时，液压释放但保持 15～30bar 的余压，这样，偏航过程中始终保持一定的阻尼力矩，大大减少风机在偏航过程中的冲击载荷，避免齿轮破坏。

6.3.5 机组常规巡检

1. 安全事项

日常保养维护时需携带的工具及辅材：头灯、小工具包一个(内装螺丝刀、斜口钳、裁纸刀等常用工具)、用于缠绕电缆保护橡胶片扎紧的较大些的塑料扎带、照相机(用于拍摄异常现象)。保养维护结果需填写在“风力发电机日常保养维护记录表”中。巡视、日常保养维护时，必须两人(含两人)以上同行或操作。雷雨天气时，禁止靠近风机。当风速大于 15m/s 时，禁止攀爬塔筒。攀爬塔筒时必须穿戴全套安全护具。任何操作作业，必须符合风机厂家的安全要求。

2. 塔基

保持塔基水泥地基的清洁是非常必要的，每月清理一次塔筒周边杂物。遇有雨雪天气后，应及时将塔基周围的积水排除，同时应做好防洪设施。

定期清洁塔基、塔筒内部变频器，平台上和平台下塔筒底部的所有杂物，并用吸尘器仔细吸取所有部位的灰尘。变频器对工作环境要求比较高。变频器内部有很多电子元器件，电子元器件在恶劣环境条件下使用，会发生腐蚀和其他环境效应，从而降低电子设备的使用可靠性，特别是电子元器件的微电子化、高集成化和高密度装配，以及电子线路的高阻抗和放大的特性，工作环境对电子元器件的物理性能和机械性能更容易产生影响。所以保证变频器的工作环境是非常必要的。

3. 箱变

检查箱变护栏(如果有的话)是否有破损，有则维修。同时检查箱变箱体或外壳有无异常(如破损、裂缝、漏水等)。进行以下工作前，必须先按变频器上的手动停机按钮。箱变主断路器(万能断路器)除了能在电网故障时保护风机外，还起到保护箱变自身的作用。主断路器供电电源是否正常，直接影响到断路器的动作是否准确。所以在检查箱变时还应检查主断路器的供电电源。

4. 塔筒

塔筒是保障风机安全的第一个环节，也是最重要的环节之一。检查塔筒时应检查各节塔筒的每颗固定螺栓的定位线是否偏移。检查塔筒爬梯时，主要观察爬梯的固定螺栓是否松动，爬梯接口处的链接件是否完好。对助爬器钢丝绳的检查也是非常重要的一项内容，应检查钢丝绳是否松动，有无卡涩，是否有断股毛刺和断裂现象。每次攀爬塔筒时，检查照明灯，如有损坏，应及时更换灯管。

5. 电缆缠绕平台

观察电缆缠绕情况，如果发现电缆因缠绕严重变形，或电缆外表异常，及时通知风机厂家(质保期内)或通知维修部门。检查电缆保护橡胶片是否脱落，如果脱落，重新用扎带扎上；如果磨损严重，应及时更换。电缆磨损会造成短路、放电闪络、相间短路，严重的情况会引起线路大电流接地、发电机烧毁、风机起火等重大事故。

6. 偏航刹车平台

检查平台及刹车器上有无油污，如有，则检查漏油点，是接口漏油则用工具紧固并清洁。如果无法查到漏油点，向风机厂家报告(保质期内)或通知维修部门。检查刹车盘上、下表面有无油污，各压力油管接头处、刹车底面处有无油脂漏、溢出。检查主轴润滑泵内的油脂量，每次检查应将油位记录下来，以便下次检查时进行对比参照。

7. 机舱

观察齿轮箱有无漏油(从底部有无油迹可以看出)，有则检查漏油点并紧固，然后清洁。检查偏航开式齿轮有无锈迹，润滑是否良好，如有，则刷润滑油脂。检查各偏航电机齿轮箱有无漏油，记录油位，如果缺油，应及时加注润滑油。检查发电机轴承润滑油泵内的油脂量，并按润滑油泵检测键，检查润滑油泵是否能正常运转。

8. 轮毂

在进入轮毂时，首先应查看当时风速是否在规定风速范围内，当风速大于 12m/s 时，必须用风轮用机械锁锁好。进入轮毂后，观察叶片轴承有无溢出的油脂，集油盒及集油袋是否已经充满油脂，有则检查集油盒及集油袋是否完整，并进行油脂的清理。检查照明灯，有损坏的应及时更换灯管。检查变桨电机齿轮箱与电机结合处有无油脂溢出，有则紧固螺钉并清洁。检查叶片变桨轴承润滑油泵内的油脂量，并按润滑油泵检测键，检查润滑油泵是否能正常运转。检查轮毂壳体有无裂纹。

9. 离开

离开轮毂时，必须检查风轮机械锁是否松开，并是否松倒位。离开机舱前，应将轮毂照明灯电源关掉，吊车铁链收到最小位置，收起工具及垃圾杂物，关闭通风窗，松开风机刹车。为确保风机能正常起机，离开前还应对风机进行试起机，然后退出风机控制系统。从塔筒上下来，确认所有工作人员已全部回到变频器所在平台，将风机复位。此时风机将正常启动，观察风机的运行状态，当并网正常发电后，关闭照明开关才可离开。

思考题

1. 简述并网型风力发电系统的主要工艺流程。
2. 简要说明风力发电机场内、现场调试的作用和意义。
3. 风力机维护注意事项和基本原则有哪些？
4. 试述齿轮箱故障的主要类型和基本处理方法。

第7章 并网风力发电系统

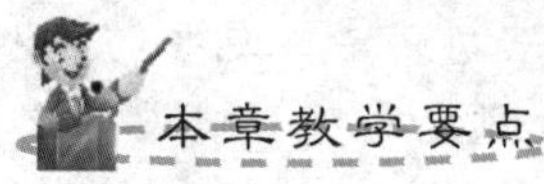

知识要点	掌握程度	相关知识
风电场址的选择和风电机组的排列	了解风电场建设时场址选择的考虑因素； 了解风电机组排列方式对风能利用的影响	风电场系统优化的研究现状
风电场运行	了解风电场运行方式的特点	风电场一次设备的组成特点及风机控制系统基础
海上风力发电现状	了解海上风力发电现状及我国海上风电发展现状	我国海上风电机组技术研究进展

导入案例

龙源电力(集团)股份有限公司如东150MW海上(潮间带)示范风电场一期并网发电

龙源电力(集团)股份有限公司日前在京宣布，其江苏如东150MW海上(潮间带)示范风电场一期工程99.3MW于近日投产发电。加上此前较早时候投产的如东32MW(潮间带)试验风电场，龙源电力在如东县建成了总装机容量达131.3MW的全国规模最大的海上风电场。

据统计，按照目前投产容量，龙源电力海上(潮间带)风电场年上网电量约3.3亿kW时，每年可节约标准煤9.7万t，减排二氧化碳26.7万t，减排二氧化硫1940t，节约用水94万t。

“我国海上风电资源十分丰富，近海浅水海域资源可开发量约2亿kW。海上风电无疑是未来我国风电发展的一个重要方向。”龙源电力总经理谢长军告诉记者，龙源电力率先涉足海上风电领域，特别是在如东150MW海上(潮间带)示范风电场项目建设中，探索积累了丰富的海上风电建设管理经验，锻炼出了一支团结合作、敢打硬仗的员工队伍，为后续大规模开发海上风电打下了坚实的基础。

资料来源：http：//www.ewise.com.cn/Company/201201/fadian091117.htm

7.1 风电场址的选择和风电机组的排列

7.1.1 风电场场址的选择

风能资源评估是整个风电场建设、运行的重要环节，是风电项目的根本，对风能资源的正确评估是风电场建设取得良好经济效益的关键。有的风电场建设因风能资源评价失误，建成的风电场达不到预期的发电量，造成很大的经济损失。因此，风电场的风能评估是至关重要的。风能资源评估包括3个阶段：区域的初步甄选、区域风能资源评估及微观选址。

1. 区域的初步甄选

建设风电场最基本的条件是要有能量丰富，风向稳定的风能资源。区域的初步甄选是根据现有的风能资源分布图及气象站的风资源情况结合地形，从一个相对较大的区域中筛选较好的风能资源区域，到现场进行踏勘，然后结合地形地貌和树木等标志物在万分之一地形图上确定风电场的开发范围。

建设风电场应考虑到，风电与当地火电互补，改善本地区电网能源结构，同时带动该地区的经济发展等方面。不仅发挥新能源较好的经济效益，而且也体现其显著的社会效益。

2. 区域风能资源评估

建设风电场最基本的条件是要有能量丰富、风向稳定的风能资源，选择风电场场址时应尽量选择风能资源丰富的场址。对测风资料进行三性分析，包括：代表性、一致性、完整性。测风时间应保证至少一年，测风资料有效数据完整率应满足大于90%，资料缺失的时段应尽量小(小于一周)。

现有测风数据是最有价值的资料，中国气象科学研究院和部分省区的有关部门绘制了全国或地区的风能资源分布图，按照风功率密度和有效风速出现小时数进行风能资源区划，标明了风能丰富的区域，可用于指导宏观选址。有些省区已进行过风能资源的测量，可以向有关部门咨询，尽量收集候选场址已有的测风数据或已建风电场的运行记录，对场址风能资源进行评估。

现在风电厂建设的测风数据主要通过现场测风塔直接进行1～3年的当地气象数据的收集，包括：风电场区域10m、30m、50m、60m、61.5m、65m、70m、80m高度全年平均风速，平均风功率密度，风功率日变化曲线图，风电场区域主导风向和频率，次主导风向和频率，风能密度最大方向和频率，风能密度次大方向和频率，风电场测站全年风速和风功率年变化曲线图，风能玫瑰图，风电场测量站的风切变系数、实测气温、气压数据(计算该风电场空气密度)、湍流强度、粗糙度。通过与长期站的相关计算整理一套反映风电场长期平均水平的代表数据。

持续低温对风电机组的正常运行、设备可靠性、发电量等都有一定影响，所以机型选择时应考虑这些情况。另外，根据当地气象站资料，应测算该地区多年平均年雷电天数，必要时风机应必须具有可靠的防雷保护系统。

根据《风电场风能资源评估方法》(GB/T 18710—2002)，提供的标准风电场风功率密度等级达到3级，才具有开发价值。

3. 微观选址

目前，国内微观选址通常采用国际上较为流行的风电场设计软件WASP及Wind Farmer进行风况建模。建模过程如下，根据风电场各测量站订正后的测风资料、地形图、粗糙度，利用轮毂高度的风资源栅格文件满足精度及高度要求的Wind Farmer软件的3个输入文件，包括：轮毂高度的风资源栅格文件、测风高度的风资源栅格文件及测风高度的风资源风频表文件。

采用关联的方法在Wind Farmer软件中输入WASP软件形成的3个文件，输入三维的数字化地形图(1∶10000或1∶5000)，地形复杂的山地风电场应采用1∶5000地形图，输入风电场空气密度下的风机功率曲线及推力曲线，设定风机的布置范围及风机数量，设定粗糙度、湍流强度、风机最小间距、坡度、噪声等，考虑风电场发电量的各种折减系数，采用修正PARK尾流模型进行风机优化排布。

根据优化结果的坐标，利用GPS到现场踏勘定点，根据现场地形地貌条件和施工安装条件进行机位微调，并利用GPS测得新的坐标，然后将现场的定点坐标输入Wind Farmer中，采用黏性涡漩尾流模型对风电场每台风机发电量及尾流损失精确计算。

一个预选风电场的开发，在过程之初就要充分收集和掌握风能资源和合理布置测风点，以便更客观地评价风电场的风资源情况。风能资源评估是基础，风能资源决定发电量，发电量决定项目效益，效益决定项目的风险和成败。在风电场微观选址中要采用 Wind Farmer 软件对风电场进行优化设计。

7.1.2 风电机组选型和布置

根据目前国内市场上成熟的商品化风电机组技术规格、生产运行情况，并结合本风电场的风况和地形等特征以及机组安装和设备运输条件，初选几种同系列代表机型，用 WASPB.3 软件和 Wind Farmer3.6.0 软件对所选机型布置方案进行优化。

通过对几种机型在机组基本参数、年上网电量、效满负荷运行小时数、土地利用、经济因素等多方面的比较，选择适合当地风况的机型。

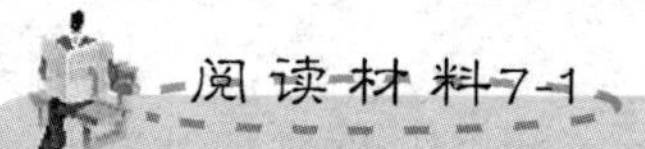

优化风电机组排列位置可大大提高风电场输出功率

在接近地面的高度，最大限度地发挥它的能量收集效率。与离地面 100 英尺的高度相比，30 英尺的高度风吹的能量要小得多，但是，全球离地面 30 英尺高度可利用的风能，比世界用电量高数倍以上，这意味着采用更小更便宜、环境干扰也小的风轮机，也可以得到足够的能量，只要是适当的风轮机以正确的方式排列就行。

垂直轴风轮机是理想的，因为它们可以放置得彼此非常接近。这让它们可以捕捉到几乎所有的风能，甚至风电场上方的风能，让每个风轮机的转动方向都和邻近的风轮机相反。研究人员发现，这也提高了它们的效率，也许是因为反向旋转减少了对每个风轮机的拉力，使它们旋转速度更快。

试验表明，安排一个阵列中所有涡轮机间隔都是 4 个涡轮机直径那么远(大约 5m，或约 16 英尺)，就可以完全消除相邻涡轮机之间的气动干扰。相比之下，消除螺旋桨式风力涡轮机之间的气动干扰，需要使它们的间距达到约 20 个直径那么远，这意味着在目前使用的最大风力涡轮机之间，要有超过 1 英里的间距。

资料来源：http：//www.escn.com.cn/2011/0822/44734.html，2011

7.2 风电场运行

7.2.1 风电场运行概况

目前，国内风力发电机组的单机容量已从最初的几十千瓦发展为今天的几百千瓦甚至兆瓦级。风电场也由初期的数百千瓦装机容量发展为数万瓦甚至数十万千瓦装机容量的大型风电场。随着风电场装机容量的逐渐增大，以及在电力网架中的比例不断升高，对大型风电场的科学运行、维护管理逐步成为一个新的课题。

风电场运行维护管理工作的主要任务是通过科学的运行维护管理，来提高风力发电机组设备的可利用率及供电的可靠性，从而保证电场输出的电能质量符合国家电能质量的有关标准。风电场的企业性质及生产特点决定了运行维护管理工作必须以安全生产为基础，以科技进步为先导，以设备管理为重点，以全面提高人员素质为保证，努力提高企业的社会效益和经济效益。

风电场运行工作的主要内容包括两个部分，分别是风力发电机组的运行和场区升压变电站及相关输变电设施的运行。工作中应按照 DL/T 666—1999《风力发电场运行规程》的标准执行。

7.2.2 风力发电机组的运行

风力发电机组的日常运行工作主要包括：通过中控室的监控计算机，监视风力发电机组的各项参数变化及运行状态，并按规定认真填写《风电场运行日志》。当发现异常变化趋势时，通过监控程序的单机监控模式对该机组的运行状态连续监视，根据实际情况采取相应的处理措施。遇到常规故障，应及时通知维护人员，根据当时的气象条件检查处理，并在《风电场运行日志》上作好相应的故障处理记录及质量记录。对于非常规故障，应及时通知相关部门，并积极配合处理解决。

风电场应当建立定期巡视制度，运行人员对监控风电场的安全稳定运行负有直接责任。应按要求定期到现场通过目视观察等直观方法对风力发电机组的运行状况进行巡视检查。应当注意的是，所有外出工作(包括巡检、启停风力发电机组、故障检查处理等)出于安全考虑均需两人或两人以上同行。检查工作主要包括风力发电机组在运行中有无异常声响、叶片运行的状态、偏航系统动作是否正常、塔架外表有无油迹污染等。巡检过程中要根据设备近期的实际情况有针对性地重点检查故障处理后重新投运的机组，重点检查启停频繁的机组，重点检查负荷重、温度偏高的机组，重点检查带“病”运行的机组，重点检查新投入运行的机组。若发现故障隐患，则应及时报告处理，查明原因，从而避免事故发生，减少经济损失。同时在《风电场运行日志》上作好相应巡视检查记录。

当天气情况变化异常(如风速较高，天气恶劣等)时，若机组发生非正常运行，巡视检查的内容及次数由值长根据当时的情况分析确定。当天气条件不适宜户外巡视时，则应在中央监控室加强对机组的运行状况的监控，通过温度、出力、转速等的主要参数的对比，确定应对的措施。

7.2.3 输变电设施的运行

由于风电场对环境条件的特殊要求，一般情况下，电场周围自然环境都较为恶劣，地理位置往往比较偏僻。这就要求输变电设施在设计时就应充分考虑到高温、严寒、高风速、沙尘暴、盐雾、雨雪、冰冻、雷电等恶劣气象条件对输变电设施的影响。所选设备在满足电力行业有关标准的前提下，应当针对风力发电的特点力求做到性能可靠、结构简单、维护方便、操作便捷。同时，还应当解决好消防和通信问题，以便提高风电场运行的安全性。

由于风电场的输变电设施地理位置分布相对比较分散，设备负荷变化较大，规律性不强，并且设备高负荷运行时往往气象条件比较恶劣，这就要求运行人员在日常的运行工作中应加强巡视检查的力度，在巡视时应配备相应的检测、防护和照明设备，以保证工作的正常进行。

7.3 风电场与电力系统

7.3.1 风电场接入电力系统技术规定

风电场接入电网基本要求应符合下列要求。

(1) 对于已经取得政府核准的风电场开发项目，电网部门要加快电网建设，保证配套送出工程和风电场项目同步建成投产。

(2) 为便于风电场的运行管理与控制，简化系统接线，风电场到系统公共连接点的送出线路可不必满足“$N-1$”要求。

1. 风电场有功功率

风电场并网运行后，有义务依据《节能发电调度办法》规定的原则，按照调度指令参与电力系统的调频、调峰和备用。

1) 基本要求

风电场应配置有功功率控制系统，具备有功功率调节能力并符合下列要求。

(1) 风电场有功功率具有在场内所有运行机组总额定出力的20%至实际运行点(最大为100%)的范围内连续平滑调节的能力，并利用在此变化区间内的调节能力参与系统有功功率控制。

(2) 接收并自动执行调度部门发送的有功功率及有功功率变化的控制指令，确保风电场有功功率及有功功率变化按照调度部门的给定值运行。

2) 有功功率变化

风电场有功功率变化包括1min有功功率变化和10min有功功率变化。在风电场并网以及风速增长过程中，风电场有功功率变化应当满足电力系统安全稳定运行的要求，其限值应根据所接入电力系统的频率调节特性，由电力系统调度部门确定。风电场有功功率变化限值的推荐值可参考表7-1，该要求也适用于风电场的正常停机，允许出现因风速降低或风速超出切出风速而引起的风电场有功功率变化超出有功功率变化最大限值的情况。

表7-1 风电场有功功率变化最大限值

风电场装容量/MW	10min有功功率变化最大限值/MW	1min有功功率变化最大限值/MW
<30	10	3
30～150	装机容量/3	装机容量/10
>150	50	15

3) 紧急控制

在电力系统事故或紧急情况下，风电场应根据电力系统调度部门的指令快速控制其输出的有功功率，必要时可通过安全自动装置快速自动降低风电场有功功率或切除风电场。此时风电场有功功率变化可超出调度部门规定的有功功率变化最大限值。紧急控制功能应符合下列要求。

(1) 电力系统事故或特殊运行方式下要求降低风电场有功功率，以防止输电设备过载，确保电力系统稳定运行。

(2) 当电力系统频率高于50.2Hz时，按照电力系统调度部门指令降低风电场有功功率，严重情况下切除整个风电场。

(3) 在电力系统事故或紧急情况下，若风电场的运行危及电力系统安全稳定，允许电力系统调度部门暂时将风电场切除。

(4) 事故处理完毕，电力系统恢复正常运行状态后，电力系统调度部门应允许风电场尽快并网运行。

4) 风电场功率预测

风电场应配置风电功率预测系统，系统具有0～48h短期风电功率预测，以及15min～4h超短期风电功率预测功能。功率预测应符合下列要求。

(1) 风电场每15min自动向电力系统调度部门滚动上报未来15min～4h的风电场发电功率预测曲线，预测值的时间分辨率为15min。

(2) 风电场每天按照电力系统调度部门规定的时间上报次日0～24h风电场发电功率预测曲线，预测值的时间分辨率为15min。

(3) 风电场并网运行前需完成功率预测系统的安装调试。

2. 风电场无功容量

1) 无功电源

无功电源应符合的要求

(1) 风电场的无功电源包括风电机组及风电场无功补偿装置。

(2) 风电场要充分利用风电机组的无功容量及其调节能力；当风电机组的无功容量不能满足系统电压调节需要时，应在风电场集中加装适当容量的无功补偿装置，必要时加装动态无功补偿装置。

2) 无功容量配置

风电场的无功容量应按照分(电压)层和分(电)区基本平衡的原则进行配置，并满足检修备用要求。无功容量配置应符合下列要求。

(1) 对于直接接入公共电网的风电场，其配置的容性无功容量能够补偿风电场满发时汇集线路、主变压器的感性无功及风电场送出线路的一半感性无功之和，其配置的感性无功容量能够补偿风电场送出线路的一半充电无功功率。

(2) 对于通过220kV(或330kV)风电汇集系统升压至500kV(或750kV)电压等级接入公共电网的风电场群中的风电场，其配置的容性无功容量能够补偿风电场满发时汇集线路、主变压器的感性无功及风电场送出线路的全部感性无功之和，其配置的感性无功容量能够补偿风电场送出线路的全部充电无功功率。

(3) 风电场配置的无功装置类型及其容量范围应结合风电场实际接入情况，通过风电场接入电力系统无功电压专题研究来确定。

3. 风电场电压控制

1) 电压控制

电压控制应符合的要求如下：

(1) 风电场应配置无功电压控制系统，具备无功功率及电压控制能力。根据电力系统调度部门指令，风电场自动调节其发出(或吸收)的无功功率，实现对并网点电压的控制，其调节速度和控制精度应能满足电力系统电压调节的要求。

(2) 当公共电网电压处于正常范围内时，风电场应当能够控制风电场并网点电压在额定电压的97%～107%范围内。

(3) 风电场变电站的主变压器应采用有载调压变压器，通过调整变电站主变压器分接头控制场内电压，确保场内风电机组正常运行。

2) 风电场低电压穿越

基本要求为对于风电装机容量占电源总容量比例大于5%的省(自治区)级电力系统，其电力系统区域内新增运行的风电场应具有低电压穿越能力。风电场的低电压穿越要求应符合图7-1及下列规定。

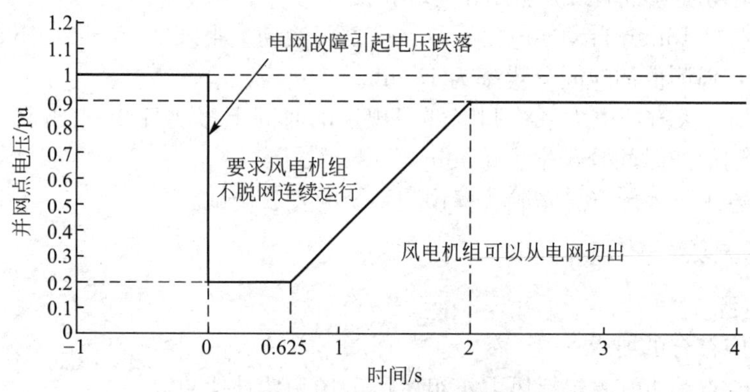

图7-1　风电场低电压穿越要求

(1) 风电场并网点电压跌至20%额定电压时，风电场内的风电机组能够保证不脱网连续运行625ms。

(2)风电场并网点电压在发生跌落后2s内能够恢复到额定电压的90%时，风电场内的风电机组能够保证不脱网连续运行。

电力系统发生不同类型故障时，对风电场低电压穿越的要求如下。

(1)当电力系统发生三相短路故障引起并网点电压跌落时，风电场并网点线电压在图7-1中电压轮廓线及以上的区域内时，风电机组必须保证不脱网连续运行；风电场并网点任意线电压低于或部分低于图7-1中电压轮廓线时，允许风电机组切出。

(2) 当电力系统发生两相短路故障引起并网点电压跌落时，风电场并网点线电压在图7-1中电压轮廓线及以上的区域内时，风电机组必须保证不脱网连续运行；风电场并网点任意线电压低于或部分低于图7-1中电压轮廓线时，允许风电机组切出。

(3) 当电力系统发生单相接地短路故障引起并网点电压跌落时，风电场并网点相电压在图7-1中电压轮廓线及以上的区域内时，风电机组必须保证不脱网连续运行；风电场并网点任意相电压低于或部分低于图7-1中电压轮廓线时，允许风电机组切出。

3) 有功恢复

对电力系统故障期间没有切出的风电场，其有功功率在故障清除后应快速恢复，自故障清除时刻开始，以至少10%额定功率/秒的功率变化率恢复至故障前的值。

4) 动态无功支撑能力

对于总装机容量在百万千瓦以上风电基地内的风电场，在低电压穿越过程中应具有下列动态无功支撑能力。

(1) 电力系统发生三相短路故障引起电压跌落，当风电场并网点电压处于额定电压的20%～90%区间内时，风电场通过注入无功电流支撑电压恢复；自电压跌落出现的时刻起，该动态无功电流控制的响应时间不大于80ms，并能持续600ms的时间。

(2) 风电场注入电力系统的动态无功为：2×(0.9－UT)×IN，(0.2≤UT≤0.9)，其中，IN为风电场的额定电流，UT为故障期间并网点电压标幺值。

4. 风电场运行适应性

1) 电压范围

电压适应范围应符合下列要求。

① 当风电场并网点电压在额定电压的90%～110%之间时，风电机组应能正常运行；当风电场并网点电压超过额定电压的110%时，风电场的运行状态由风电机组的性能确定。

② 当风电场并网点的闪变值满足国家标准GB/T 12326—2008《电能质量电压波动和闪变》，谐波值满足国家标准GB/T 14549—1993《电能质量公用电网谐波》，三相电压不平衡度满足国家标准GB/T 15543—2008《电能质量三相电压不平衡》的规定时，风电场内的风电机组应能正常运行。

2) 频率范围

风电场应在表7-2所规定的电力系统频率范围内按规定运行。

表7-2 风电场在不同电力系统频率范围内的运行规定

电力系统频率范围	要求
低于48Hz	根据风电场内风电机组允许运行的最低频率而定
48～49.5Hz	每次频率低于49.5Hz时要求风电场具有至少运行30min的能力
49.5～50.2Hz	连续运行
高于50.2Hz	每次频率高于50.2Hz时，要求风电场具有至少运行5min的能力，并执行电力系统调度部门下达的降低出力，不允许停机状态的风电机组并网

5. 风电场电能质量

1) 电压偏差

风电场接入电力系统后，并网点的电压正、负偏差的绝对值之和不超过额定电压的

10%，默认的电压偏差为额定电压的−3%～+7%。

2）闪变

风电场所接入的公共连接点的闪变干扰值应满足 GB/T 12326—2008《电能质量电压波动和闪变》的要求，其中风电场引起的长时间闪变值按照风电场装机容量与公共连接点上的干扰源总容量之比进行分配。

3）谐波

风电场所接入的公共连接点的谐波注入电流应满足 GB/T14549—1993《电能质量公用电网谐波》的要求，其中风电场向电力系统注入的谐波电流允许值按照风电场装机容量与公共连接点上具有谐波源的发/供电设备总容量之比进行分配。

4）监测与治理

风电场应配置电能质量监测设备，以实时监测风电场电能质量指标是否满足要求；若不满足要求，风电场需安装电能质量治理设备，以确保风电场合格的电能质量。

6. 风电场二次部分

1）基本要求

风电场的二次设备及系统应符合电力系统二次部分技术规范、电力系统二次部分安全防护要求及相关设计规程。风电场与电力系统调度部门之间的通信方式、传输通道和信息传输由电力系统调度部门作出规定，包括提供遥测信号、遥信信号、遥控信号、遥调信号以及其他安全自动装置的信号，提供信号的方式和实时性要求等。

在正常运行信号情况下，风电场向电力系统调度部门提供的信号包括以下内容。

(1) 单个风电机组运行状态。

(2) 风电场实际运行机组数量和型号。

(3) 风电场并网点电压。

(4) 风电场高压侧出线的有功功率、无功功率、电流。

(5) 高压断路器和隔离开关的位置。

2）风电场继电保护及安全自动装置

继电保护及安全自动装置应符合下列要求。

(1) 风电场相关继电保护、安全自动装置、二次回路的设计、安装应满足电力系统有关规定和反事故措施的要求。

(2) 对并网线路，一般情况下仅在系统侧配置分段式相间、接地故障保护，有特殊要求时，可配置纵联电流差动保护。

(3) 风电场变电站应配备故障录波设备，该设备应具有足够的记录通道并能够记录故障前 10s 到故障后 60s 的情况，并配备至电力系统调度部门的数据传输通道。

3）风电场调度自动化

风电场调度自动化应符合下列要求。

(1) 风电场应配备计算机监控系统(或 RTU)、电能量远方终端设备、二次系统安全防护设备、调度数据网络接入设备等，并满足电网公司电力系统二次系统设备技术管理规范要求。

(2) 风电场调度自动化系统远动信息采集范围按电网公司调度自动化 EMS 系统远动信息接入规定的要求接入信息量。

(3) 风电场电能计量点(关口)应设在风电场与电网的产权分界处，计量装置配置应按电网公司关口电能计量装置技术管理规范要求。

(4) 风电场调度自动化、电能量信息传输宜采用主/备信道的通信方式，直送电力系统调度部门。

(5) 风电场调度管辖设备供电电源应采用不间断电源装置(UPS)或站内直流电源系统供电，UPS电源在交流供电电源消失后，其带负荷运行时间应大于40min。

(6) 对于接入220kV及以上电压等级的风电场应配置PMU系统，保证其自动化专业调度管辖设备和继电保护设备等采用与电力系统调度部门统一的卫星对时系统。

(7) 风电场二次系统安全防护应符合国家电力监管部门和电网运行部门的相关规定。

4) 风电场通信

风电场通信应符合下列要求。

(1) 风电场应具备两条路由通道，其中至少有一条光缆通道。

(2) 风电场与电力系统直接连接的通信设备如光纤传输设备、PCM终端设备、调度程控交换机、数据通信网、通信监测等设备需具有与系统接入端设备一致的接口与协议。

(3) 风电场内的通信设备配置按相关的设计规程执行。

7. 风电场接入系统测试

接入系统测试应符合下列要求。

(1) 当接入同一并网点的风电场装机容量超过40MW时，需要向电力系统调度部门提供风电场接入电力系统测试报告；累计新增装机容量超过40MW，需要重新提交测试报告。

(2) 风电场在申请接入电力系统测试前需向电力系统调度部门提供风电机组及风电场的模型、参数、特性和控制系统特性等资料。

(3) 风电场接入电力系统测试由具备相应资质的机构进行，并在测试前30日将测试方案报所接入地区的电力系统调度部门备案。

(4) 风电场应当在全部机组并网调试运行后6个月内向电力系统调度部门提供有关风电场运行特性的测试报告。

7.3.2 内蒙古风电发展与电力系统

根据世界风能协会(WWEA)统计，2010年全球风电总装机容量达1.97×10^{8}kW，同比增长23.6%。受国家政策驱动及全球发展态势的引领，我国风电发展迅猛，连续5年风电装机容量翻番式增长。风电的快速发展给电力系统规划运行带来新的挑战。

十多年前，国家在规划建设三峡水电站的同时，提前向各省区分配电力指标并规划设计送出通道，保证了三峡水电站投产的同时电力可靠送出。就现在我国风电的发展速度和发展规模来看，风电送出通道是制约发展风电的一大瓶颈。如果不建立全国电力市场消纳风电的机制，不解决边远地区风电送出通道问题，无疑是把风电这个刚出生的孩子遗弃，或者说是在刚刚“出土”的风电幼苗上压一块大石头。

大型发电企业内蒙古地区并网风电装机如图7-2所示。

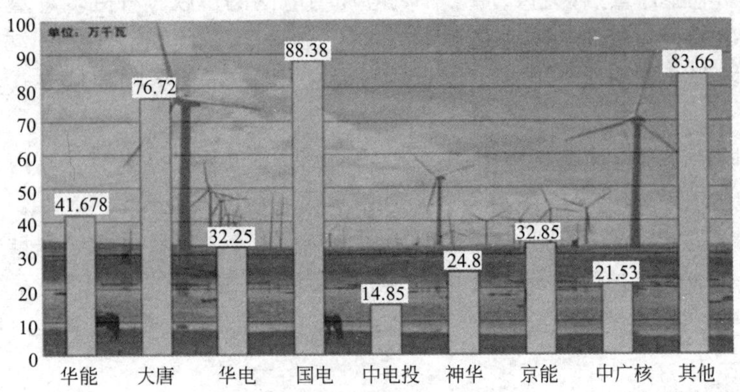

图 7-2 大型发电企业内蒙古地区并网风电装机一览表

1. 制约内蒙古风电发展的因素

内蒙古风能资源丰富，全区风能技术可开发容量超过 1.5 亿 kW，占全国陆地风能资源储量的 50%以上，居全国首位。内蒙古自治区邻近华北、东北和西北电网的负荷中心，是国家落实可再生能源发展规划目标、开发建设百万及千万千瓦级风电基地的重要地区，被国家确定为"风电三峡"基地。虽然内蒙古有丰富的风能资源，但是内蒙古电网风电发展过程中也存在很多问题和矛盾。

(1) 供热期电力平衡困难。

经自治区经委核查，2009 年底内蒙古电网供热机组达到 1200 万 kW。后夜期间电网最低负荷(包括东送)约 1180 万 kW(风电装机容量占 33.7%)，200 多万 kW 自备电厂不参与调峰，还有东送两个通道主力机组 240 万 kW 必须安排大开机以保证东送潮流稳定。为了满足供热需求，留给风电的负荷裕度已经很小，电网无法满足风电全额上网的要求。到 2009 年底，内蒙古电网已投运和要求并网运行的风电容量可达 400 万 kW，容量将达内蒙古电网开机容量的 22.9%，占电网最高供电负荷的 25%，将远远超过内蒙古电网的承受能力(中国电科院论证内蒙古电网风电承受能力为 8%～10%)。

(2) 目前电网接纳能力无法满足风电大规模开发要求。

内蒙古电网供热机组占火电机组比例接近 40%。受电源结构制约，内蒙古电网调峰、调压能力不足、手段单一。特别是冬季供热期，供热机组必须满发运行，不能参与调峰，大规模风电并网后，电网无法保证安全运行。2008 年冬季内蒙古电网已多次出现为保电网安全、保城市供热而控制风电出力的情况。到 2011 年内蒙古电网并网运行的风电装机容量已达 1598.27 万 kW，若地区负荷没有明显的增长，将大大超过电网可接纳风电容量，如不解决电力送出通道，增加调峰措施，内蒙古电网无论夏季还是冬季都将会出现大范围控制风电出力的情况。

(3) 电网投资能力无法满足大规模开发风电送出要求。

内蒙古自治区规划多个百万千瓦级风电基地，风电接入电网距离少则几十 km，多则一二百公里以上，风电接入单位投资达到火电接入的 30 倍以上，电网投资能力不能满足风电发展的需要。为风电接入，电网不但需加大 500kV 主网架的投资，而且需进一步加强电网结构和电网改造，从而加大电网投资压力。由于内蒙古电力公司购售电差价低、资本金匮乏、负债率过高，电网建设投资能力不足，由此出现风电接入电网方面的卡脖子问题。

2. 内蒙古未来电网建设

内蒙古的风资源是国家的宝贵资源，内蒙古的“风电三峡”是全国人民的“风电三峡”。风电开发不仅仅只是风电富集省区的责任，而且必须实现跨省、跨地区，在国家电网包括南方电网层面的电力市场接受风电的统筹规划。风资源丰富的地区科学合理开发建设风电基地，全国各省区在电力市场中必须留出接纳风电的空间，这两方面是保证我国风电事业科学发展、早日实现国家节能减排以及内蒙古“风电三峡”建设目标的根本前提。

(1) 用足现有两个通道的能力，向华北电网输送风电。

根据内蒙古风能资源历年风电实际运行规律，风电具有电网反调峰特性，即后夜电网负荷低谷期间正是风电大发时间，由于内蒙古电网面临的实际困难，不得不要求大部分风机在后夜低谷期弃风停运。建议逐步加大内蒙古电网现有两个通道后夜低谷外送电力，最大限度不让风电弃风。

(2) 充分利用托克托、岱海、上都电厂现有外送通道，增加内蒙古电网风电送出容量。

按照风电火电 1∶2 的比例，给托克托、岱海、上都 3 个点对网送电通道配置风电，形成风火打捆送出的模式。武川、四子王地区 240 万 kW 风电与托克托电厂 480 万 kW 火电装机打捆，通过托克托电厂至浑源至安定(霸州)的四回的 500kV 线路送出。察右中旗、卓资地区 120 万 kW 风电装机与岱海电厂 240 万 kW 火电装机打捆，通过岱海电厂至万全双回 500kV 线路送出。锡林郭勒地区 120 万 kW 风电装机与上都电厂 240 万 kW 火电装机打捆，通过上都电厂至承德双回 500kV 线路送出。

具体方案如下。

① 在乌兰察布四子王旗建设一座 500kV 风电汇集站，汇集四子王旗、武川县地区风电容量 240 万 kW。建设风电汇集站至托克托电厂单回 500kV 线路，长度约 120km。工程投资约 6 亿元。

② 在乌兰察布察右中旗建设一座 500kV 风电汇集站，汇集察右中旗、卓资地区风电容量 120 万 kW。建设风电汇集站至岱海电厂单回 500kV 线路，长度约 70km。工程投资约 4 亿元。

③ 在锡林郭勒灰腾梁地区建设一座 500kV 风电汇集站，汇集周边已投运、在建和核准的风电容量 120 万 kW。建设风电汇集站至上都电厂单回 500kV 线路，长度约 100km。工程投资约 4.5 亿元。

上述措施实施后可增加内蒙古电网风电送出容量 480 万 kW，每年送出风电电量 130 亿 kWh 左右。

④ 2010 年新建乌兰察布吉庆至华北(华东)±660kV 直流送电通道，满足吉庆风电基地 400 万 kW 风电送出要求。

乌兰察布吉庆风电基地规划建设方案已获得国家能源局批复，基地建设规模为 400 万 kW，送电方向为华北地区。

规划送电方案如下。

在吉庆建设一座±660kV直流换流站，建设一回±660kV直流线路至华北或华东地区，送电容量400万kW。在吉庆地区建设一座500kV风电汇集站，通过双回500kV线路(长度2×20公里)向直流换流站汇集风电。同时建设汗海至吉庆换流站双回500kV线路(长度2×50公里)和旗下营至吉庆换流站单回500kV线路(长度200km)，通过内蒙古电网向吉庆换流站汇集稳定的电力，确保直流通道稳定送电，每年可增加风电电量120亿kWh。

⑤ 2010年新建内蒙古电网第三、第四送出通道，满足400万kW风电送出要求。

新建宁格尔至河北南部(第三通道)和桑根达莱至承德(第四通道)两个500kV交流送电通道，使内蒙古电网网对网交流通道送电能力达到1000至1100万kW。

具体方案如下。

建设宁格尔至山西串补站至霸州(安次)双回500kV线路，长度约2×500km；建设桑根达莱至承德西双回500kV线路，长度约2×200km。

两个通道建成后可新增风电送出500万kW，与火电、抽蓄电站打捆相互调峰以稳定的潮流向华北地区输送电力。

⑥ 2011年新建鄂尔多斯至国网华东地区或南方电网±800kV特高压直流送电通道，满足蒙西地区1200万kW风电送出要求。

在鄂尔多斯地区建设一座±800kV特高压直流换流站，建设(建议)该换流站至华南(华东)地区同塔双回±800kV直流线路，可通过内蒙古坚强的500kV主网架汇集巴彦淖尔、包头、鄂尔多斯等地区风电、火电、抽蓄电站电力，内蒙古电网采取水、火、风相互调峰后，以稳定的潮流向华南(距离2300km)或华东(距离1500km)负荷中心送电，在更大范围内消纳自治区绿色风电能源。

“十二五”期间，内蒙古电网通过上述7个500kV交流通道、一个±660kV直流通道和一个±800kV特高压直流通道，可外送风电3000万kW。届时，内蒙古风电能源通过内蒙古电网坚强的500kV主网架汇集，与火电和抽水蓄能电站打捆，按照受端电网要求以稳定的潮流向中东部地区输送电力，促进风资源匮乏的中东部省区实现节能减排目标。从长远发展方面来看，不论未来煤炭、石油等资源如何涨价，但大自然赐予的“西北风”永远不会涨价。不论未来的能源如何紧缺，但内蒙古的风资源永远不会枯竭。中东部地区接受内蒙古风电的经济性和稳定性是非常有保障的。

(3) 加快抽水蓄能电站建设，提高电网调峰能力，最大限度地满足风电场的全额上网。

建设抽水蓄能电站是增加电网调峰能力、提高电网接纳风电能力的有效措施。抽水蓄能电站能够将电网负荷低谷时的电能转换成势能存蓄起来，在电网需要时稳定地为电网调峰，避免风机弃风，可以解决提高风电利用率与保证电网安全运行之间的矛盾，使风能资源的开发利用最大化。经测算，如果将呼和浩特抽水蓄能电站120万kW装机作为风电场的调峰电站，实现水、风互补，电网可多接纳200万kW风电出力，同时可减少火电对风电的深度调峰及备用，增加火电企业的经济效益。

由于抽蓄电站建成后每年发生的运行费用没有来源，建议国家出台相关政策，予以解决。

① 根据抽水蓄能电站在内蒙古“风电三峡”建设中的作用，建议建立全社会共同承

担抽蓄电站运营成本的机制，解决电站运营成本。

② 对抽水蓄能电站提供贴息贷款，在蒙西地区建设更大规模的抽水蓄能电站，满足风电大量接入电网调峰的需要。

③ 积极争取可再生能源电价扶持政策，合理解决风电汇集及送出的电网配套建设资金，满足风电上网和送出。

在内蒙古发展风电有着得天独厚的资源优势、区位优势和投资优势。如果内蒙古风电有通畅的外送通道，并在全国电力市场中消纳，内蒙古风电利用小时高，风力发电完全成本低于0.46元/度(南方火电上网电价0.52元/度)，再加上CDM及碳惠贸易，风电每度电可得到0.1元左右的补偿，所以风电投资企业和社会节能减排的双重效益都是相当可观的。但是，由于内蒙古风电资源富集地区大多为边远地区，当地用电负荷低，电网结构薄弱，风电场的电力无法在当地全部消纳，需要向沿海、内地负荷中心输送，输送风电电力不仅仅需要建设风电场至电网第一落点的输变电工程，还需建设配套多个风电接入的电网汇集工程和至电网负荷中心的输变电工程。内蒙古电网规划在“十一五”末和“十二五”期间建设临河北等九座500kV风电汇集站、多条输送风电的500kV线路及多个汇集风电的220kV输变电工程，总投资超过百亿元。由于这些工程是为满足风电的上网和输送的必备条件，应该纳入风电接网国家补贴范畴。

(4) 充分发挥自备电厂调峰能力，鼓励自备电厂转公用。

内蒙古电网目前自备电厂容量为245万kW。这些电厂按照自发自用的原则既不参与电网调峰，也不向电网提供备用容量，不利于风电的正常运行。国家在制定电价时部分考虑交叉补贴因素，由价格较高的工业用电补贴价格较低的农业用电。内蒙古电网自备电厂所接带负荷都是大工业负荷，这些负荷由自备电厂供电，逃避了自备电厂应承担的电价交叉补贴的社会责任。为保证风电的正常运行，应鼓励自备电厂转为公用电厂参与电网调峰，并与公用电厂、电网企业共同承担电价交叉补贴等社会责任。建议对自备电厂自发自用电量征收0.05元/kW时的可再生能源调峰容量费，同时出台相关政策严格控制自备电厂建设。

7.4 风电场的经济及环境效益评估

7.4.1 环境保护和水土保持设计

1. 风电场的基本环境

建设风电场地区的环境一般是气候干燥，风沙化较为严重。所以在风场建设的同时应积极进行生态建设，加强植被的恢复，努力改善风电项目区域的生态环境。

2. 风电场施工期对环境的影响

工程占地对土地利用的影响应从规划设计的区域、面积使用以及对当地居民的生产和生活影响等方面进行评估。

风电场施工现场风速较大，对于生态环境比较脆弱的地区，风电场的施工将会增加土壤的风蚀程度。在工程建设当中，场内道路要进行平整压实处理，并及时进行人工洒水。

工程结束后，植树种草，恢复植被，尽量减少施工活动对水土流失的影响。

由于建设风电场内，一般居民较少，因此施工期噪声对外界影响很小，受噪声影响人群主要为施工人员。

工程施工期大气污染源主要是施工开挖、交通运输等，产生的主要大气污染物为扬尘。风电场工程施工时，是以单台风机基础建设为单位的，相对施工规模小，施工简单，工期短，产生的大气污染对当地环境空气质量一般不会产生质的影响。

风电场施工期影响工程施工生产废水主要由车辆冲洗、混凝土养护等产生，总量很小。因此，施工期基本上没有生产废水的排放，相应对环境也不会产生不利影响。

对于运营期生活用水，建议在主控楼外建一座地埋式一体化污水处理站，处理后的污水用于灌溉草场和绿化。

3. 固体废弃物对环境的影响

风电场施工开挖、回填后的剩余量将就地用于场地平整，最终不产生弃渣。生活垃圾清运至附近的生活垃圾处理场进行妥善处置，不会对环境造成不良影响。

风电工程的实施，应充分利用当地风能资源，改善电网以火电为主的单一化能源结构，为所在地区电网提供清洁可再生能源。减少大气污染，保护生态环境，对提高当地人民生活质量和周边经济发展具有极大的促进作用。施工过程中“二废”排放和施工噪声会对周边环境产生一些不利影响，但影响程度轻微，且多为局部的和可逆的，通过加强施工管理可以得到有效减免。

7.4.2 水土保持设计

风电项目所在地区大多是自然降水少，盛行大风，植被稀疏，沙尘暴逐年增多，致使地表土壤母质发生磨损。这些地区雨季暴雨集中，地表径流使得泥沙被带走，风蚀为风场水土流失的主要形式。

依照国家相关的法律、法规和规定的要求，本着“预防为主、保护优先、因地制宜、因害设防、水土保持与生产建设相结合”的原则，在调查、分析的基础上，确定工程建设和生产阶段、各分区不同时段的保护措施。

为防治工程建设造成的水土流失，应将工程措施与生物措施相结合，以生物措施为主，采取各种措施综合治理和集中治理。施工过程产生的弃土，除用于风机基础回填外，必须全部填于附近低洼处。植树种草，防止水土流失。施工结束后，及时地对碾压过的土地进行人工洒水，使土壤自然疏松，播种合适的草种。充分利用路旁、建筑物旁以及其他空闲场地，分别种植生长力强、维护量小、耐旱的绿色植物，并注意保护站区周围原有绿化环境，并在主要道路两侧种草、种树。

7.4.3 劳动安全与工业卫生设计

风电场的生产运行应符合我国目前的有关政策，以及电力行业的设计规程和设计规定。充分考虑保障施工、运行人员安全健康的因素，并符合国家有关标准和规定。

为了保护劳动者在风电建设中的安全和健康，改善劳动条件，风电场设计必须贯彻执行国家及部颁现行的有关劳动安全和工业卫生的法令、标准及规定，以提高劳动安全和工业卫生的设计水平。在风电场劳动安全和工业卫生工程设计中，应贯彻“安全第一，预防为主”的方针，加强劳动保护，改善劳动条件，重视安全运行。在贯彻执行国家及部已经颁布的法令、标准及规定的前提下，设计中结合工程实际，采用先进的技术措施和可靠的防范手段，确保工程投产后符合劳动安全及工业卫生的要求。劳动安全与工业卫生防范措施和防护设施，必须与主体工程同时设计，同时施工，同时投产，并应安全可靠，保障劳动者在劳动过程中的安全与健康。

根据有关规定的要求，编制劳动安全及工业卫生篇，着重反映工程投产后职工及劳动者的人身安全与卫生方面紧密相关的内容，分析生产过程中的危害因素，提出防范措施和对策。

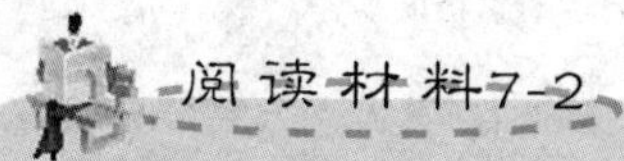

风电场建设对环境的分析

风电场建设对环境造成的影响问题还缺乏充分的研究和足够的重视，此外也缺少成熟的评价方法、指标体系和成功的实践经验。因此开展风电场建设对当地生态环境的影响研究和科学评估，对于保护当地生态环境、保障风能这一清洁能源健康发展、协调能源经济同环境保护之间的关系等，具有重要的社会意义和现实意义。因此要努力做到风电开发建设与环境保护协调发展。风电开发建设，特别是海上风电开发，是清洁能源利用的宏伟工程，它既可以改造自然，造福人类，又不可避免地对环境造成一定程度的破坏。风电场建设对环境影响的研究，就是要将问题提出，要明确工程建设与环境之间的关系，有助于工程环境影响评价工作质量的提高，有利于处理好建设项目与环境保护之间的矛盾。

资料来源：魏庆勇，刘巧梅，刘来胜．风电场开发的环境效益及环境影响．2009，1

7.5 海上风电场

7.5.1 海上风电场与陆上风电场的不同点

在能源日益紧缺的今天，越来越多的人将目光投向了风力发电，人们建造了陆上风电场和海上风电场以获得绿色的电能。然而，本节将以海上风电场为主导，首先从自然因素和工程因素两方面说明其与陆上风电场的不同之处，然后着重介绍他们最大的差异——基础结构。最后，对海上风电场进行了展望。

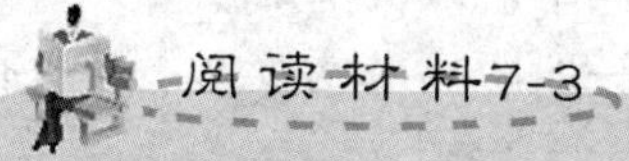

海上风电场简介

海上风电场多指水深10m左右的近海风电。与陆上风电场相比，海上风电场的优点主要是不占用土地资源，基本不受地形地貌影响，风速更高，风电机组单机容量更大(3～5MW)，年利用小时数更高。但是，海上风电场建设的技术难度也较大，建设成本一般是陆上风电场的 2～3 倍。

我国海上风能资源丰富，且主要分布在经济发达，电网结构较强，又缺乏常规能源的东南沿海地区。目前，国内首个海上风电场——上海东海大桥 10 万 kW 海上风电场项目已经开工建设，计划于 2009 年建成投产。我国海上可开发风能资源约 7.5 亿 kW，是陆上风能资源的 3 倍。如东海大桥风电场年有效风时超过 8000h，投产后满负荷小时数可达到 2600h 以上，发电效益高于陆上风电场 30%以上。

从全球范围来看，自 20 世纪 90 年代以来，海上风电经过十多年的探索，技术已日趋成熟。到 2006 年年底，全球海上风电装机容量已达到 90 万 kW，特别是丹麦和英国发展较快，装机达到 40 万 kW 和 30 万 kW。据欧洲风能协会预测，到 2010 年，海上风电将会达到 1000 万 kW，2020 年达到 7000 万 kW，发展前景十分广阔。

1. 自然因素：陆上与海上的风能资源

海上风能资源较陆上大，同高度风速海上一般比陆上大 20%，发电量高 70% ，而且海上少有静风期，风电机组利用效率较高。目前，海上风电机组的平均单机容量在 3MW 左右，最大已达 6MW，风电机组年利用小时数一般在 3000h 以上，有的高达 4000h 左右。

海水表面粗糙度低，海平面摩擦力小，因而风切变，即风速随高度的变化小，不需要很高的塔架，可降低风电机组成本。

海上风的湍流强度低，海面与海上的空气温差比陆地表面与陆上的空气温差小，特别是在白天，且没有复杂地形对气流的影响的时候，因此作用在风电机组上的疲劳负荷减少，可延长其使用寿命。陆上风电机组一般设计寿命为 20 年，海上风电机组设计寿命可达 25 年或以上。

海上风电不占用紧缺的土地资源，远离城镇及居民生活区，对环境及景观负面影响小。海上风电机组受噪声制约小，转速一般比陆上高 10%，风机利用效率相应提高 5%～6%。

2. 工程因素：修建、电力传输及其他

海上风电场建设前期工作更为复杂，需要在海上竖立 70m 甚至 100m 的测风塔，并对海底地形及其运动、工程地质等基本情况进行实地观测。海上风电场需要考虑风和波浪的双重载荷，海上风电机组必须牢固地固定在海底，其支撑结构(主要包括塔架、基础和连接等)要求更加坚固。

海上气候环境恶劣，天气、海浪、潮汐等因素复杂多变，风电机组的吊装、项目建设施工以及运行维护难度更大，所发电能需要铺设海底电线输送，建设和维护工作需要使用专业船只和设备。

海上风电的建设成本较高，一般是陆上风电的 2～3 倍。其中，风机基础投资大约为陆上的 10 倍。电力远距离输送和并网相对困难。海上风电场一般距离电网较远，且海底敷设电缆施工难度大，因此并网相对困难。

7.5.2 海上风力发电机组的发展

1. 第一阶段：500～600 kW 级样机研制

早在 20 世纪 70 年代初，一些欧洲国家就提出了利用海上风能发电的想法，

1991—1997年，丹麦、荷兰和瑞典完成了样机的试制。通过对样机的试验，首次获得了海上风力发电机组的工作经验。但从经济观点来看，500～600kW级的风力发电机组和项目规模都显得太小了。因此，丹麦、荷兰等欧洲国家随之开展了新的研究和发展计划。有关部门也开始重新以严肃的态度对待海上风电场的建设工作。

2. 第二阶段：第一代兆瓦级海上商业用风力发电机组的开发

2002年，5个新的海上风电场得到建设，功率为1.5～2MW的风力发电机组向公共电网输送电力，开始了海上风力发电机组发展的新阶段。在2002—2003年，按照第一次大规模风电场建设计划，将有160MW总装机功率的海上风力发电机组投入使用。这些转子直径在80m以上的第一代商业用海上风力发电机组，为适应在海上使用的要求，在陆地风力发电机组基础上进行多次改型。例如，配备了可进行就地维修的船用工具，电站机器间具备防腐蚀和耐气候变化功能等。

3. 第三阶段：第一代数兆瓦级陆地和海上风力发电机组的应用

兆瓦级风力发电机组的应用，体现了风力发电机组向大型化发展的方向，这种趋势在德国市场上表现得尤为明显。新一代风机的功率为3～5MW，风轮直径为90～115m，目前它们已基本成型并投入使用。第一台在陆地上使用的样机于2002年试制成功，这种风力发电机组可以进一步发展为分别在陆地和海上使用的3种型式的产品。由于在产品设计阶段就预先考虑到了在海上使用的特殊要求，这一代风力发电机组的质量达到了新的水平。由GE风能公司开发的3.6MW海上风力发电机组的风轮直径为100m。在上述产品基础上，GE风能公司还生产一种3.2MW的在陆地使用的风力发电产品，其风轮直径为104m。

开发这些新产品时，在保证其较高的可靠性方面和在没有大型水上起重机条件下保证大型零部件的可更换性方面和在保证达到较长免维修期等方面，吸取了第一代海上风力发电机组的安装经验。2002年10月初，适合陆地使用的样机在西班牙投入运行。现在一些生产厂家试图由兆瓦级的风力发电装备直接向5MW级跳跃，或是先经过3MW级的过渡，究竟哪种路线在经济上切实可行或者更有意义，要经过一段时间来证明。

4. 第四阶段：第二代数兆瓦级风力发电机组的开发利用

这一代商业用海上风力发电机组的功率大于5MW，轮直径约120m，这种风力发电机组适用于海上使用。目前，已经具备海上风力发电设备商业生产能力的厂家，主要有Vestas(丹麦)、Bonus(丹麦)、NEG-Micon(丹麦)、GE-Wind Energy(美国)、Nordex(德国)、Enercon(德国)、Repower(德国)。单机额定功率覆盖范围广，包括：2MW、2.3MW、3.6MW、4.2MW、4.5MW、5MW。叶轮直径从80m、85.4m、100m、110m、114m、116m到126m(表7-3)。风力发电机组大型化、巨型化的趋势已十分明显。

表7-3 海上风力发电机技术参数

生产商	风电机组/型号	额定功率/MW	叶轮直径/m	叶轮转/$(r \cdot min^{-1})$	叶片数	功率调节
Vestes(丹麦)	V90-2.0MW Offshore	2	80	可变速 9～19	3	变桨距

（续）

生产商	风电机组/型号	额定功率/MW	叶轮直径/m	叶轮转/(r·min^{-1})	叶片数	功率调节
Bonus（丹麦）	Bonus 3.6MW	3.6	10	可变速 5～13	3	变桨距
NEG-Micon（丹麦）	NEG-Micon 72	2	72	同步转速 12～18	3	主动失速
GE-WindEnergy（美国）	GE 3.6MW	3.6	104	可变速 8.5～15.3	3	变桨距
Nordex（德国）	N80-2.5MW Offshore	2.5	80	可变速 10.9～19.1	3	变桨距
Enercon（德国）	E-112	4.5	114	可变速 8～13	3	变桨距
Repower（德国）	Repower 5M	5	126	可变速 6.9～12.1	3	电动变桨

7.6 海上风力发电现状

7.6.1 风力发电概况

海上风力发电由于其资源丰富、风速稳定、对环境的负面影响较少，风力发电机组距离海岸较远，视觉干扰很小，允许机组制造更为大型化，从而可以增加单位面积的总装机容量，可以大规模开发，一直受到风电开发商的关注。但是，海上风力发电施工困难，对风力发电机组品质和可靠性要求极高。随着风力发电技术的进步，全球的海上风电技术日趋成熟完善，开始进入规模化发展阶段。

欧洲是全球海上风力发电发展最快的地区，瑞典于1990年在Nogersund安装了世界上第一台海上风力发电机组。之后，无论是海上风电厂的建设，还是风力发电机组的研发，欧洲都走在世界的前端。

欧洲海上风力发电的发展历史大致可以分为4个阶段：①1980—1990年的研究阶段。欧洲各国开始大范围的海上风能资源评估并开展相关的技术研究。②1991—2000年的试验阶段。主要进行小规模的项目研究实验和示范工作，研制500～600kW级的风力发电机组。③2001—2009年以后2～4MW级的风力发电机组商业化阶段，开始兴建大中型海上风电厂，并研发4.5～7.5MW级的风力发电机组。④2010年以后5MW级的风力发电机组商业化阶段，5MW级以上的风力发电机组开始大量装设于海上风电厂，并开始研发10MW以上的风力发电机组。

根据欧洲风能协会(European Wind Energy Association，EWEA)的统计资料：2009

年欧洲海上风力发电机组新增装设容量共454MW，年增长速度为30%，2010年欧洲新增设海上风力发电机组共308部，新增装设容量共883MW，年增长速度为51%，预计未来欧洲每年将增设1000～1500MW海上风力发电机组。

2010年全球已装设完成并已开始发电的前十大海上风力发电场见表7-4，2010年全球正在兴建中的前九大海上风力发电场见表7-5。截至2010年底，分布于欧洲9个国家的45座海上风力发电场，总共有1136部海上风力发电机组已并网发电，累计装机容量为2946MW，预计到2015年欧洲海上风力发电累计总装机容量将为8000MW以上。2011年欧洲共有10座海上风力发电场正在建设中，装置容量约3000MW，完成后欧洲的海上风力发电机组累计装机容量将达到6200MW，未来几年内还有19000MW海上风力发电机组将陆续进行建设。

在2009年9月欧洲风能协会(EWEA)提出的*Oceans of Opportunity*报告中，预估欧洲每年增设海上风力发电机组将从2011年的1.5GW，到2020年增长至6.9GW，每年累计海上风力发电装机将从2011年的2.9GW，到2020年增长至40GW(图7-3)。预估2020年欧洲40GW的海上风力发电机组的年发电量将为148TWh，相当于欧洲3.6%～4.3%的电力需求，若加上陆上风力发电机组的年发电量将为582TWh，相当于欧洲14.3%～16.9%的电力需求。

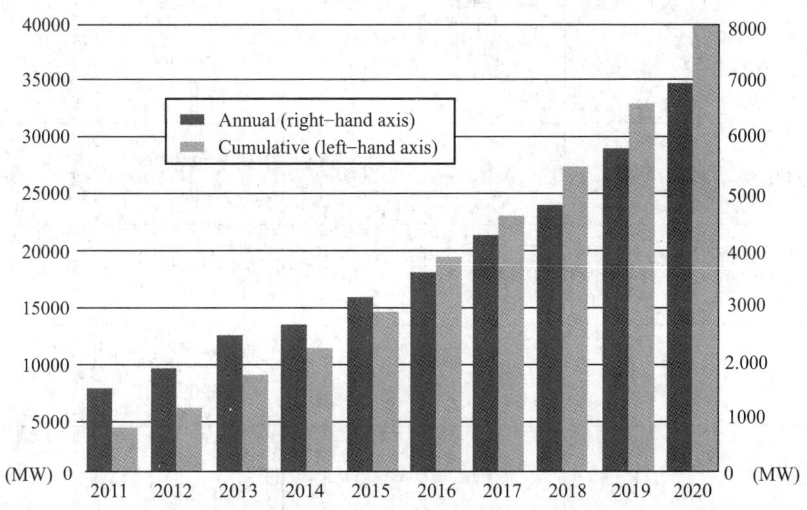

图7-3 2011—2020年欧洲海上风力发电的预估增长趋势

表7-4 2010年全球已并网发电的前十大海上风力发电厂

风力发电场	装机容量	属于国家	装机数量	机型	完工年份/年
Thanet	300	英国	100	Vestas V90-3MW	2010
Horns Rev II	209	丹麦	91	Siemens 2.3-93	2009
R&dsand II	207	丹麦	90	Siemens 2.3-93	2010

（续）

风力发电场	装机容量	属于国家	装机数量	机型	完工年份/年
Lynn and Inner Dowsing	194	英国	54	Siemens 3.6-107	2008
Robin Rigg	180	英国	60	Vestas V90-3MW	2010
Gunfleet Sands	172	英国	48	Siemens 3.6-107	2010
Nysted （R&dsand I）	166	丹麦	72	Siemens 2.3-93	2003
Bligh Bank	165	比利时	55	Vestas V90-3MW	2010
Horns Rev I	160	丹麦	80	Vestas V80-2MW	2002
Princess Amalia	120	荷兰	60	Vestas V80-2MW	2008

表 7-5　2010 年全球正在兴建中的前九大海上风力发电厂

风力发电场	装机容量	属于国家	装机数量	机型	预计完工年份/年
London Array	630	英国	175	Siemens 3.6-120	2012
Greater Gabbard	504	英国	140	Siemens 3.6-107	2012
B and 1	400	德国	80	B AR D 5.0-93	2011
Sheringham Shoal	315	英国	88	Siemens 3.6-107	2012
Walney Phase 1	183.6	英国	51	Siemens 3.6-107	2011
Ormonde	150	英国	30	Repower 5M-5MW	2012
Tricase	90	意大利	38	2.4MW	2012
Baltic 1	48	德国	1	Siemens 2.3-93	2011
Weihai I(威海)	45	中国	30	1.5MW	2011

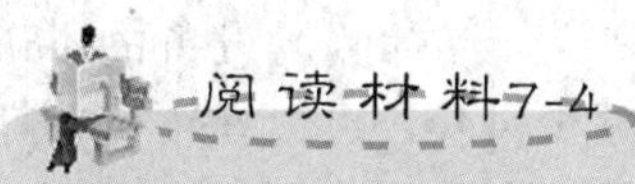

阅读材料7-4

中国最大海上风电安装船在江苏出坞

2012年1月12日，中国最大海上风电安装船“华尔辰”号在江苏泰州海事局“海巡0859”维护下顺利出坞。

该风电工程船为双体船设计，是中国最大的集风塔打桩、风电设备安装于一体的海上风电设备工程安装施工船舶，总造价达人民币3亿元左右。该船船长90m，船宽50m，型深6.8m。船体上配置83m高的主吊钩平台，主吊钩平台安装一台400t能360度回转的起重机，最大吊高为120多米，相当于40层楼高。该船在一体化综合作业功能和船体形式上创造了多个“世界第一”。

据国家能源局估算，中国海上风电市场蕴藏着千亿元的商机。目前中国海洋风电安装船严重不足，还没有适合海上风机安装的专用船只设备，施工中只能借助于一些改装船只。

该船的特殊之处在于，除了能进行风电安装外，还可以进行风机桩基的打桩作业、风机整体运输和风机散件安装等功能，实现海上风电施工一体化作业，可以完成以往一个船队的作业量，大大提高了施工效率。

7.6.2 近海风电场址的选择

近海风电场址的选择是一项非常复杂的工作。如果有些因素考虑不足，很可能最终导致项目的失败或延期。在项目初期阶段，大量收集场址附近的相关信息有助于做出正确决策。近海风电选址需要考虑的主要因素如下。

(1) 可否获得项目建设所需的所有审批许可。

(2) 可否获得场址海域的使用权。

(3) 附近电网的基本情况：陆地变电站位置、电压等级、可接入的最大容量以及电网规划等。

(4) 场址基本情况：范围、水深、风能资源以及海底的地质条件。

(5) 环境制约因素：是否对当地旅游业、水中生物、鸟类、航道、渔业和海防等造成负面影响。

1. 海上测风

虽然通过海上场址附近的气象站、石油钻井平台、卫星以及船只的观测资料，可以对风能资源进行初步评价，但是这些资料的不确定性太大，很难用于准确估算项目的发电量。为此，与陆地项目一样，近海风电项目也需要进行实地测风工作，通常在场址安装测风塔或浮标测风设备。海上测风塔的实例照片如图7-4所示。

图7-4 海上测风塔

目前，欧洲的海上测风塔大多采用单桩基础，一般高50～80m。由于测风塔成本高，

有些场址则采用浮标测风设备，高度在10m左右，但是相对来说，浮标测风设备的不确定性大。当然，浮标测风设备和测风塔也可以结合使用，为了减少风险，可以在项目初期安装浮标测风设备，待项目成熟后安装测风塔，通过浮标所测的长期数据与测风塔所测的短期数据之间的相关性分析，可以大大减少风能资源评估的不确定性。另外，未来可能会应用超声波雷达测风仪和激光雷达测风仪等先进设备进行海上测风，这些设备的优点是可以在低平面、流动的平台上进行高空风能资源的测量。

2. 现场勘测

现场勘测可以为基础设计和环境影响评价提供第一手资料，有助于详细分析项目技术和经济的可行性，主要包括如下几个方面的内容。

(1) 采用声纳计全面测量场址和拟定送出电缆路线等区域的水深，绘制水深地图等，为微观选址和送出路线的设计提供依据。

(2) 收集场址各处的海底表层土壤数据。

(3) 选择具有代表性的地点，进行海底钻孔勘查，一般钻探深度为20～40m，全面了解海底的地质情况。

(4) 现场测量波浪、潮汐和海流等数据，用于计算基础等水下建筑物的水动力学载荷。

7.6.3 海上风电机组的基础结构

风力发电机组的安装和维护成本是阻碍海上风电事业的一个潜在的主要因素。对于陆上风电场，这一成本仅占总成本的1/4，而海上风电场增至3/4。要解决这一难题，就必须在设计阶段通过提高机组的可靠性、易安装和易操作性来降低相应的成本，其中关键的部分是基础结构的成本。目前较为常用的方案是单桩固定式(Monopiles)，还有其他几种基础结构也在研究中。

1. 单桩固定式

单桩固定式基础的结构如图7-5所示，现已逐渐成为风电机组安装的一种标准方案，并已经在许多大型海上风电场中采用，如Horns Rev、Samso、Utgrunden、Arklow Bank、Scroby Sands和Kentish Flats。这种基础结构尤其适用于20～25m的中浅水域，目前通常采用的直径为4m，未来可能达到5～6m。此方案的最大的优点在于它的简易性，利用打桩、钻孔或喷冲的方法将桩基安装在海底泥面以下一定的深度，通过调整片或护套来补偿打桩过程中的微小倾斜以保证基础的平正。它的弊端在于海床较为坚硬时，钻孔的成本较高。

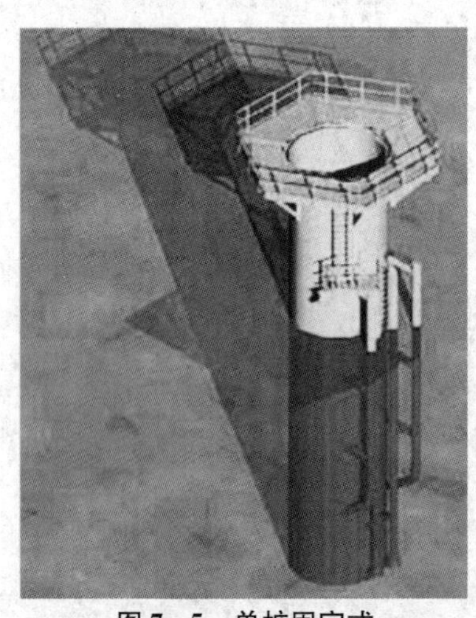

图7-5 单桩固定式

2. 三角架固定式

三角架固定结构如图7-6所示，此方案适用于水深超过30m的条件。较单桩固定式更为坚固和多用，但其制作成本较高，移动性较差。与单桩固定式一样，不适宜较软的海床。

3. 重力基础固定式

重力基础固定结构如图 7-7 所示。这是海上风电场采用的首选基础结构，主要是靠体积庞大的混凝土块的重量来固定风机的位置。这种方案使用方便，而且适用于各种海床土质，但是由于它重量大，搬运的费用较高。

图 7-6 三角架固定式

图 7-7 重力基础固定式

4. 钢制管状固定式

钢制管状固定结构如图 7-8 所示。与混凝土重力固定式一样，它是靠自身重力固定风机位置的，但钢制管状的重量仅有 80～100t，从而使安装和运输更为简单。当把钢制基座固定之后，向其内部填充重矿石以增加重量(约 1 000 t)。虽然此方案也适用于所有海床土质，但其抗腐蚀性较差，需要长期保护。

5. 负压桶式基础

负压桶式结构如图 7-9 所示。这种基础是将其放置在海床上之后，抽空内部的海

图 7-8 钢制管状固定式

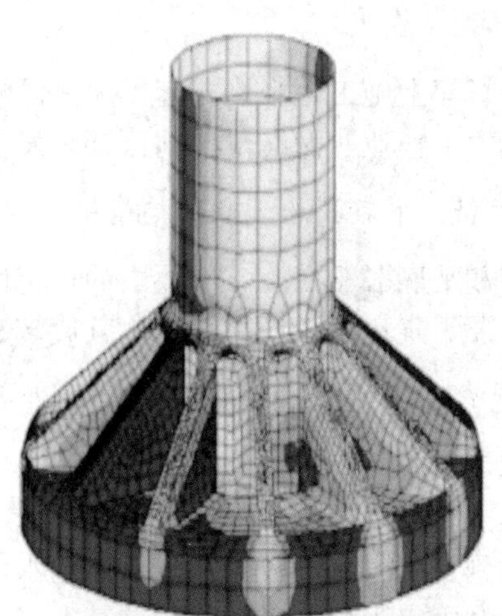

图 7-9 负压桶式基础

图 7-10 浮置式基础结构

水，靠周围海水所产生压力将其固定在海床上。此种基础大大节省了钢材用量和海上施工时间，降低了生产、运输和安装成本，同时拆除基础也很方便。

6. 浮置式基础

浮置式基础结构如图 7-10 所示。浮置式基础适用于 50～100m 的水深，其成本较低，而且能够扩展现有海上风电场的范围。但是由于其不稳定，意味着仅能应用于海浪较低的情况。此外，齿轮箱和发电机这些旋转机械长期工作在加速度较大的环境下，从而潜在地增大了风险并降低了使用寿命。

7.6.4 海上风电机组吊装方法

离岸风机的安装相对于岸上安装难度颇高，可通过自升式驳船或者浮吊船完成。其中的选择取决于海水深度、起吊机的能力和驳船的载重量。起吊机应具备提升风机主要部件(塔架、机舱、叶轮等)的能力，其吊钩提升高度应大于机舱的尺寸，以确保塔架和风机装配件的安装。现有的浮吊船大多不是特意为海上风电场的风机安装而设计制造的。对于大型海上风电场(机组超过 50 台)，通过使用安装驳船来控制建设周期(即控制成本)，完成建设任务。

1. 自升式安装

自升式吊装塔架、机舱和叶轮是最先出现的海上风电场吊装方法。自升式可为安装工作提供一个稳定的基座，也是打桩工程的首选。然而，其缺乏内在稳定性和机动性，使塔架的安装较为困难。

2. 半沉式安装

对于执行海上施工，半沉式起吊船是漂浮平台中最稳定的一种。现有的驳船设计仅适用于较远的海上作业，而在浅滩地区较难发挥作用。

3. 载运船、平底驳船、地面起吊机

载运船和平底驳船在施工作业中的稳定性不够理想，较易受天气状况的影响。而地面起吊机，只要天气良好，便可显示出其旋转起吊机和费用低廉这两项优势。

4. 漂浮式安装

所谓漂浮式安装，就是先将塔架在码头上垂直吊起，再将其下放至待安装的模拟桩基上，固定后垂直安置于驳船上准备运送。等到涨潮时，排放压舱水使塔架与模拟桩基分开，一旦达到安全水深，驳船即引入压舱水作牵引之用，到达安装现场后，驳船再次排放压舱水，安全固定于海上风电场的桩基上。然后再次引入压舱水使驳船下沉，在桩基上调转塔架的支撑件。最后撤出驳船，完成海上安装工作。

现在常见的吊装船有早期的改装船，如A2SEA改装船，以及目前所建造的几艘近海风电专用吊装船只，如图7-11所示的五月花“决意”号吊装船。

五月花“决意”号吊装船是世界上首艘海上风电机组吊装船，该船有6条可伸缩的支架，作业水深可以超过35m，还可以用于基础安装。无需其他船只的协助，一次可以装载10台风电机组到达指定地点。“跳爆竹”号属于自升式驳船，起重容量高达1200t，有4条可伸缩的支架，适用于基础安装和风电机组吊装。

图7-11 五月花“决意”

7.6.5 海上输电系统

近海风电场电气接线和接入系统方式与陆地风电场差别不大，在Horns Rev风电场，风电机组排布为10排，每排为8台风电机组，共80台。每相邻两排风电机组串联在一起，形成一组，每组16台风电机组，总共5个独立组，每组与变电站(36kV/150kV)相连接。图7-12所示为该风电场的电气系统布置图。

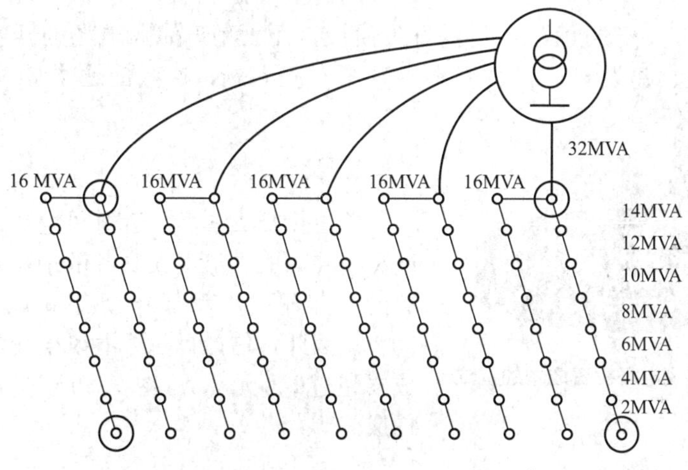

图7-12 一次电气系统布置图

在安装时，风电场内部以及送出电缆均由敷设船放入海底，用水冲海床(使用高压喷水)，然后使电缆埋入海床下1m深处。如果海底表面为坚硬岩石，可在电缆上铺设石头或沙砾层。这样可以减少捕鱼工具、锚以及海水冲刷对海底电缆造成破坏的风险。近海风电场送出工程所用的海底电缆(132kV)的样品照片如图7-13所示。海上变电站的基础设计方案与风电机组类似，Nysted风电场的升压变电站如图7-14所示。

为了适应近海风电场联网的特点，世界上正在开发一些新技术。德国与比利时联合开发了海上风电机组专用的硅树脂冷却变压器，其体积小，可以很容易地通过塔筒的小门，同时维护也方便。

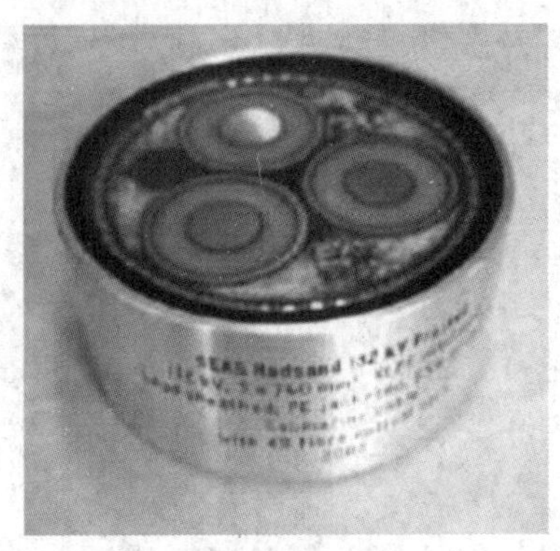

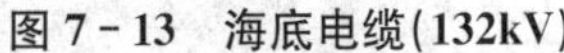
图 7－13　海底电缆(132kV)

图 7－14　Nysted 风电场的升压变电站

这种变压器具有油变压器的优点，如散热效率高、非负载损耗低等，同时具有良好的防火性能，另外，密封性好，无需特殊外壳就能够在恶劣环境(潮湿和盐雾)中运行。随着近海风电场规模的不断扩大，场址距离陆地的主电网越来越远，以及电力电子技术的快速发展，轻型高压直流输电(VSC HVDC)技术越来越受到风力发电输电系统，尤其是海上输电的青睐，更能体现出其成本、维护、输电质量等方面的优越性。

7.6.6　海上风电所呈现的问题

海上风电目前处于近海风电场的开发阶段，而大型近海风电场的开发还处于起步阶段，项目的开发、建设和运行过程中出现了一些问题，这些问题主要表现在以下几个方面。

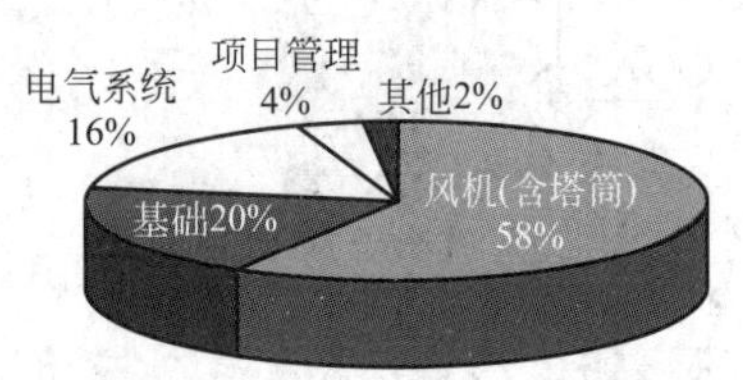

图 7－15　近海风电场投资成本的构成

1. 投资成本的构成

单位投资成本高。近海风电场的基础、接入电网和安装等成本都大大高于陆地项目；此外，在过去的一年里，大型风电机组价格上涨了 20%～30%。因此，估计目前近海风电场的平均单位投资成本超过2万元/kW，图 7－15 所示是投资成本的构成。

2. 建设中的问题

首先海底土壤条件比较复杂，有必要进行更细致的前期工作，并研究现场勘查的专业化和科学化方法，以减少建设风险和降低成本。

天气等客观原因也是海上风场建设需要考虑的重要因素，有时由于没有掌握好潮汐周期，有些风电机组地点在正常潮位时水深过浅，吊装船无法靠近，只能等到涨潮期进行吊装作业。在 North Hoyle 项目建设时，大型吊装船只出现问题，大部分的吊装任务只能由小型船只完成，由此造成工程延误。第一台风电机组试运行推迟至 2003 年 11 月 21 日，而此时正是一年中该海域天气最恶劣的时期，突如其来的暴风雨损坏了安装机械，大大增加了施工的难度。到 2003 年年底，30 台风电机组中的 27 台完成了安装，而剩下的 3 台直至 2004 年 3 月中旬才竣工。

3. 运行中的问题

目前多数近海风电场运行良好，但还是存在一些问题，主要问题是设备的故障率远远高于陆地项目。Horns Rev 风电场的发电机和变压器出现了大面积的故障，主要原因是制造缺陷，海水进入这些电气设备，最终全部 80 个风电机组机舱不得不被运回陆地工厂修复，损失巨大。在 Sam so 风电场，变压器和连接电缆出现了问题，电缆端部套管和绝缘损坏，发生发热冒烟事故。另外，2004 年和 2005 年相继出现两台变压器的损坏。在 Nysted 风电场，风电机组齿轮箱的高速轴承和中间轴承出现损坏，原因可能是由于淬火不够，齿轮强度不足，随着运行时间增长，齿间裂缝逐渐扩大并最终导致齿的断裂，目前出现过 13 台齿轮箱的损坏记录，严重影响了发电量。

近海风电场的维护管理难度大，Horns Rev 风电场用直升机将维护人员运至风电机组机舱上，其他风电场均用工作艇接送维护人员。

海上环境气候恶劣，天气情况、海浪、潮汐等因素都会造成维护人员无法到达设备地点，这无疑会造成故障得不到及时修复，从而增加停机时间。因此，在机组设计中应考虑部件的免维护性和配置状态监测系统，以及做好必要的人性化设计，保证维护技术人员的人身安全。

7.6.7 中国海上风力发电发展迅猛

中国预定于 2020 年完成 32.8GW 的海上风力发电装机目标，2010 年 7 月中国海上风力发电的第一个大型试点项目：上海东海大桥 102MW 海上风电项目并网发电，由 34 部华锐风电公司生产的 SL3000 型 3MW 风力机组成，是全球在欧洲之外最大的海上风力发电项目。

2010 年 4 月中国海上风力发电特许权招标项目启动，首轮招标项目集中在江苏省，大兴和东台两个项目各装机 200MW，其规模远远超过一般的陆上风电项目。招标工作已于 2010 年 10 月结束，将于 2014 年完成全部方案的开发建设工作。

中国华锐公司 2010 年 10 月推出其 SMW 双馈式海上风力发电机组(原型机)，并预定于 2011 年推出其 6MW 双馈式海上风力发电机组(原型机)。湘电集团也于 2010 年 10 月推出其 SMW 永磁直驱式海上风力发电机组(原型机)，金风科技公司于 2011 年完成其 6MW 永磁直驱式海上风力发电机组设计，并于 2012 年推出 6MW 原型机，另外，中国海装及东方电器等公司也在 2011—2012 年推出 5～6MW 的海上风力发电机组。

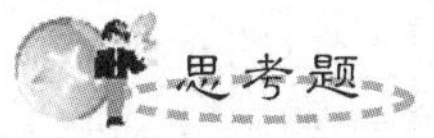

1. 风电机组排列方式对风能利用的影响有哪些?
2. 风电场接入电力系统的电压控制要求有哪些?
3. 分析内蒙古风电发展的优势与挑战。
4. 简述海上风电与陆上风电的异同。
5. 简述我国海上风电的发展现状。

第8章 我国风电场工程项目

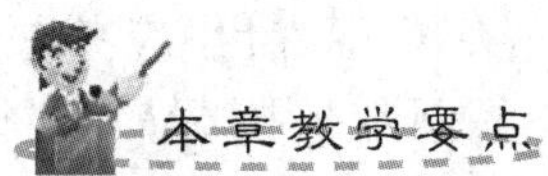

知识要点	掌握程度	相关知识
离网户用小型风力发电机组的技术特点及参数	了解离网户用小型风力发电机组的组成和技术特点； 了解小型风力发电机组的运用	离网户用小型风力发电机组的发展现状； 风光互补小型风力发电机组的最新研究进展
我国并网风力发电	了解我国并网风力发电行业发展历程； 了解现代大型风电场项目实施过程； 掌握我国风电运行管理特点及现状； 了解我国内蒙古自治区风力发电成就及电网建设成果	当今兆瓦级风电机组的发展现状

导入案例

风光互补路灯兼备太阳能利用双优点

"你知道为什么外面的风很大，可是这套发电设备的风轮转得这么慢吗？因为下面的蓄电池已经'满'了。"2010年3月15日，在崂山区王哥庄街道的青岛易特优电子有限公司门前，该公司研发的风光互补发电路灯正在运行，现场工作人员告诉记者，如果出现蓄电池"过充"现象，风轮会自动停下来。据介绍，安装一盏这样的风光互补路灯每年可发电2.5万kW。

"风光互补路灯设备具备了利用风能和太阳能的双重优点，没有风时可以通过太阳能电池存电，有风而没有太阳的时候可以通过全永磁悬浮风力发电机来发电，'风光'都具备时，可以同时发电。"在该公司风光互补路灯设备前，记者发现该套设备最顶端是风轮，接着是太阳板，下面就是路灯。现场工作人员告诉记者，外面的风很大，可是这套发电设备的风轮转得很慢，是因为下面的蓄电池已经"满"了，风轮会自动"刹车"，以保护蓄电池。

"路灯开关不用人工操作，智能控制器会自动感应外界天黑天明的光线变化，实现自动控制，并会根据使用地点实际情况调节亮度。"工程师表示，因为是光能和风能的互补利用，与单一的光伏发电或风力发电相比，具有较高的稳定性和可靠性，可广泛应用到路灯、家庭发电、船只发电、大中型发电站等。目前该企业研发的风光互补发电设备已进入试生产阶段，将在今年6月份开始正式生产。

风光互补发电设备是否省钱呢？现场工作人员给记者算了一笔账：如果安装1000盏风光互补路灯，在10年内可以发电25000万kW，也就是说一盏风光互补路灯每年可发电2.5万kW。

资料来源：中国环保设备展览网 http：//www.hbzhan.com/news/detail/13464.ht

8.1 离网户用小型风力发电

8.1.1 行业现状

从事小型风力发电产业的开发、研制、生产的单位不断扩大，作为我国节能减碳和农村能源建设工作十项推广应用技术之一的独立供电系统中，小型风力发电行业在2008年得到了长足发展，并得到各级政府及主管部门的重视和支持。广大农、牧、渔民在改革开放大好形势下，生活水平不断提高，迫切要求改善和提高生活质量，除满足生活用电外，还要求解决生产用电，大幅度增加了用电需求。由于国内小型风力发电机组推广应用范围扩大，国外分布式发电应用不断增加，我国城市、农村的公路照明用的风光互补独立用电的路灯系统迅猛发展，对中小型风力发电需求也不断增加。

2008年中小型风力发电行业得到较快的发展，产量、产值、利税、出口、创汇均达到历年最好水平，行业形势很好，取得了较好的社会效益和经济效益。到2008年年底，据不完全统计，从事中小型风力发电机组开发、研制、生产的单位达74家，其中生产主机厂 36 家，配套企业 28 家，大专院校、科研院所 10 家。主要生产厂家有：扬州神州风力发电机有限公司、湖南中科恒源能源科技股份有限公司、广州红鹰能源科技有限公司、上海致远绿色能源有限公司，浙江华鹰风电设备有限公司、宁波风神风电科技有限公司、北京远东博力风能设备有限公司、内蒙古呼和浩特市博洋可再生能源公司、青岛风王风力发电机有限公司、江苏南通紫琅风力发电机制造有限公司、山东宁津华亚工业有限公司、青岛安华新源风电设备有限公司、南京东龙电子电器科技公司、包头市天龙永磁电机厂、宁夏风霸机电有限公司、青岛安华新能源开发有限公司、浙江瑞安市海力特风力发电机厂、上海跃风新能源科技有限公司等。主要科研单位有：沈阳工大风能所、内蒙古工业大学、汕头大学能源研究所、华北电力大学可再生能源学院、中科院电工所、山东昌邑富奥风能研究所、江苏南通紫琅职业技术学院、水利部牧区水利科学研究所、河南鹤壁市科技创新研究院、中国农机院新能源研究所等。

8.1.2 机组的技术特点及参数

几种小型风力发电机组型号及技术参数见表 8-1。

表 8-1 几种小型风力发电机组型号及技术参数

产品型号	风轮直径/m	叶片数	风轮中高/m	启动风速 m/s	额定风速 m/s	停机风速	额定功率/W	额定电压/V	配套发电机	重量/kg
FD2-100	2	2	5	3	6	18	100	28	铁氧体永磁交流发电机	80
FD2-150	2	2	6	3	7	40	150	28		100
FD-2.1-200	2.1	3	7	3	8	25	200	28		150
FD2.5-300	2.5	3	7	3	8	25	300	42		175
FD3-500	3	3	7	3	8	25	500	42	铁铷硼永磁交流发电机	185
FD4-1K	4	3	9	3	8	25	1000	56		285
FD5.4-2K	5.4	3	9	4	8	25	2000	110		1500
FD6.6	6.6	3	10	4	8	20	3000	110	电刷抓极	1500
FD7-5K	7	2	12	4	9	40	5000	220	电容励磁异步电机	2500
FD7-10K	7	2	12	4	11.5	60	10000	220		3000

1. 小型风力发电系统的组成

小型风力发电系统由风力发电机组、控制逆变器、泄荷器、蓄电池及其用电设备组成。它是将风能转换为电能和逆变的整个过程，即利用风力发电向蓄电池组直流充电储存电能，再把储存的电能逆变成 220V/50Hz 交流电源。它普遍适用于有风而电网达不到或虽有电网但供电不正常的地区推广应用。

2. 小型风力发电机组及配件

风力发电机组是将风能转换为电能，给系统供电的装置，是系统的核心。目前我国生产的小型风力发电机按额定功率分为 10 种，功率范围为 100～10000W(技术参数见表 8-1)。

我国市场推广应用最多的是300W机组，实际应用时应根据各地的风速计算出发电量，确定应选用的小型风力发电机。

小型风力发电机组的技术特点：风轮采用定桨距和变桨距两种。定桨距一般为2～3个叶片、侧偏调速、上风向，配套高效永磁低速发电机，并配以尾翼、立杆、底座、地锚和拉线，机组运行平稳，质量可靠。设计使用寿命为15年，风轮的最大功率系数为0.38～0.42，启动风速低。叶片材料多样化，其中包括木质、铁质、铝合金、复合玻璃钢和全尼龙等材质。低速特性的永磁发电机，其材料使用的是稀土，能使发电机的效率从普通电机的0.50提高到0.75以上，有此甚至可达0.82。小型风力发电机组的调向装置大部分是上风向尾翼调向。调速装置采用风轮偏置和尾翼铰接轴倾斜式调速、变桨距调速机构或风轮上仰式调速。功率较大的机组还装有手动刹车机构，以确保风力机在大风或台风情况下的安全。

1）逆变控制器

逆变控制器由仪表指示或灯光显示系统工作状态。功能除可以将蓄电池的直流电转换成交流电外，还可以保护蓄电池的过充、过放、交流泄荷、过载和短路保护等，以延长蓄电池使用寿命。控制器的功能：①整流充电：将风力发电机输出的低压交流电整流，并向蓄电池充电；②电池过充时泄放发电机输出的多余电能(分流泄荷)，对蓄电池过充保护，保证蓄电池不酸化、不排毒，有效延长使用寿命；③电池放电时切断用电，保证蓄电池极板不损坏、氧化物不脱落，延长使用寿命。逆变器的功能：①蓄电池电压在正常范围内时，逆变器将储存在蓄电池内的直流电逆变成常规的交流电，即220V/50Hz，一般家用电器都可用；②具有较完善的超压、过荷、短路、过热等保护；③有相应的仪表式灯光显示系统与设备的工作状态以及故障报警。

逆变控制器主要技术参数(以300W为例)输入电压NA－50/220×1.4－FD24V，输出电压220 V±5%，输出波形为改善方波，输出频率50Hz±5%，输出功率300W效率≥80%，静态电流不大于额定电流的3%。输入电压低于90%标称值(单只电池1.8V)，能自动关机及保护蓄电池。工作电流超过额定值50%达10s以上能自动保护逆变器。输出短路时具有断路和熔断的短路保护措施，输入直流极性接反时自动保护输入电压达100V不损坏。负载能力：当输入电压与输出功率为额定值，环境温度为25℃时，逆变器连续可靠工作；当输入电压额定值，输出功率为额定值的125%时，逆变器安全工作时间不低于1分钟；输入电压为额定值，输出功率为额定值的200%时，逆变器安全工作时间不低于5s。

2）泄荷器

蓄电池充满电后，为防止蓄电池过充和保护发电系统其他设备的安全，控制器自动将发电机的输出电流切换到泄荷器上。

3）蓄电池

蓄电池可将直流电能转化为化学能储存起来，需要时将化学能转换为电能。它解决了电能储存问题，起着功率和能量调整的作用。常用蓄电池有铅酸蓄电池和碱性蓄电池两种。目前小型风力发电机通常用开式储能型铅酸蓄电池。

8.1.3 研发技术与装备

目前小型风力发电机组已累计生产了26万多台，对于解决有风无电地区农牧民生活用电问题起到了不可代替的作用，促进了农村能源产业的发展。同时随着西部大开发的进展，小型风电应用范围扩大，可解决边远无电地区 3000 多万居民的用电需求。小型风力发电机组正以每年生产近 2 万台的速度发展，市场潜力大。但从目前推广应用的情况看，离网型户用风力发电机组及其发电系统零部件匹配技术还存在一些急需解决的问题。

叶片是风力发电机组的关键部件之一，其形状、结构和强度不但影响风力发电机的效率，还对风力发电机的可靠性起决定性作用。叶片的共同特点是外形复杂，强度和刚度要求高，对尺寸精度、表面光洁度及质量分布等也均有较高的要求。确定叶片材料应考虑 3 个原则：一是材料应有足够的强度、刚度和寿命；二是必须有良好的可成型性和可加工性；三是可根据不同的要求选择不同材料。

发电机是风力发电机组的关键部分。由于是低速运行，故发电机体积相对较大，目前多采用永磁发电机。永磁发电机的电压随着转速的变化而变化，材质的软硬也随载荷的变化而变化。在风速变化时不能自动调整输出电压使之保持在规定的范围内，必须通过附加的设备才能实现。

永磁发电机根据所用的磁性材料不同分为铁氧体发电机和稀上永磁发电机两种。铁氧体永磁发电机价格低廉、体积庞大、效率低。而稀上永磁(铷铁硼)发电机体积小、重量轻、效率高、寿命长，且具有可加工性，消除了转子散落的可能性，但成本较高。

目前蓄电池很多，但没有一家企业生产专门为风力发电机组配套的免维护铅酸蓄电池，只能用启动型汽车电池替代。针对目前蓄电池存在的问题，生产为风电、光电配套用的蓄电池刻不容缓。

目前逆变控制器产品多采用两点式控制(过充过放)，效率低、功能差。电子元件质量不好，影响使用寿命，防雷击性能差，正弦波逆变器价格高，农民难以接受。应针对这些问题进一步开展研发工作。目前国内有十几家企业生产逆变控制器，但生产工艺落后，水平不高。其中合肥阳光、南京冠业、保定天泰等企业产品较好，市场占有率高，需要有关部门支持和扶持。

单一的风力发电机组一旦无风也就无法供电。用户为了确保正常、不间断用电，只能依赖当地的可再生能源——风能和太阳能。“风-光”互补、“风-柴”互补、“风-光-柴”互补发电系统近年来都有所发展，特别是采用“风-光”互补发电系统发电成为发展的方向。风-光发电可以互补，没有风时用太阳能发电。我国许多地区白天太阳光最强时风小，晚上太阳落山以后，由于地表温差变化大形成空气对流而产生风能风力很大。太阳能和风能在时间上的互补性使“风-光”互补发电系统在资源上具有最佳的匹配性。“风-光”互补发电系统是资源条件最好的独立电源系统。

机电(光机电)一体化、智能化技术升级示范项目是对小型风力发电系统、“风-光”互补发电系统进行智能化和机电一体化的技术升级，提高集成化程度，在提高可靠性的同时降低成本，它将促进农村小型电源产业的发展。

该示范项目利用单片机技术对控制功能、逆变功能和保护功能进行技术升级。在风力发电机机轴上安装电磁涡流减速器、电子刹车系统，就可以实现对小型风力发电系统、“风-光”互补发电系统进行智能化和机电一体化技术升级。

由于智能化、机电一体化风力发电系统，各个部件均实现了最佳匹配，工作在最佳工作状态和处于最佳保护状态。除蓄电池加液等需人来操作之外，系统可实现时间自动化、程序化运行。由于系统匹配合理，没有重复功能，无需直流泄荷器，所以总体价格会比现有产品下降10%。根据当前风力发电机、单片机、电力电子技术的发展和元器件的技术进步，以及一些企业的实践经验，只有以单片机技术、电力电子技术对风力发电系统、"风-光"互补发电系统进行智能化、机电一体化技术升级，才能使风力发电系统、"风-光"互补发电系统更适合于边远地区、文化水平低的用户使用，成为无需人管理、智能化运行的先进的小型农村能源。

目前我国生产的中小型风力发电机组共有19个机型，单机容量分别为：100W、150W、200W、300W、400W、500W、600W、1kW、2kW、3kW、4kW、5kW、10kW、15kW、20kW、25kW、30kW、50kW、100kW，年生产能力达8万台。2008年据34个生产企业填报的报表统计，共生产100kW以下离网型风力发电机组78411台，总装机容量72825kW，总产值达51890.1万元，利税9948.54万元，从业职工约5000人。年产量千台以上的企业有：扬州神州、湖南中科恒源、宁波风神、广州红鹰、北京远东博力、南京东龙、内蒙古隆信博、呼市博洋、山东宁津华亚、上海致远、上海跃风、江苏南通紫琅、青岛安华新能源开发、宁夏风霸、青岛安华新源风电设备等。据中国农机工业协会风力机械分会秘书处历年统计，从1983年到2008年年底，我国各生产厂家累计生产各种离网中小型风力发电机组达509712台。按设计寿命15年计算，减去出口数量，目前我国中小型风力发电机组实际保有量约20万台左右(表8-2)。

表8-2 我国中小型风力发电机组历年产量汇总表

年份	1993年前	1984	1985	1986	1987	1988
年产量(台)	3632	13470	12989	19151	20847	25575
年份	1989	1990	1991	1992	1993	1994
年产量(台)	16649	7458	4988	5537	6100	6481
年份	1995	1996	1997	1998	1999	2000
年产量(台)	8190	7500	6123	13884	7096	12170
年份	2001	2002	2003	2004	2005	2006
年产量(台)	20879	29758	19920	24756	33253	50052
年份	2007	2008				
年产量(台)	54843	78411				

其中2002年—2008年这7年中，中小型风风力发电机组产量、产值、容量、利润及出口量都得到了较快的发展。目前我国的中小型风力发电机组人员年产量、总产量、生产能力、出口、保有量均列世界之首。

据19个主要出口生产企业统计，2008年出口100kW以下中小型风力发电组共39387台，比2007年增长197.5%，创汇4467.66万美元，近10年累计出口量达到92145台，2008年出口到46个国家和地区，其中包括：韩国、印度、朝鲜、蒙古、泰国、菲律宾、印度尼西亚、新加坡、越南、哈萨克斯坦、日本、土耳其、以色列、黎巴嫩、马来西亚、叙利亚、法国、英国、俄罗斯、荷兰、爱尔兰、丹麦、西班牙、比利时、瑞典、德国、意大利、波兰、苏格兰、希腊、芬兰、克罗地亚、美国、加拿大、智利、厄瓜多尔、墨西哥、多米尼加、巴西、澳大利亚、新西兰、尼日利亚、肯尼亚、几内亚、香港地区、台湾地区。出口大户有：扬州神州、广州红鹰、湖南中科恒源、宁波风神、北京远东博力、青岛安华风电设备、浙江华鹰、青岛安华、山东宁津华亚、上海致远、上海跃风、瑞安海力特等。

8.1.4 行业发展趋势与特点

1. 推广应用范围不断扩大

中小型风力发电机组传统用户、服务对象仍以有风无电或缺电地区的广大农、牧、渔民为主。2008年销售范围出现两个亮点：一是国内城乡公路独立供电风电和风光互补路灯快速发展，急需百瓦级风力发电机组，国内主要大中城市都开始在远离电源点的高速公路和市郊公路上安装示范独立供电的小型风力发电机组或风光互补发电路灯，既能给城镇和农村带来光明，又增添了一道靓丽的风景线；二是国外分布式发电推广应用，急需千瓦级风力发电机组，进一步促进了千瓦级以上的风力发电机组的发展。

应用范围：内陆湖泊、近海养殖、高速公路监测、海上交通管理、航标灯、气象站、电视差转台、微波通讯基地(联通、移动)等单位需求增加，此外，路灯、草坪灯、公园、别墅等作为一种景观开始安装应用小风机。据悉，移动通讯边远基站原来采用光电或柴油发电，由于光电价格较高，柴油不断涨价，移动通讯的电源开发商已开始采用风力发电或风光互补发电给移动通讯基站供电，但对机组技术指标供电可靠性要求很高。

2. 单机容量逐年加大

2008年中小型风力发电机组单机容量仍以200W、300W、500W为主，但单机容量1kW以上的机组增加较快，产量达19139台，容量为65435kW，占年总容量的89.8%，平均每台机组容量为3.42kW。这说明用户用电量逐步增加，先富裕起来的农、牧、渔民要求购买功率大的机组，除满足生活用电外，同样还需要解决部分生产用电。联通、网通、移动通讯基站国内外分布式发电供电系统、边防哨所及出口等用电单位也需要功率较大的机组。

3. 国际市场形势很好，出口大幅增加

据19个出口企业报表统计：2008年出口各种中小型风力发电机组共39387台，机组容量51517.9kW，产品分布在世界五大洲46个国家与地区，2008年是中小风力发电机组出口外贸最好的一年。

“风-光互补发电”仍是今后的发展方向。传统的单一的户用风力发电机组供电远远不能满足用户的用电需求。若无风，也就无电(电瓶充电只能用3～5天)，电器设备无法使用，使已经用上了电器设备的农、牧、渔民深感不便。为了确保不间断用电，利用当地的风能和太阳能资源，采用“风-光互补”发电，当白天风小时，太阳电池可以发电，晚上没有太阳有风时，风力发电机组发电，这就起到了“互补”的作用。采用“风-光互补”发电还有一个明显的好处是可以保护蓄电池，提高蓄电池使用寿命。太阳能与风能在时间和地域上有着很强的互补性。“风光互补”发电是今后相当时期内独立供电的发展方向。

机组质量和可靠性，急待提高。国内外用户对机组除造型美观、设计匹配合理外，对机组的寿命及可靠性提出了更高要求，用户特别是对逆变控制器质量差反应强烈。对逆变控制器要求具有完善的超压、过负荷、短路、过热等保护性能，同时要有相应的仪表显示，要有报警系统及泄荷装置，根据用户需求，输出波形要求为正弦波。对蓄电池要求采用阀控密封铅酸蓄电池，开式铅酸蓄电池必须逐步淘汰，尽管机组价格会相应增加，只要质量好，大多数用户还能接受。现在不少生产厂家认识到，只有在质量可靠性方面下工夫，增加技术开发投入，企业才能生存发展。

8.1.5 发展障碍与问题

1. 发展障碍

(1) 中小型风力发电行业目前缺乏政策支持。希望农业部等有关部门对中小型风力发电机行业发展出台有关政策，将其列入国家中长期发展规划，有具体扶植措施，以促进行业健康发展。经验证明，独立运行的中小型风力发电和风光互补发电系统是解决当前我国边远地区300万无电户用电的最有效、最可行、最经济的供电途径，应引起有关部门的足够重视。"因地制宜、多能互补、综合利用、讲求效益"的发展农村能源的方针要继续贯彻。靠常规能源解决边远无电地区的农牧渔民用电，在短期内是不可行的，也是不经济的。

(2) 用户缺乏资金和扶持政策。对生产中小型风力发电机组及其配套件的企业给予贴息或半贴货款，以解决资金不足的问题。建议农业部和有关部门在西部边远地区，将"小型风力发电机组"列入国家"支农"项目名单，像家电下乡那样给予优惠补贴。同时在"绿色能源示范县"和"生态家园富民工程"建设中因地制宜，在西部边远地区选择部分示范项目，推广应用小型风力发电机和风光互补发电系统，解决农牧渔民生产和生活用电，促进农村能源建设发展。

(3) 完善和修订小型风力发电机组及其配套件农业行业标准，建立国家级检测机构，对风机产品进行有效的质量监督。

(4) 继续加强国际合作与技术交流，利用亚行、世行和外国政府的贷款或赠款，促进农村能源发展。

随着修改后的我国《可再生能源法》的正式实施，以及国家节能减排工作的深入发展，相信独立供电的农村能源小型风力发电行业将会得到更大的发展。

2. 存在问题

(1) 由于原材料价格不断上涨，小型风力发电机组生产成本也不断提高，而购买风机的广大农牧渔民经济收入有限，因此企业销售价不能随着上涨，企业利润空间很小，无利可图，促使有的企业开始转产。

(2) 有的配套件质量不稳定，性能差，特别是蓄电池、逆变控制器，影响整机发电系统的效率和可靠性。

(3) 尽管目前风光互补发电系统推广应用很快，需要量大，但由于太阳能电池组件价格太高，如果不是目前国家大量补贴，农牧渔民自购有较大困难，所以说太阳能电池组价格制约风光互补发电系统的发展。

(4) 少数企业生产的小型发电机组质次价高，而且产品没有通过国家检测中心测试鉴定就批量生产销售，售后服务不到位，损害了消费者利益。

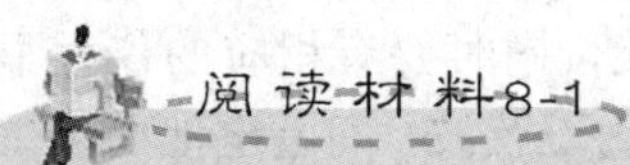
阅读材料8-1

西藏将成为我国太阳能发电量最大省区

西藏最大的太阳能发电站——100MW大型光伏并网发电站日前正式开工建设。西藏和平解放60年来，西藏高网型光伏发电累计安装量已达到9MW，约占我国太阳能光伏发电装机容量的13%，将成为太阳能发电量最大省区。

西藏是我国太阳能资源最丰富的省区，大部分地区年日照时间在2000h以上，年辐射量可达6000兆焦耳/平方米至8000兆焦耳/平方米。60年来，西藏大力发展太阳能、水能、风能、地热等清洁能源，用绿色能源保护雪域高原，能源利用由最初的水力、煤炭、石油等开发，逐步扩大到地热、太阳能、风能等资源的利用研究。

据西藏自治区科技厅介绍，西藏太阳能研究、开发、利用起步于20世纪80年代初，主要以光热为主，20世纪90年代进入较快发展阶段。20世纪90年代，国家先后在西藏实施了“科技之光计划”、“光明工程”、“西藏阿里光电计划”和“送电到乡”等太阳能光伏工程。目前，西藏已经建立了县级独立光伏电站7座、乡级光伏发电站和风光互补电站300多座，户用太阳能光伏电源、风光互补电源约10万套。

“十一五”期间，西藏大力实施“金太阳科技工程”。在研发新型折叠式太阳灶，示范推广太阳能供暖、太阳能沼气、风光互补发电和光伏并网等新能源技术方面，取得了很大进展，特别是在太阳能供暖、太阳能沼气技术研究和产品开发等方面，填补了西藏相关领域的空白。截至目前，西藏累计推广太阳灶39.5万台，年均增幅超过10%。同时，太阳能集中供暖面积达1万m^2，风光互补发电总装机容量达到220kW，全区共有20万左右农牧民家庭依靠光伏发电圆了电灯梦，近70万名农牧民因使用各种太阳能产品而受益，西藏已成为我国太阳能应用率最高、用途最广的省区。

中央第五次西藏工作座谈会以来，西藏加快转变经济发展方式，大力发展绿色清洁能源。仅今年，在西藏开工建设的10座大型太阳能光伏电站累计投资将达20亿元。

在古城拉萨，每当夜幕降临，布达拉宫广场、宗角禄康公园的太阳能路灯就会点亮拉萨人的夜生活。太阳能技术应用背后是西藏人的低碳生活。据估算，去年西藏通过太阳能光伏利用和光热利用，全年共节约标准煤16.28t，折合人民币上亿元。

“十二五”期间，西藏将重点发展水电，满足区内需求的电力装机和建设规模将达到287万kW。同时，西藏将积极开发太阳能，建立国家级太阳能利用研究与示范基地，探索小型太阳能发电和大型太阳能电站建设模式，力争太阳能光伏和光热发电装机容量达到16万kW。同时，加快地热、风能、生物质能等资源的开发和利用。

资料来源：www.gzgreenpower.com

8.2 我国并网风力发电

8.2.1 行业发展历程

随着全球经济的发展，风能市场也迅速发展起来。自2004年以来，全球风力发电能力翻了一番，2006 年至 2007 年间，全球风能发电装机容量扩大 27%，2007 年已有 9 万 MW，预计未来 20～25 年内，世界风能市场每年将递增 25%。随着技术进步和环保事业的发展，风能发电在商业上将完全可以与燃煤发电竞争。

2006 年，中国风电累计装机容量已经达到 260 万 kW，成为继欧洲、美国和印度之后发展风力发电的主要市场之一。2007 年我国风电产业规模延续暴发式增长态势，截至 2007 年底全国累计装机约 600 万 kW。2008 年 8 月，中国风电装机总量已经达到 700 万 kW，占中国发电总装机容量的 1%，位居世界第五，这也意味着中国已进入可再生能源大国行列。

2008 年以来，国内风电建设的热潮达到了白热化的程度。到 2008 年年底，风电规模就达到 1000 万 kW，到 2011 年累计装机容量达到 4230 万 kW。

中国风力等新能源发电行业的发展前景十分广阔，预计未来很长一段时间都将保持高速发展，同时盈利能力也将随着技术的逐渐成熟稳步提升。2009 年该行业的利润总额保持高速增长。

风电发展到目前阶段，其性价比正在形成与煤电、水电的竞争优势。风电的优势在于：能力每增加一倍，成本就下降 15%，近几年世界风电增长一直保持在 30%以上。随着中国风电装机的国产化和发电的规模化，风电成本可望再降。因此风电开始成为越来越多投资者的逐金之地。中国新能源战略开始把大力发展风力发电设为重点。根据我国《可再生能源中长期发展规划》，到 2020 年我国可再生能源在能源结构中的比例争取达到 16%，其中风电将达到 3000 万 kW。以每千瓦装机容量设备投资 7000 元计算，未来风电设备市场将高达 1400 亿元至 2100 亿元。

中国风力发电经历的 3 个阶段。

第一个阶段可称为“青铜时代”，也就是实验研究，示范先行。这段时间是从 20 世纪 70 年代末到 80 年代末，大概持续了 10 年，由于是起步阶段，并没有建成商业化运行的风电厂。1981 年中国风能协会成立，1986 年 4 月我国第一个风电厂在山东省荣成并网发电，安装了 3 台 55kW 进口机组，总容量 165kW，此外，20 世纪 80 年代的中期，国产单机 55kW 的风电机组在福建省的平山岛并网发电。1986 年我国 4 台 200kW 机组在炼化建成示范厂。1989 年随着内蒙古朱日和风电场第一批的投产，我国风电发展的青铜时代画上了一个句号。

第二个阶段可称为“白银时代”，构造商业开发，积累能量。经过 10 年的蹒跚学步，我国风电进入了新的发展阶段，从 1989 年到 2002 年的 13 年间，我国风电产业出现了商业化开发，公司化运作的崭新体制，在政策、技术等方面也逐步提出了适合我国国情的发展举措。1995 年，原电力工业部提出到 2000 年年底风电装机达到 100 万 kW 的目标，并且制定了风力发电厂并网运行管理规定，出台了电网公司允许风电厂就近上网，全额收购风电厂上网电量，对高于电网平均电价部分实行全网分摊的鼓励政策。1994 年龙源电力集团设立了汕头风力发电公司，投资 2800 万从丹麦引进 15 台单机 200kW 的机组，建设总装机 3000kW 的汕头风电厂。1995 年投产发电，龙源电力集团成为我国第一个商业化开发的风电项目。1995 年龙源又在汕头与其他股东方合资，建成一个 5500kW 的风电厂，总共装机 10 台 550kW 的风机，这个风电厂目前还在运行当中。到今天为止，应该说已经运行了将近 14 个年头，整个机组状况还是比较良好。

第三个阶段叫“黄金时代”，就是遍地开花，规模领先。所谓黄金时代主要指风电发展获得了法律和政策的正式支持，其主要标志就是中华人民共和国《可再生能源法》的颁布实施，同时为了降低风电项目造价，提高风电市场竞争力，以风电厂的规模化建设带动我国风电设备制造产业发展，国家发改委，包括现在的国家能源局从2003年开始连续5年组织招标，规划大型风电基地，开发建设大型风电厂。在利好政策的导向刺激下，我国风电开发建设逐步趋热，各类投资主体纷纷进军风电开发，风电厂出现遍地开发的趋势。2008年，中国最大的“风电巨子”国电龙源集团风电装机已成功突破200万kW。这一风电装机规模在世界风电同类企业中排名第六位。风电装机由2005年44万kW，到突破200万kW的装机规模，这样的增长中国风电企业仅仅用了3年的时间。

近几年，我国风电产业快速发展，《可再生能源“十一五”规划》制订的到2010年风电装机1000万kW的目标已于2008年实现。截至2011年底，我国风电装机容量达6270万kW，其中，2011年新增1800万kW，成为全球风电装机规模第一大国。

8.2.2 风电场项目的可行性研究报告

1. 风电场项目可行性研究的意义和作用

风电场项目可行性研究是在批准了的项目建议书的基础上进一步进行调查、落实和论证风电场工程建设的必要性和可能性。可行性研究报告经审批和批准后该项目可以立项，业主可着手进一步落实解决配套资金及其融资和还贷的银行进行评估工作，并做好施工前的准备工作。

项目可行性研究报告主要是通过对项目的主要内容和配套条件，如市场需求、资源供应、建设规模、工艺路线、设备选型、环境影响、资金筹措、盈利能力等，从技术、经济、工程等方面进行调查研究和分析比较，并对项目建成以后可能取得的财务、经济效益及社会影响进行预测，从而提出该项目是否值得投资和如何进行建设的咨询意见，为项目决策提供依据的一种综合性的分析方法。可行性研究具有预见性、公正性、可靠性、科学性的特点。

可行性研究报告是确定建设项目前具有决定性意义的工作，是在投资决策之前对拟建项目进行全面技术经济分析论证的科学方法。在投资管理中，可行性研究是指对拟建项目有关的自然、社会、经济、技术等进行调研、分析比较，以便风电场项目获得开发权后，进行可行性研究阶段的工作，因此，可行性研究报告是政府核准风电项目建设的依据之一。

风电场内的测风资料至少有一年的实测数据后，可进行风电场项目的可行性研究阶段工作。业主需委托有资质的设计单位进行设计和编制报告。

2. 项目可行性研究报告的内容

(1) 综合说明：将项目可行性研究各章节的结论性的内容进行述说。

(2) 风能资源：对本风电场的实测资料进行处理、分析，最后应得出本风电场场址内代表年的推荐风电机组轮毂高处的风能资源特性参数，如年平均风速、风功率密度、年有效风速小时数、风向玫瑰图和风能玫瑰图。

(3) 工程地质：需评价场址的稳定性、边坡的稳定性，需判别岩土体的容许承载力等场址的地质条件。

(4) 项目任务和规模：风电场所在地区的经济现状及远近期发展规划、电力系统现状及发展规划，确定其项目的规模，尤其是建设规模大的风电场要考虑当地负荷能否消纳，以及电力系统的稳定问题。

(5) 风电机组选型、布置及风电场发电量估算，根据风电场在IEC中属于几类风场选择相应的机型。

① 绘制风电场风能资源分布图，目的是确定初次布机的方案。

② 对各机型进行初步布置、简单优化后计算出理论发电量、风电机组和配套设备的投资，列出各机型技术经济比较表，然后初步选定机型。机型选择技术经济比较表很重要，虽然推荐了风电场项目的机型，但它对适合于风电场的机型基本上都作了比较，对以后招标、评标都有重要的参考意义。

③ 绘制出推荐机型的最终布置图。

④ 计算推荐机型的各风电机组标准状态下的理论年发电量。

⑤ 考虑各种发电量折减因素，估算风电场年上网电量、年等效满负荷小时数、容量系数等。

(6) 电气部分，电气一次、电气二次、通信、采暖、通风与空气调节。

电气一次内容具体如下。

① 风电场项目接入系统方式的说明。业主委托风电场项目接入电力系统设计单位，设计并编制《风电场项目接入系统初步设计》，说明风电场升压变电所接入电网的电压等级、出线回路数、计费点的位置等。

② 风电场集电线路方案。设计单位对风电场集电线路作方案技术经济比较并进行优化，优化对节约投资较重要。因为装机容量越大，设备和材料尤其采用电力电缆的投资也越大，相应地如有设计和项目公司联络和协商更好。

③ 升压变电所主接线。对升压变电所的主接线方案进行比较，如对主变台数和配合集电线路的电压等级等因素进行技术经济比较。

风电场的特点是可分期分批建设，而升压变电所需考虑整个风电场的规划。如是分期建设的风电场，应说明风电场升压变电所分期建设和过渡方案，以适应分期过渡的要求，同时提出可行的技术方案和措施。如是扩建工程，应校验升压变电所原有电气设备，并提出改造措施。

在风电场升压变电所设计中需注意的是，为了在10kV侧或35kV侧减少能耗以及自然环境美观，风电机组集电线路采用电力电缆，单相接地故障电容电流较大时(当电压为10kV时，单相故障电流＞30A；35kV时，单相故障电流＞10A)可采用低电阻接地方式，并配置相应的继电保护装置。小电阻接在装设的专用变压器中性点上。

④ 主要电气设备选择。电气设备的选择既要满足先进性，又不追求最先进设备的辨证观点，还需考虑业主的财力和上网的电价。

电气二次：按GB 14285—93《继电保护和安全自动装置技术规程》配置；目前风电机组的监控系统和升压变电所的监控系统是二套装置，原因是目前没有此类产品或价格过高。

通信：通信分为升压变电所通信和风电场内的通信。升压变电所的通信有系统调度通信、变电所所内调度通信和行政通信。这3种通信方式目前采用调度通信交换机将它们联系起来；风电场采用对讲机或手机方式进行通信。

采暖、通风与空气调节：在风电场工程中，主要采用空调来调节室内温度，如果是北方地区，在冬天还采用锅炉取暖方式。

消防：消防是发改委核准的主要内容之一，贯彻“预防为主，防消结合”的消防工作方针。它分为以下几方面：主要场所及主要机电设备消防设计；安全疏散通道和消防通道；消防给水设计；消防电气；消防监控系统。

土建工程：根据设备厂家提供的资料对风电机组基础及箱式变电站基础进行设计，确定升压变电所主要建筑物的等级、规模、结构型式、建筑标准。进行建筑物设计，并提出工程量，如经地质灾害危险性评估，有地质灾害应提出配套建设地质灾害治理工程的设计。

施工组织设计：内容包括叙述施工条件、施工总布置、施工交通运输、工程征用地、主体工程施工、施工总进度，以及必要的附表和附图。

工程管理设计：根据风电场工程的具体情况和业主对风电场工程运行和管理的要求，进行机构设置和人员编制。

环境保护和水土保持方案设计：这一部分是核准制中的一个主要环节，阐述环境保护设计和对主要不利影响采取的对策措施，并提出采取环境保护措施所需投资的概算；对水土保持方案的设计需预测工程建设可能造成的水土流失，并分析其危害；提出水土流失主要产生地段的防治措施；提出水土保持措施所需投资概算。

劳动安全与工业卫生：这一部分也是核准制中的一个主要环节，对工程投产后在生产过程中可能存在的直接危及人身安全和身体健康的各种危害因素进行分析，提出符合规范要求和工程实际的具体防护措施，以保障风电场职工在生产过程中的安全与健康要求，同时确保工程建筑物和设备本身的安全；对工程施工过程中可能存在的主要危害因素，从管理方面对业主、工程承包商和工程监理部门提出安全生产管理要求，确保施工人员生命及财产的安全。

工程投资概算：项目可行性研究中的工程投资概算是确定和控制基本建设投资、编制施工设计预算或项目招标标底的依据。根据各专业提出的设备清单及其安装工程量、土建工程量等资料，按照工程投资概算价格水平年进行概算的编制，如有跨年度施工，还需编制分年度投资概算表。

财务评价：财务评价是在国家现行财税制度和价格体系的基础上，对项目进行财务效益分析，考察项目的盈利能力、清偿能力等财务状况，以判断其在财务上的可行性。这一部分根据风电场项目工程的投入和产出测算本风电场的上网电价，以及对于不确定因素，如上网电量、固定资产投资、上网电价等的变化，计算其变化引起财务内部收益率的改变，分析风力发电工程的抗风险能力。

社会效果评价：风能是清洁的可再生能源，是我国有待加强开发的新型能源资源。风电场建成后，风电机组每年可为电网提供可再生的发电量，每年可为国家节约标煤，相应每年可减少多种有害气体和废气排放，如二氧化硫、二氧化碳排放量，减少烟尘排放量、一氧化碳和碳氢化合物等。因此，从节约煤炭资源和环境保护角度来分析，风电场工程的建设具有明显的社会效益及环境效益。

总结：可行性报告重点是从技术经济比较，选择适合于风电场的风力发电机组机型（应选择适合风电场风能资源的风电机组，并进行合理的和优化的风力发电机组布机方案）；经过论证、比较，优选接入电力系统、电气主接线方案和集电线路方案（选择先进性，性能好的电气设备）；从施工角度推荐使工程早见成效的施工方法；经过工程投资概算和财务分析，测算并评价工程可能取得的经济效益、业主可能获得的回报率。

8.2.3 风电场项目的实施

1. 风电场基础建设

风电场是指将风能捕获、转换成电能并通过输电线路送入电网的场所。它由四部分构成：风力发电机组，风电场的发电装置；道路，包括风力发电机旁的检修通道、变电站站内站外道路、风场内道路及风场进出通道；集电线路，分散布置的风力发电机组所发电能的汇集、传送通道；变电站，风电场的运行监控中心及电能配送中心。

2. 风电场特许权

政府特许权经营方式，主要是指用特许权经营的方法开采国家所有的矿产资源，或建设政府监管的公共基础设施项目。风电特许权是将政府特许经营方式用于我国风力资源的开发。在风电特许权政策实施中涉及3个主体，即政府、项目单位和电网公司。政府是特许权经营的核心，为了实现风电发展目标，政府对风电特许权经营设定了相关规定。

(1) 项目的特许经营权必须通过竞争获得。

(2) 规定项目中使用本地化生产的风电设备比例，并给予合理的税收激励政策。

(3) 规定项目的技术指标、投产期限等。

(4) 规定项目上网电价，前三万利用小时电量适用固定电价(即中标电价)，以后电价随市场浮动。

(5) 规定电网公司对风电全部无条件收购，并且给予电网公司差价分摊政策。

项目单位是风电项目投资、建设和经营管理的责任主体，承担所有生产、经营中的风险，生产的风电由电网公司按照特许权协议框架下的长期购售电合同收购。电网公司承担政府委托的收购和销售风电义务，并按照政府的差价分摊政策将风电的高价格公平分摊给电力用户，本身不承担收购风电高电价的经济责任。

风电特许权政策的运行机制是，政府采取竞争性招投标方式把项目的开发、经营权给予最适合的投资企业，企业通过特许权协议、购售电合同和差价分摊政策运行和管理项目。

3. 风电场的建设程序

风电场建设施工前期准备，包括：项目报建、编制风电场建设计划、委托建设监理、项目施工招标、签订施工合同、征地、现场四通一平、组织设备订货、职工培训。

风电场工程施工，包括：工程施工许可证、工程施工管理、工程施工监理、工程施工质量管理、工程施工安全管理。

风力发电机组的运输、安装与调试。

风力发电机组试运行与验收。

4. 风电场项目建议书

风电场项目建议书是通过对投资机会的研究来形成的项目设想，是项目发展周期的初始阶段。

主要内容有：①项目提出的必要性和依据；②产品的市场预测；③建设条件、协作关系、设备选型及厂商的选择；④投资估算和资金筹措设想；⑤项目进度安排；⑥经济效益和社会效益的初步评价；⑦环境影响评价。风电场项目建议书侧重于对项目建设必要性的分析。

5. 项目划分

风电场工程建设项目划分包括设备及安装工程、建设工程和其他费用三部分。

设备及安装工程指构成风电场固定资产的全部设备及其安装工程。由以下内容组成：发电设备及安装工程，主要包括风力发电机组的机舱、叶片、塔筒(架)、机组配套电气设备、机组变压器、集电线路、出线等设备及安装工程；升压变电设备及安装工程，包括主变压器系统、配电装置、无功补偿系统、所用电系统和电力电缆等设备及安装工程；通信和控制设备及安装工程，包括监控系统、直流系统、通信系统、继电保护系统、动力及计费系统等设备及安装工程；其他设备及安装工程，包括采暖通风及空调系统、照明系统、消防系统、生产车辆、劳动安全与工业卫生工程和全场接地等设备及安装工程。还包括备品备件、专用工具、全场接地等上述未列的其他所有设备及安装工程。

建筑工程主要由设备基础工程、升压变电工程和其他建筑工程 3 项组成。设备基础工程，主要包括风力发电机、箱式变压器等基础工程。发电设备基础工程，包括风电机组及塔筒(架)和机组变压器的设备基础工程。升压变电工程，主要包括中央控制室和升压变电站等地建工程。变配电工程，主要指主变压器、配电设备基础和配电设备构筑物的土石方、混凝土、钢筋及支(构)架等。其他建筑工程，主要包括办公及生活设施工程、场内外交通工程、大型施工机械安拆及进出场工程和其他辅助工程。其中其他辅助工程主要包括场地平整、环境保护及水土保护、供水、供热等上述未列的其他所有建筑工程。

6. 费用组成

风电场工程总投资由建筑安装工程费、设备购置费、工程建设其他费用、预备费和建设期贷款利息构成。

建筑安装工程费由直接费、间接费、利润和税金组成。直接费包括直接费、其他直接费和现场经费。间接费指建筑安装工程施工过程中构成建筑产品成本，但又无法直接计量的消耗在工程项目上的有关费用。利润指按规定应计入建筑安装工程费用中的行业平均利润。税金指按国家税法规定计入建筑安装工程费用中的营业税、城市维护建设税和教育费附加税。

设备购置费内容包括设备原价、运杂费、运输保险费、采购保管费及大件运输措施费。

工程建设其他费用由项目建设管理费、生产准备费、勘察设计费和其他费用组成。

预备费包括基本预备费和价差预备费。基本预备费指在工程建设过程中可能发生的预可行性研究阶段设计范围内的设计变更及弥补一般自然灾害所造成损失中工程保险未能补偿部分而预留的费用。

建设期贷款利息指根据国家有关财政金融政策规定，在建设期内所需偿还并应计入工程总投资的贷款利息。

其他费用主要由项目建设管理费、生产准备费、勘察设计费和其他费用 4 项组成。

8.2.4 我国风电运行管理特点及现状

近几年我国风电装机规模快速增加，80％机组都在近两年内投运。风电场的管理大多存在经验不足的问题。多数风电场安全生产管理借鉴火电模式，安全生产规范、标准有待完善，需进一步系统化。风电场缺乏有经验的运行、检修技术人员，一些质保合同不利于现场人员在两年质保期中掌握运行技术。同时，我国风电产业核心技术能力欠缺，机组优化运行能力不足，发电效率有进一步提升空间。有些风电场在运行管理方面积极探索，取得了一定的成果。

1. 面临的形势与挑战

大批量国产机组3～5年后，进入缺陷高发期，事故、缺陷的预防监测手段、消缺措施均要提早准备；安全生产偏重行政管理，技术监督、技术管理手段需健全完善；送出瓶颈仍会有2～3年，保电工作异常艰巨；未来几年大量机组出质保期，验收把关工作急待规范完善。

2. 对策及战略思考

(1) 加强人员准入与培训工作，提高设备运行检修技能。

① 提高运检重要性认识，完善制度体系建设。

② 提高设备消缺及时性，加强可用系数测算与考核。

③ 探索状态检修，降低事故发生率。

④ 备件联合储备，建立合理的基本定额，通过国产化、同类型替代，拓宽采购渠道，提高供应及时性。

(2) 建立安全生产信息化系统。风电场实时监视系统、生产报表系统、设备台账系统、备件管理等系统。

① 研究机组控制策略，结合功率曲线验证，联合开展运行优化。

② 差异性风电场(复杂地形、高海拔、低温、大风、结冰等)机组运行模式研究。

③ 探索风电技术监督项目、监督周期、实施办法等。

(3) 规范移交生产程序，防范安全生产事故。

① 提高相关规范的可操作性。

② 达标投产验收。

③ 基建阶段，生产人员早期介入，强化“安、健、环”施工管理。

(4) 加强公司层面的交流。

① 加强风电运行技术交流。

② 以《风力发电》媒介，提高风电运营、维护水平。

③ 定期发布风电设备运行报告，防范类似故障在不同公司发生。

④ 高度重视人员培训及技术交流工作，不断提高生产人员技术和管理水平。

8.2.5 内蒙古风力发电成就

1. 内蒙古风电产业发展优势

内蒙古风能资源十分丰富，据国家气象科学院研究测算，全区可开发利用的风能储量为1.01亿kW，占全国的40%，居全国之首。内蒙古风力资源具有风能丰富区面积大，分布范围广，稳定度较高的风能品位，连续性好等优点，比较适合风力发电机的经济运行，再加上内蒙古地广人稀，征地费用低，风电厂电力联网条件良好等特点，内蒙古风力发电开发前景非常广阔。

在国内约26个省区的风能资源中，大约有32亿kW装机容量可供开发，而内蒙古可供开发的风能达14.6亿kW。这一数据意味着内蒙古的风能资源可开发量，占到了全国的约一半，其中巴彦淖尔、赤峰、乌兰察布、包头等地区风能资源优势明显。

内蒙古大容量并网风电机组的发展始于1989年。蓄积近20年力量后，风能资源的丰富性和节能减排的迫切性，使得开发风电加速推进，尤其是2005年以来的快速崛起。2006—2007年内蒙古的广袤草原上掀起了风力发电投资热潮，超过200家企业进军内蒙古风电产业。截至2008年11月底，内蒙古并网运行的风电机组容量达214万kW，2008年1—11月内蒙古境内风电机组累计发电29.8亿kWh，风电发电量同比增长172.45%。

2. 内蒙古风力发电典型发展区域—乌兰察布

1) 乌兰察布电力产业

乌兰察布市地处晋(山西)煤和准(准格尔)煤的交汇带，已建成的装机120万kW的丰镇电厂和装机120万kW的岱海电厂，以及正在建设或即将开工建设的总装机900多万kW火电、风力发电项目都处在北京500km输电的经济半径之内。

乌兰察布市安装的风力发电机的单机最大功率为1500kW，是国内目前安装的单机容量最大的风电机。辉腾锡勒风电场已成为建设中的世界级大型风电场，与发电项目相配套的总投资8.5亿元的7项输变电工程也在紧张建设中。乌兰察布市主要依靠社会办电，正在建设的电力项目总投资近400亿元，均为国内各大电力公司和一些企业投资。

国家经济发展，尤其是华北地区缺电给乌兰察布市电力事业带来前所未有的发展机遇，乌兰察布市将成为内蒙古第一个电力装机超过1000万kW的盟市，成为首都北京的能源基地，为2008年北京奥运会提供电力保障。2004年内蒙古向北京输电120亿kWh，占北京用电量的1/5。2005年上半年，内蒙古已向华北电网送电80亿kWh。

中国华电集团、北京国电公司、蒙电华能公司等一批大型电力企业纷纷入驻乌兰察布市进行电力项目建设。在目前已开工建设的发电项目中，岱海电厂规划装机总容量为6×60万kW，一期工程建设2×60万kW机组，2009年将投入运行，二期工程建设2×60万kW机组，2007年投产；丰镇电厂规划装机容量为360万kW，分四期完成，现正在进行三期扩建2×60万kW机组建设，投资为49.6亿元，预计明年投产发电，为京津唐电网送电；乌兰水泥热电厂规划装机容量为2×15万kW，总投资为15.5亿元，预计今年可投入运行。龙源公司、中国华电、京能集团等5个风电项目2009年下半年争取全部开工建设。随着项目的进一步建设，全市预计将再形成135万kW的投产发电机组，力争达到150万kW，总的发电企业装机容量可达到近262.5万kW。

据有关资料显示，内蒙古自治区电力工业的平均增速必须保持在11%～12%，即每年至少有1个2×60万kW机组投入运行，才能满足用电需求。

2) 乌兰察布市风力发电开发项目

表8-3、表8-4与表8-5所列分别为已开工建设项目、已核准的风电项目和正在进行测风、待核准的项目。

表 8-3 已开工建设的项目

序号	风能开发区名称	高程/m	规划面积/km^2	建设规模/万千瓦	总投资/亿元	备注
1	灰腾锡勒风能区(中旗、北京国际电力投资有限公司)	2100	20	10	8.5	已开工
2	灰腾锡勒风能区(中旗、华电内蒙古公司)	2100	20	10	8.5	已开工
3	灰腾锡勒风能区(中旗、龙源公司)	2100	20	16.31	14	已开工
4	灰腾锡勒风能区(卓资、大唐国际发电有限公司)	1900	20	10	8	已开工核准4万kW

表 8-4 已核准的风电项目

序号	风能开发区名称	高程/m	规划面积/km^2	建设规模/万kW	总投资/亿元	备注
1	灰腾锡勒风能区(中旗、北京君达能源公司)	1900	200	100	80	已签约核准4.9万kW
2	灰腾锡勒风能区(卓资、北京康佳信公司)	1900	20	10	8	已签约核准4.9万kW

表 8-5 正在进行测风和待核准的项目

序号	风能开发区名称	高程/m	规划面积/km^2	建设规模/万kW	总投资/亿元	备注
1	兴和大西坡风能区(兴和、北京京蒲富丽达公司)	1600	10	5	4	已签约已测风未核准
2	四子王巴音风能区(四子王、上海弘昌晟公司)	1300	210	100	83	已签约已测风未核准
3	四子王巴音风能区(四子王、内蒙古北方龙源公司)	1300	210	100	100	已签约
4	兴和大西坡风能区(兴和、北德亿公司)	1700	100	50	40	已签约已测风未核准
5	灰腾锡勒风能区(卓资、世纪枫林公司)	1900	240	120	90	已签约已测风未核准
6	化德常顺风能区(化德、北京中人公司)	1600	180	90	60	签约已测风未核准
7	化德常顺风能区(化德、秦皇岛汇德公司)	1700	100	50	40	已签约已测风未核准
8	化德常顺风能区(化德、中国水利投资公司)	1700	100	50	40	已签约已测风未核准
9	丰镇永善风能区(丰镇、北京中节能风电公司)	1400	10	4.9	4	已签约已测风未核准
10	商都大脑包风能区(商都、内蒙古丰泰新能源公司)	1500				已签测风协议

（续）

序号	风能开发区名称	高程/m	规划面积/km^2	建设规模/万 kW	总投资/亿元	备注
11	商都大脑包风能区(商都、内蒙古电力公司)	1500				已签测风协议
12	商都大脑包风能区(商都、武汉凯迪公司)	1500				已签测风协议

3）乌兰察布市风能开发风电项目资源

内蒙古自治区是中国风能资源最丰富的省区，可利用风能占全国大陆的39%，而乌兰察布市是内蒙古的风能富集区，可利用风能占全内蒙古的25%。经专家实地勘察，乌兰察布市制定了中长期风电发展规划，可开发风场的区域达6828km^2，占全市面积的12.4%。

乌兰察布市发展风电有3个有利条件。

① 有效风时多，风能品位高，场地面积大。地表以上40m高处，年均风速在7.5～8.8m/s，功率强度在450～640W/m^2，有效风时在7500～8100小时/年；

② 内蒙古西电东输的主要通道。蒙西电网2006年即可完成“三横三纵”战略任务，以后将增至10条500kV。国家电网正规划1000kV特高压交流输电网和±800kV直流输电网。可谓全国的“输电高速公路”，覆盖乌兰察布这个能源基地。

③ 乌兰察布市位于首都与首府之间，区位好。乌兰察布市市政府所在地集宁到北京只有330km，铁路、公路四通八达。

8.2.6 内蒙古电网建设

1. 发展现状

内蒙古自治区电源建设和电网建设近年一直保持快速增长态势。2011年电源侧，丰泰电厂＃3和＃4机组(2＊350MW)、神华萨拉齐电厂＃1和＃2机组(2＊300MW)、准能矸石电厂＃3和＃4机组(2＊330MW)并网发电，全网统调装机容量达42360.39MW；风电相继大量并网，统调容量达8354.54MW。电网侧，500kV永丰三线投产，呼市至丰镇电网断面结构得到加强；完善灰腾梁220kV母线，呼市东郊220kV系统改造，高力罕220kV母线扩建；启动220kV响沙湾变、马兰花变、苏亥图变等；扩建鄂尔多斯大陆＃2变、民安＃1变、布拉格＃2变等。

预计到2015年，内蒙古电网形成“三横四纵、五出口”结构，与国家电网形成多回路强交、强直联络可以满足1000万kW装机并网、2530万kW区内负荷供电、1500万kW电力外送的要求。各盟市主干供电网络进一步加强，城市和农村牧区各级供电网络不断完善，电网智能化水平不断提高。

2010—2015年，内蒙古电网新增装机总容量3716万kW，其中火电2356万kW，水电20万kW，抽蓄电站240万kW，风电1100万kW。

2. 电网存在的主要问题

(1) 电网发供电矛盾十分突出。

近年来蒙西火电、风电机组建设速度快，规模大。由于自治区经济总量较小，同时按照节能减排要求，近年来淘汰了大批落后产能，区内电力需求增量有限，短期内难以全部消纳已投运的火电、风电机组。2009年，内蒙古电网火电机组平均利用小时仅为4344h，低于全国平均水平495h。特别是网内风电装机已达489万kW，由于自治区电力市场空间和调峰能力不足，电网难以保证全额收购风电电量。目前，蒙西地区尚有一批国家已核准的电源在建项目，其中风电约300万kW，火电453万kW，抽水蓄能120万kW，水电20万kW。今明两年，随着蒙西在建电源项目的陆续投产，发供电矛盾将更加突出。

(2) 电网外送通道严重不足。

电网外送通道不足，是内蒙古电网电力平衡困难的一个主要原因。近年来，自治区外送通道建设严重滞后于电源建设。内蒙古电网新建超高压第三外送通道方案从2006年开始规划，由于种种原因，至今仍未开工。为解决蒙西地区大规模火电及风电基地送出问题，国家电网公司2007年提出建设蒙西特高压外送通道，目前还在规划论证和项目核准过程中。而且，国网公司上报国家的蒙西特高压通道建设方案，没有考虑特高压电网与内蒙古电网联网，无法解决内蒙古电网风电、火电送出问题。

(3) 电网投资能力无法满足大规模开发风电送出要求。

内蒙古风电接入电网距离少则几十km，多则一二百km以上，风电接入单位投资远远超过火电。内蒙古电力公司购售电差价低、资本金匮乏、负债率高，电网投资能力不能满足风电发展的需要，由此出现风电接入电网方面的卡脖子问题。

(4) 电网投资与收益不相适应，电网建设资金短缺。

内蒙古电网供电区域面积大，地域狭长，用电负荷密度低，输变电设施要比内地省区提高一到两个电压等级，单位用电负荷电网建设投资大。另一方面，内蒙古电网购售电差价处于全国最低水平。以上原因导致内蒙古电网建设投入与收益严重不相适应，电网建设资金短缺，还本付息问题异常突出。

(5) 千伏主干电网网架结构较为薄弱，尚未形成完整的“三横四纵”结构，电网安全稳定运行水平不高，不能完全满足各地区之间电力交换和向外送通道汇集电力的要求。

(6) 包头、乌海、乌兰察布等地区的220kV电网结构不能完全满足地区经济社会发展用电需求，出现了部分220kV线路过载和变电站220kV母线短路电流超标等问题，影响电网安全稳定运行。

(7) 中低压配网建设与城市、农村经济社会发展不协调。

城市、农村中低压配电网不能完全适应经济社会发展和人民生活用电的需要，存在着较多的问题，主要包括：配网结构薄弱，设备老化，供电能力不足，自动化程度低等。

(8) 电网输变电设备利用率较低。

自治区大部分盟市用电结构相似，各地区之间的高耗能企业存在着竞争，新老高耗能企业也存在着竞争，激烈的竞争使得大批高耗能企业停产或限产，致使电网输变电设备利用率较低(电网220kV容载比超过2.2，高于规程上限的要求)。

近年来，自治区经济社会的快速发展，带动了电力需求的持续快速增长(图8-1)。2000—2009年自治区电力需求年均增长19.8%，电力弹性系数为1.13。

3. 智能化电网规划目标

建设与内蒙古自治区发展定位和国家级绿色清洁能源基地建设相匹配，各级电网协调发展，具有信息化、自动化、互动化特征的坚强、自愈、灵活、经济、兼容、集成的区域

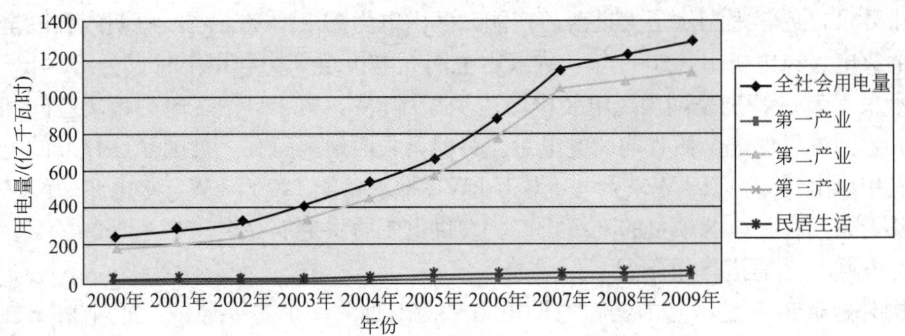

图 8-1　自治区 2000—2009 年社会用电量

电网，即电网具有强大的抵御大扰动及人为外力破坏的能力。实现自动故障诊断、故障隔离和自我恢复。实现资源的合理配置，降低电网损耗，提高能源利用效率。优化资产的利用，降低投资成本和运行维护成本。与自治区风电绿色能源开发相适应，实现包括风电在内的可再生能源发电与电网和谐发展。支持分布式发电和微网标准化的接入，能够与发电侧及用户高效交互与互动。实现电网信息的高度集成和共享，采用统一的平台和模型，实现标准化、规范化和精益化的管理。

2010—2015 年电网建设投资规模具体如下。

2010—2015 年内蒙古电网安排建设投资约 496 亿元，包括 500kV 电网 145 亿元、220kV 电网 101 亿元、110kV 电网 95 亿元、35kV 以下中低压配电网 95 亿元、二次系统及智能电网建设 60 亿元。

以建设坚强智能电网为目标，保障内蒙古自治区经济社会发展对电力供应与服务的需求。适应未来社会发展的需求，建设资源节约型、环境友好型的电网。提高可再生能源在终端能源消费中的比例；坚持协调发展，电网规划与国家能源规划、地方经济社会发展规划、城乡发展规划相结合；坚持中期规划和长期规划相结合，适度超前。

促进电网与发电、用户的友好互动，进一步拓展电网功能及其资源优化配置能力，大幅提升电网的服务能力。体现智能电网的信息化、自动化、互动化特征，满足经济社会发展对于智能电网坚强可靠、经济高效、清洁环保、透明开放、友好互动的要求。

进一步加快蒙西特高压电网建设。在国家电网公司特高压规划中，蒙西地区是最重要的送电端之一。“十二五”规划建设蒙西准格尔至山东、锡林郭勒至江苏两条特高压送电通道，汇集鄂尔多斯、锡林郭勒煤电基地内大型火电项目电力向东部地区输送。蒙西特高压通道应与内蒙古电网联网，以解决内蒙古电网当前装机富余及风电、火电打捆外送问题。积极推进包头—蒙西—长沙和乌兰察布—武汉—南昌等后续特高压项目前期工作。

迅速启动内蒙古电网超高压送电通道建设。在积极推进特高压电网建设的同时，为加快解决当前内蒙古电网火电装机富余、风电发展受限的突出问题，应尽快规划建设至少 3 条内蒙古电网超高压外送电通道，即蒙西准格尔至河北南部±660kV 直流送电通道，锡盟至华北±660kV 直流送电通道，吉庆百万千瓦风电基地至华北±660kV 直流送电通道。建议国家有关部门，在全力推进特高压通道建设的同时，尽快研究批复蒙西向华北区域电网送电的超高压通道方案。

按照国家级“风电三峡”基地规划，在全国电力市场销纳自治区风电。风电开发不仅仅只是风电富集省区的责任，必须实现跨地区、在国家电网层面市场接受风电的统筹规划。风资源丰富的地区科学合理开发建设风电基地，中东部省区在电力市场中留出接纳风电的空间，这两方面是保证我国风电事业的科学发展，早日实现内蒙古“风电三峡”建设目标的根本前提。建议国家有关部门充分考虑资源、环境、需求、成本等因素，深入研究风电送出通道以及国家电网大范围销纳风电的总体规划。

支持和鼓励内蒙古开展绿色能源相关政策试点工作。鉴于内蒙古电网作为自治区直属电网、全国性送端电网、风电绿色大网的实际，国家可在内蒙古探索开展国家绿色能源战略相关政策试点，研究实施电力多边交易、抽水蓄能调峰电站运营费用分摊、风电送出电网项目投资补贴等方面政策，将自治区千万千瓦级风电基地外送通道建设资金和调峰补贴纳入全国可再生能源附加分摊，支持和鼓励风能、太阳能等新能源大规模发展，促进内蒙古绿色能源基地建设。

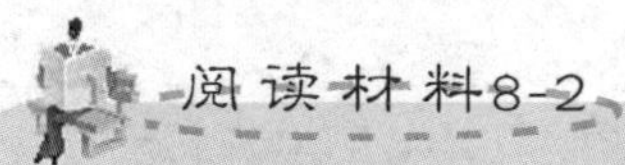

呼和浩特太阳能光伏发电发展潜力无限

呼和浩特市位于内蒙古自治区中部的土默川平原，被称为“新能源之都”。完善的基础设施、强大的消纳能力和巨大的发展潜力使得呼和浩特新能源发展前景无限广阔。

呼和浩特电网电站支撑配套设施完善，便于可再生能源电力的管理和调度。光伏发电依靠蒙西电网供电网络，实现就近接入上网。前蒙西电网已形成覆盖供电区域内所有盟市的500kV“三横四纵”主网架，220kV供电网络深入所有边远地区，电力通道通畅。呼和浩特地区电网已形成总变容量7540MW的电网，为光伏产业提供了稳定的电力保障。

2011年，呼和浩特市电网统调电源装机容量3250MW，其中，火力装机容量2800MW，风电装机450MW。2011年全年呼市用电负荷165万kW，预计到2015年，用电负荷将达到260万kW，年均增长10.46%。呼市大青山抽水蓄能电站年用量26亿kWh，可消纳光伏电力也将达到26亿kWh，降低太阳能光伏发电对电网运行的影响。现在呼市已经规划建设了21个风电场，装机容量达630万kW。

关于太阳能光伏发电，呼和浩特市已建成了5MW的大型荒漠电站，金太阳示范工程5.1MW，还有建筑光伏一体化工程10MW。计划到2020年，实现多晶硅产能7万t，硅片产能4000MW，电池片、组件产能1000MW，光伏发电装机量达到2100MW，每年实现替代常规能源108.7万t标准。光伏发电比例将占到全市能源供应的15%以上，占全国绿色电力比例的5%左右，成为国家重要的高纯硅材料生产基地和光伏应用示范基地。

1. 简述风光互补小型风力发电机组的最新研究进展。
2. 简述当今兆瓦级风电机组的发展现状。
3. 简述我国并网风力发电行业的发展历程。
4. 简述风电场项目可行性研究的意义和作用。
5. 风电场项目实施的基本内容有哪些？

第9章 世界风能发展概况

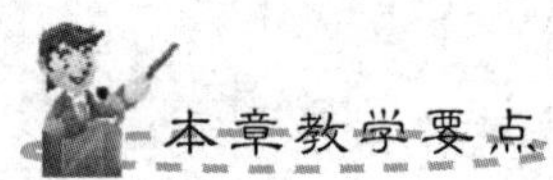

知识要点	掌握程度	相关知识
世界新能源和可再生能源时代发展背景	了解新能源与可再生能源的发展背景	新能源与可再生能源应用背景
世界风能资源分布	了解世界风资源分布状况	世界风能资源的分布状况
世界风电装机容量分析	了解世界风电装机状况	世界风能资源的装机状况分析
世界风力发电的政策环境	熟悉世界风力发电的政策环境	世界风力发电的直接政策与间接政策
世界风电发展状况	了解世界风电发展状况	世界风力发电的基本产业状况分析

导入案例

“十二五”期间中国将加快风电等可再生能源发展

中国国家电力监管委员会2011年2月发布的一份报告显示，“十二五”期间，中国将进一步加快风电等可再生能源发展。据中新社消息，预计到2015年，中国风电装机将达到一亿千瓦，风力发电量在全国发电量的比重将超过3%。

据国家电监会介绍，“十一五”期间，中国风电装机容量连续5年翻番，成为全球风电装机规模第一大国。截至2011年8月底，中国并网运行的风电场有486个，装机容量达到3924万kW。中国风电的快速发展对增加中国能源供应、调整能源结构和保护生态环境将发挥越来越重要的作用。

国家电监会表示，为保障中国风电产业的健康快速发展，该部门已开展了一系列确保风电安全稳定的监管措施，严肃事故调查处理，并建议进一步加强风电并网运行安全监管，完善管理制度和技术规范等。

9.1 世界新能源和可再生能源时代发展背景

能源是人类社会赖以生存和发展的重要物质资源，全球人口增长和经济增长对能源的需求日益加大。而长期过量开采煤炭、石油、天然气这些常规矿产能源，致使其储量快速减少。世界大部分国家能源供应不足，不能满足经济发展的需要。煤炭、石油等化石能源的利用会产生大量的温室气体，污染环境。这些问题使得新能源和可再生能源的开发利用在全球范围内升温。

在国际上，目前新能源和可再生能源已被看做一种替代能源，可以替代用化石燃料资源生产的常规能源。从目前世界各国既定的发展战略和规划目标来看，大规模开发利用新能源和可再生能源已经成为未来世界各国能源发展战略的重要组成部分。世界新能源和可再生能源消费利用总量将会显著增加，新能源和可再生能源在世界能源供应中也将占有越来越重要的地位。

20世纪90年代以来新能源和可再生能源发展很快，世界上许多国家都把新能源和可再生能源作为能源政策的基础。从世界各国新能源和可再生能源的利用与发展趋势来看，风能、太阳能和生物质能发展速度最快，产业前景也最好。风力发电在可再生能源发电技术中成本最接近于常规能源，因此也成为产业化发展最快的清洁能源技术，年增长率达到27%。测算表明，到2015年新能源和可再生能源的利用将减少3000多万t二氧化碳的温室气体以及200多万t二氧化硫等污染物的排放。

地球上的风能资源是地球水能资源的10倍，高达每年53万亿kWh。截止2008年末，全球累计装机容量达到120.8GW，增长幅度为28.8%，高于近10年的年均复合增长率平均值。

9.2 世界风能资源分布

地球上的风能资源是地球水能资源的10倍，高达每年53万亿kWh。从分布来看，主要分布在北美洲、亚洲、拉丁美洲等地方(图 9-1)。

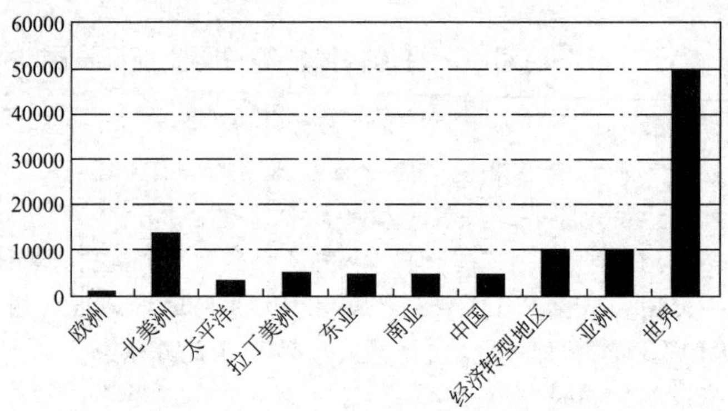

图 9-1　世界风能资源情况(单位：TWH/A)

9.3　世界风电装机容量分析

风电行业的真正发展始于 1973 年石油危机，美国、西欧等发达国家为寻求替代化石燃料的能源，投入大量经费，用新技术研制现代风力发电机组，20 世纪 80 年代开始建立示范风电场，成为电网新电源。在过去的 20 年里，风电发展不断超越其预期的发展速度，一直保持着世界增长最快的能源地位。

据全球风能理事会(GWEC)于 2010 年 1 月 4 日发布的统计报告，2009 年全球风力发电能力增长 31%，风力发电新增设置能力 37.5GW，从而使总的累计能力达到 157.9GW。尽管面临全球经济衰退，2009 年全球风力发电能力增长的 1/3 仍来自中国，2009 年中国风力发电设置能力翻了一番，为第五个增长之年，超过了西班牙，成为第三大风能市场。

近年来，风电发展不断超越其预期的发展速度，而且一直保持着世界增长最快的能源的地位。截至 2008 年末，全球累计装机容量达到 120.8GW，增长幅度为 28.8%，高于近 10 年的年均复合增长率平均值。图 9-2、图 9-3 所示分别为 1998—2008 年全球累计装机容量变化情况和风电新增装机容量变化情况。

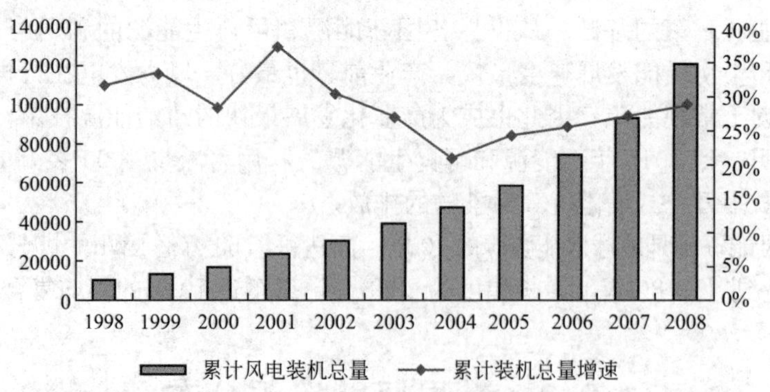

图 9-2　1998—2008 年全球累计装机容量变化情况(单位：MW)

就新增装机容量而言，从 2001 年开始，每年新增装机容量开始大幅增加，2001 年新增装机容量达到了 6500MW，比 2000 年增加了 2740MW，增加幅度达到 72.87%。而

2007年和2008年新增装机容量分别达到了20073MW和26678MW，新增装机容量增速分别达到了34.2%、32.9%。

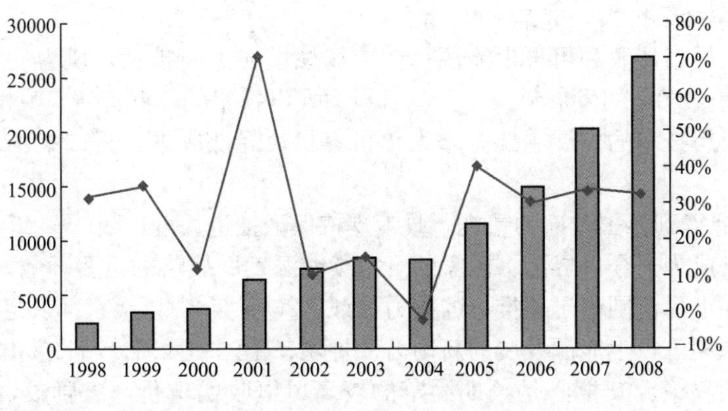

图9-3　1998—2008年全球风电新增装机容量变化情况(单位：MW)

2009年中国是世界最大的风能发电市场，风能发电能力翻了近一番，从2008年的12.1GW增长到2009年底的25.1GW，新增能力13GW。2009年，印度新增风能能力1270MW，日本稍有增长，加上韩国和中国台湾地区，使亚洲成为2009年风能最大的地区市场，新增能力超过14GW。然而，美国继续引领总的风能设置能力。2009年美国风能市场设置能力近10GW，设置能力增长39%，从而使总的风能设置并网能力达到35GW。欧洲作为传统意义上世界最大的风能开发市场，继续强劲增长。2009年欧洲风能市场设置能力近10.5GW，以西班牙(2.5GW)和德国(1.9GW)为首，意大利、法国和英国新增风能能力均超过1GW。2009年全球前10位国家累计风能发电能力见表9-1。

表9-1　2009年全球前10位国家累计风能发电能力

国家	累计风能发电能力/MW	占世界风力发电设置总能力的百分比/(%)
美国	35159	22.3
德国	25777	16.3
中国	25104	15.9
西班牙	19149	12.1
印度	10926	6.9
意大利	4850	3.1
法国	4492	2.8
英国	4051	2.6
葡萄牙	3535	2.2
丹麦	3465	2.2
前10位合计	136508	86.5
其他国家和地区	21391	13.5
世界总计	157899	100.0

从以上数据可以看出世界风能在近几年得到了飞速发展，已成为继火电、水电和核电之后的第四大主要发电能源。其发展特点如下。

1）应用规模继续扩大，成本不断下降

现阶段，世界新能源和可再生能源总体市场规模在不断扩大，风力发电自2000年以来就保持着年增长60%的发展势头，而随着风力发电技术的不断完善，发电系统成本也不断下降，风电机组技术的发展主要是增大单机容量，降低成本，其成本也下降到5美分/千瓦时左右。

2）风能发展得到各国政府的重视，政策支持保证推进力度

风能开发已成为当今世界诸多国家的可持续能源发展战略的重要环节，有效的政策支持也成为风能在世界范围内迅速推进的有力保证。2005年2月，《京都议定书》正式生效，成为各国新能源和可再生能源发展的新动力。丹麦、德国和西班牙等欧洲国家相继出台了激励风能发展的政策，其核心是长期固定的较高风电收购电价。鼓励投资，培育稳定市场，使这些国家成为风能发展的领先区域。

3）风能已经成为能源领域的投资热点

在各国政府强有力的政策支持下，新能源在能源领域的投资增长速度很快。据统计，2007年全球在风能领域的各类投资达到了730亿美元，为常规能源的五分之一。国际上大的商业投资银行业开始关注风能产业的发展，其中相当一部分银行已经将风能作为新的重点投资对象。此外，各跨国能源集团和机械制造公司如通用、西门子、壳牌等也都进入风能开发领域，并取得行业领先地位。风能已经成为能源领域新的投资热点。

随着风电技术的不断发展，全球风电机组技术的发展趋势是发展更大容量、新型结构和材料及海上风机。近20年来，国际上大型风电技术日趋成熟。

在不断降低风力发电成本和扩大可经济利用的风力资源量的目标驱动下，国际上的风电机组不断向大型化方向发展。目前，国际上主流的风电机组能力已达到2～3MW，最新主流技术为变桨变速恒频和无齿轮箱直驱技术。近几年，直接驱动技术发展迅速，这种技术避免了齿轮箱这一传动环节和部件，使机组的可靠性和效率更高，发展前景良好。目前，国际上大规模安装的2.5～3.5MW机组普遍用轻质高性能的玻璃纤维叶片，但更大的5～10MW叶片则开始尝试使用碳纤维材料。

风电的价格和风力机功率成反比，风力机功率越大，单位发电成本越低。随着现代风电技术的发展和日趋成熟，风力发电机组的技术沿着增大单机容量，减轻单位千瓦重量，提高转换效率的方向发展。20世纪90年代末，风电机组单机容量已经达到2.5MW。目前，世界平均单机容量为1MW，最大单机容量为6MW。

9.4　世界风力发电的政策环境

纵观国际上支持风电发展的政策机制有3种：一是采取固定收购价格机制，对风电发展的数量没有限制；二是采取招标机制，政府规定风电发展的装机容量，通过招标竞争形式确定开发商；三是配额制，即政府规定可再生能源电力在电力消费总量中的配额比例，供电公司完成配额。

从国际经验看，政府的激励政策在新能源产业发展过程中的作用举足轻重。这些政策

措施包括各种形式的补贴、价格优惠、税收减免、贴息或低息贷款等。高强度的激励机制是克服发展障碍、促进产业发展的关键性措施之一。但本地风电设备制造商难以同国际领先企业竞争时，直接支持风电制造商的政策就很重要。

9.4.1 支持风电产业发展的直接政策

支持风电设备国产化的直接政策机制见表9-2。

表9-2 支持风电设备国产化的直接政策机制

直接政策	主要实施国
本地化要求	西班牙、加拿大、中国、巴西
为本地化的优惠政策和激励机制	西班牙、澳大利亚、印度、中国、美国
关税支持	丹麦、德国、澳大利亚、印度、中国
税收激励政策	加拿大、西班牙、中国
出口信贷补贴	丹麦、德国、中国
认证和测试规范	丹麦、德国、美国、印度、中国
研发、示范规范	丹麦、德国、荷兰、美国、英国、加拿大、西班牙、日本、印度、中国、澳大利亚、巴西

支持风电产业发展的政策措施可以分为两类：直接和间接政策措施。直接政策措施指那些直接影响当地的风电产业发展目标的政策；间接政策措施相对比较宏观一些，主要目的在于为当地的风电制造产业提供良好的发展空间和大环境。间接政策的制定和实施能营造一定规模的风电市场，从而培养出一流的设备制造商，同时能为风电场的投资者和风电技术的研究和开发提供了稳定的政策环境。

1. 要求一定的国产化率

要求风电场使用国产风机是促进风机本地化的一条直接途径。政策一般规定，在安装的风机设备中国产化率必须占到一定比例。这样的政策要求要进入当地市场的风机制造商要么将其生产基地向当地转移，要么向当地企业采购风机所需的零部件。

2. 鼓励使用当地产品的优惠或激励政策

采用优惠政策鼓励使用一定比例的当地产品和风机设备的本地化生产，但不是强制性地要求这样的行为。这些激励政策包括：如果在工程中选择当地风机产品，则政府将向开发商提供低息贷款；向那些将产品制造基地迁入当地的企业提供优惠的税收激励政策；或向采用本地风力发电设备的风电场电力提供补贴。

3. 关税激励政策

通过控制关税来鼓励进口风机设备的零部件而不是整机系统是另外一种直接激励政策。同进口国外制造的风机整机系统相比，这个激励政策可以使它们支付较低的关税进口零配件，从而为那些打算在当地制造或组装风机系统的企业创造了一个良好的环境。但是，这种政策在未来可能会受到挑战，因为这种政策会被视为在技术贸易上制造了壁垒，违反了世界贸易组织(WTO)的规定——成员国之间不能设置贸易壁垒。

4. 税收激励政策

政府可以通过各类税收激励政策来支持风机产业本地化。首先，可以使用税收激励政策鼓励当地公司涉足风电行业，例如采用风机制造或研发税收激励措施。或者，降低风机技术的采购者或销售者的销售税或收入税，以此来加强国际竞争。税收优惠政策还可以适用于国内外合资公司，以促进在风电领域的国际合作和技术转让。此外，税收减扣措施也适用于风电产业的劳动力成本之中。

5. 出口援助项目

政府可以通过出口信用援助的方式帮助本国企业生产的风机产品扩大国际市场。这样的援助可以是低息贷款方式，也可以是风机制造商所在的国家向其他购买技术的国家提供的“附带条件的援助”方式。

6. 认证和检测

提高新的风电公司的风机质量和信用等级的最根本途径是使它们加入到达到国际标准的认证和检测制度中。目前正在使用的风机国际标准有很多种，最为普遍采用的是丹麦的认证体系和ISO9000认证体系。标准能帮助增强用户对不熟悉的产品的信心，也能帮助用户分辨产品的优劣。顺利通过这些国际通行的认证，对产品进入国际市场是至关重要的。

7. 研究、开发和示范项目

研究表明风机研发上的可持续投入对当地风电产业的成功发展至关重要。私营风电企业和国立科研院所(像国家实验室和大学)结合共同研发是一条非常有效的途径。新开发的国产风机机组在正式大规模投入商业化运作之前，可以通过一些示范工程和商业化试点项目来检测风机实际运转情况和可靠性。

9.4.2 促进风电产业发展的间接政策

1. 国内风电市场的政策

支持风电设备国产化的间接政策及主要实施国见表9-3。

表9-3 支持风电设备国产化的间接政策机制

间接政策	主要实施国
固定电价	丹麦、德国、西班牙、美国、荷兰、日本、中国一些省份
强制可再生能源目标(配额制)	美国、英国、澳大利亚、日本
特许权制度	英国、印度、中国、巴西
金融激励	丹麦、德国、澳大利亚、印度、中国、巴西
给予开发商税收激励政策	丹麦、德国、澳大利亚、印度、中国、日本、印度、澳大利亚
绿色电力市场	美国、中国一些省份

在国内市场取得成功是国产风机顺利进入国际市场的先决条件，并且政府也可通过本地风电产业的发展有效地促进当地经济发展。稳定并具有一定规模的国内风电市场是本国风电行业不断发展的根本条件。下面讨论的一系列政策旨在扩大国内风电市场。

1）购电法

根据已有的经验，购电法，或为鼓励风电发展而设定的固定电价，为国内风电制造行业成功的发展提供了最根本的条件，因为购电法为风电项目的开发提供了最直接稳定的和具有效益的市场。购电法的风电价格水平和风电价格构成特点是随着国家的不同而不同的。只要充分考虑了长期收益和一定的边际效益、设计得当，购电法是非常具有价值意义的，因为购电法为风电场投资商营造了一个长期稳定的市场环境，同时鼓励风电公司对风电技术研发进行长期的投资。

2）可再生能源强制性目标

可再生能源强制性目标，也称可再生能源配额制、可再生能源强制市场份额或购买义务，是在一些国家实施的、相对较新的政策机制。该政策要求由可再生能源产出的电力需在整个发电量中占到一定的比例，各国需根据自身市场结构来确定本国的配额。与购电法(固定电价政策)相比，可再生能源强制目标政策的实施经验还比较少，因此目前无法将其与固定电价政策的效果相比较去评价这种政策是否能促进当地风电的发展。

3）政府拍卖或特许权政策

政府直接与风电开发商签订长期购买风电合同是为风电发展创造良好市场环境的方式之一。因为政府支持风电项目的开发，从而消除了在开发过程中的许多不确定的因素，这样就降低了风电开发商的投资风险。但是这种方式需要使用政府招标制度，从历史上看，这样的招标制度不会给风电市场带来长期的稳定性和获利性，但由于招标者之间长时间竞标而和项目开发商之间激烈竞争。

4）财政激励政策

通过财政手段激励可再生能源发展的方式多种多样，例如可从对非可再生能源发电企业的收费中拿出一部分资金，或直接从电力消费者的能源账单收费中拿出一部分资金(经常被称之为系统效益收费)来支持可再生能源的发展。但是，如果不签订长期购电合同，在鼓励可再生能源市场的稳定和规模化发展过程中，同其他优惠政策相比，这种财政激励政策也就只能扮演补充的角色。

5）税收激励政策

一些国家政府通过税收激励政策促进对可再生能源发电的投资，包括减免投资于风电技术开发的企业的所得税，减免风机所在地的土地拥有者的财产税。同时，税收激励政策也适用于风力发电公司，可以减免其所得税或增值税。但税收激励机制是不能替代固定电价政策和可再生能源强制目标政策的。

6）绿色电力市场

一些国家的政府允许用户支付比普通电价高一些的费用购买可再生能源电力。尽管通过这样的机制而获得的投资是十分有限的，但这些资金仍可支持较高成本的可再生能源发电和鼓励对新的可再生能源发电项目进行投资。

2. 主要国家采取的风电政策分析

(1) 法国政府采取投资贷款、减免税收、保证销路、政府定价等措施扶持企业投资风电等可再生能源技术应用项目。

(2) 德国的风能资源远不如法国和英国丰富，但风电发展的世界领先地位却毋庸置疑。20 世纪 80 年代，德国政府资助了一系列研究计划；1991 年，国会又通过了强制购电法，为清洁能源提供足够的激励机制并建立起市场，并能参与煤电和核电竞争。由于环保者的努力，政府还设定了到 2025 年风电至少供应 25%发电量的目标。

(3) 丹麦风电产业自 20 世纪 80 年代起步，如今其风电机组已主导着全球的市场。风电成功的原因之一在于，每届政府对国家能源计划的立场都非常坚定，务求减少对进口燃料的依赖，尽量做到可持续发展。最近又提出到 2030 年风电将满足约一半的电力需求。

(4) 日本风力发电发展迅速，装机容量已跻身世界前列。日本新能源政策规定，日本的电力公司有义务扩大可再生能源的利用，一是增加设备自己发电，二是从其他电力公司购买，每年都有一定的指标。

(5) 印度是发展中国家的先锋。风电最初的发展动力来自非常规能源部（MNES）鼓励能源的多元化指导。为了找出最有利的地点，MNES 在全国建立起风速测量站的网络。为投资者提供投资成本折旧和免税等多种经济优惠，在 2002 年推出的免税计划中规定，风电场前 10 年的收入可享受 100%的免税。此外，各省还制定了自己的优惠政策。

9.5 世界风电发展状况

即使面临着全球经济衰退的影响，2009 年全球风电产业仍然创造了一个新的纪录，总风力发电装机容量达到 159213MW。伴随着 31%的跳跃式增长，目前全球风力发电量足够满足 2.5 亿人的生活用电需求。世界上有 70 多个国家使用风力发电，其中 17 个国家目前有至少 1000MW 的装机容量。

2009 年，中国新增 13000MW 装机容量，这个惊人的增速处于世界领先位置，也是一个国家首次在一年内新增装机容量超过 10000MW。中国过去每 5 年装机容量就翻一番，目前以 42300MW 的装机容量位于世界第一位，超过美国和德国。

中国史无前例的风电发展项目可以很好地解释这个变化。在中国北部的省份中，风力资源丰富的省份占了一半，从西北的新疆到东部的江苏，这些省份将建设装机容量为 10000~37000MW 的 7 个大型风力发电场。这些“风电基地”一旦完工，就拥有近 13 万 MW 的发电能力，超过了 2008 年年底全世界的风力发电量。2006 年，对中国具有里程碑意义的《可再生能源法》的修订，目的就是支持其雄心勃勃的风电发展规划，该修正法于 2010 年 4 月生效。中国政府已确定将要执行新的能源配置方案，这些发电量必须来自可再生能源，类似于美国 29 个州采用的可再生能源配置标准。该修正法还将提供中国急需的输电线路和电网升级标准。

图 9-4 所示为 1997—2009 年世界风电装机容量及增长情况。表 9-4 所列为 2009 年风电装机容量排名前十国家。

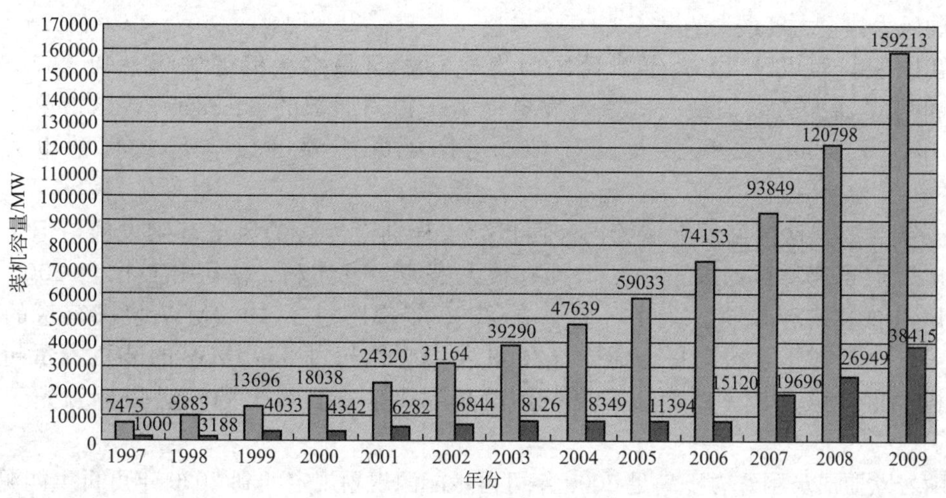

图 9-4　1997—2009 年世界风电装机容量及增长情况

表 9-4　2009 年风电装机容量排名前十国家

国家	装机容量（万 kW）	占世界风电累计装机比例/%
美国	3515.9	22.4
德国	2577.7	16.4
中国	2510.4	15.9
西班牙	1914.9	12.2
印度	1092.6	7
意大利	485	3.1
法国	449.2	2.9
英国	405.1	2.6
葡萄牙	353.5	2.3
丹麦	346.5	2.2
其他	2139.1	13
合计	15789.9	100

美国的风电装机容量 2008 年超过了长期居于世界领先地位的德国，并在 2009 年确保了其领先地位，增加了近 10000MW 装机容量，累计装机容量达到 35000MW。其中，德克萨斯州在年增加量和总的装机容量方面保持着领先地位，达到了 9400MW。阿华州处于第二，总的风电装机容量为 3700MW，该州生产的电量中至少有 17%来自风力发电。由于 2009 年初发生的金融危机所导致的紧缩信贷和抑制投资，美国的风电发展速度没有超过 2008 年新增 8400MW 装机容量的记录，增速加剧下滑。但由于 2009 年美国经济复苏以及再投资法案对风电发展的支持，美国 28 个州有超过 100 个新的风力发电厂在建，这也

是美国风力建设力度最大的一年。

在欧盟，西班牙 2009 年新增风力发电厂数量最多。但德国仍然以 26000MW 的装机容量而拥有欧洲最大的风力发电能力。德国北部的 Sachsen - Anhalt 和 Mecklenburg - Vorpommern 州总人口有 400 万，风电能源可以满足其日常电力需求的 40%。

虽然欧洲其他国家没有像德国和西班牙一样拥有庞大的风电基础设施，但是在几个风电发展迅速增长的国家中，仍具有很大潜力。意大利、法国和英国自 2006 年以来的风电总装机容量至少翻了一番，在 2009 年都跨过了 4000MW 装机容量的里程碑。另一个增速迅猛国家是葡萄牙，2009 年，它以超过 3500MW 的装机容量超过丹麦挤进了世界第九位。然而，丹麦以用电量有 1/5 来自风电的先进指标领先于所有国家。

随着欧盟成员国致力于满足 2009 年可再生能源规划规定的到 2020 年可再生能源达到 20%的总体目标，如此大规模的风力发电在欧洲变得更加普遍。的确，欧盟着实看到了煤炭和核发电量的净削减，并使风力发电占所有新增装机容量的 40%，风力发电连续两年成为该地区的最大新增能源。

欧洲、中国和美国倾向于将风力发电发展置于首要位置，然而其他国家也利用了这个丰富的能源。例如，印度 2009 年的新增装机容量为 1300MW，虽然增速少于 2008 年的 30%，但是足以使其成为第五个装机容量超过 10000MW 的国家。在 2009 年底几项政府措施的帮助下，印度风力风电能源市场在 2010 年开始反弹。加拿大 2009 年的新增装机容量 950MW，总装机容量不能进入前 10 名。但安大略省新的进口关税政策会鼓励更多的项目进入加拿大风电发展市场，这些政策已在欧洲使用了多年，依据新的进口关税政策，公共事业需要支付额外费用来购买可再生能源生产的电量。

拉丁美洲和非洲有着丰富的风能，时至今日却发展缓慢，但其中有两个以上地区的风力发电正在加速发展。拉丁美洲的总的风力发电量以两倍的增速达到 2009 年的 1200MW。巴西装机容量达到 600MW，并声称将来该国一半的地区要发展风电。墨西哥风电装机容量增加了 140%，达到了 200MW，同时智利的装机容量从 20MW 上升到 170MW。

到 2009 年底，非洲大陆的风电装机容量仅仅为 760MW，其中 90%在埃及和摩洛哥。但是几个撒哈拉以南的非洲国家的具有一定商业规模的项目正在进行中，包括埃塞俄比亚、南非和肯尼亚。位于肯尼亚图尔卡纳湖的 300MW 的风电厂在 2012 年中期完工后，将是非洲最大的风力发电厂，并有能力生产该国 17%的电量。

世界大部分风力涡轮机都在陆地上，但是海上风力规模发电有望在目前 2100MW 的规模基础上迅速增长。2009 年有近 600MW 的海上风电项目在建，其中包括世界上最大的工程：位于北海的丹麦 209MWHorns Rev 2 海上风力发电厂。英国以占全球 40%的海上风力发电装机容量居于世界首位，而且似乎决心保持领先地位。2010 年 1 月，英国官方宣布了其水域 9 区的全部 32000MW 的风力发电规划，希望到 2020 年能够提供英国电量的 25%。总之，欧洲有超过 100000MW 的海上风力发电项目正在论证或者开发中。

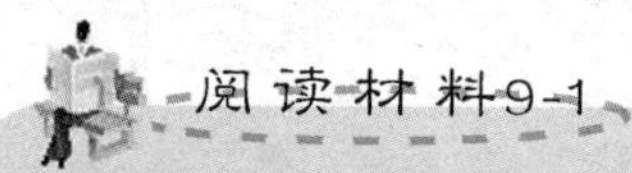

世界风能协会2011年上半年报告

2011年上半年，全球新增风电安装量达到18.4GW，世界风电总量达到215GW。在此基础上，世界风能协会预计2011年全年的新增安装量将达到43.9GW。其中，中国新增的风电安装量达到8GW，占全球新增总量的43%，进一步确立了其在地区市场的主导地位。

在2011年前6个月，全球风电的装机容量增长了9.3%，以2010年年中至2011年年中计算，其年增长率达到22.9%，2010年同期的增长率则为23.6%。

2011年上半年，世界风能市场得以从2010年的疲软低谷中恢复发展，至2011年6月底，全球的风电装机容量达到215000MW，其中，新增风电安装量达到18405MW。2010年上半年新增的风电安装量达到16000MW，2011年上半年的这一增长则超过了2010年同期15%的安装量。

目前，世界排名前五的风电市场：中国、美国、德国、西班牙和印度，保持领先地位。上述5个国家仍然占据了全球风电装机容量的主要份额。5个国家风机容量的总和占全球市场的份额高达74%。

2011年，中国仍然是全球风电市场的主导国，前6个月其新增装机量为8GW，达到历年以来的最高值，占全球新增风电装机量的43%，接近于2010年全年所占50%的全球市场份额。至2011年6月，中国的风电装机总量累积达到52GW左右。

资料来源：http：// www. istis. sh. cn/list/list. asp? id=7310，2011

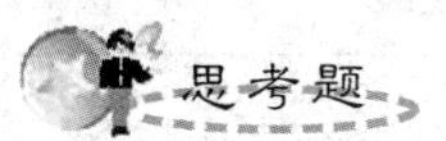

1. 试述世界风能的利用在近几年的发展特点。
2. 国际上支持风电发展的政策机制有哪些？
3. 支持风电产业发展的政策措施有哪些？

第10章 中国风力发电状况

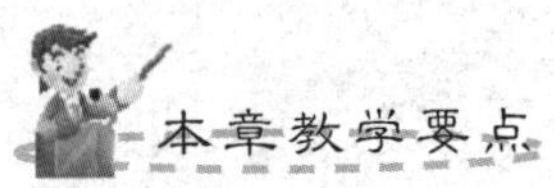

知识要点	掌握程度	相关知识
中国风能资源	了解中国风能资源分布情况	中国的风资源状况及风力发电可能性
中国风电发展状况	了解中国风电发展现状	中国风力发电发展的装机容量及风电场建设情况
中国风电发展趋势	了解中国风电产业发展趋势	风电产业的发展状况及目前风电存在问题
中国风电发展前景	了解中国风电发展前景	风电发展的有利条件及前景规划

导入案例

世界风能协会主席：中国有大力发展风能的条件

新浪财经讯 5 月 21 日下午消息，世界风能协会主席阿尼尔一凯恩今日表示，中国有大力发展风能的条件。

阿尼尔-凯恩是在中国高新企业发展国际论坛上做出上述表示的。他表示，根据 MIT 的研究，在世界电能方面的需求将在 2050 年的时候比现在将要达到 3 倍以上的发展。现在电力能源的装机容量只有 360 万兆瓦，在今后将会发展到 1100MW，是非常大的化石燃料的消耗。为此必须开发一些技术，解决其中 80%不能获得更多的能源地区的电力的使用。

阿尼尔-凯恩称，现在中国由于快速的发展出现了非常多的污染，作为全世界发展速度最快的国家，中国是需要发展风能的，目前在技术的层面可以使用玻璃的纤维或者是竹纤维来进行风能的生产，中国有非常多的竹子的资源，竹子实际上有很多的竹纤维可以进行使用。把竹子当中的纤维抽出来，可以安装在一些风机，使得风机的重量逐渐地减低。中国有大力发展风能的条件。

http：//www.3158.cn/news/20110218/10/7－391009925_1.shtml，2011

10.1 中国风能资源

中国风能储备在世界上排名第一，陆上可用风能高达 2.5 亿 kW，海上可用风能高达7.5 亿 kW。

中国位于亚洲大陆东部，濒临太平洋，季风强盛，内陆还有许多山系，地形复杂，加之青藏高原耸立于我国西部，改变了海陆影响所引起的气压分布和大气环流，增加了中国季风的复杂性。冬季风来自西伯利亚和蒙古等中高纬度的内陆，那里空气十分寒冷干燥，冷空气积累到一定程度，在有利高空环流引导下，就会爆发南下，俗称“寒潮”。在频频南下的强冷空气控制和影响下，形成寒冷干燥的西北风侵袭中国北方各省(直辖市、自治区)。每年冬季总有多次大幅度降温的强冷空气南下，主要影响中国西北、东北和华北，直到次年春夏交际才消失。夏季风是来自太平洋的东南风、印度洋和南海的西南风。东南季风影响遍及中国东半部，西南季风则影响西南各省和南部沿海，但风速远不及东南季风大。热带风暴是太平洋西部和南海热带海洋上形成的空气涡旋，是破坏力极大的海洋风暴，每年夏秋两季频繁侵袭我国，登陆我国南海之滨和东南沿海。热带风暴也能在海上以北登陆，但次数很少。

中国幅员辽阔，陆疆总长达约 20000km，还有约 18000km 的海岸线，边缘海中有岛屿 5000 多个，风能资源丰富。中国现有风电场地区的年平均风速都达到 6m/s 以上。一般认为，可将风电场风况分为 3 类：年平均风速 6m/s 以上为较好；7m/s 以上为好；8m/s 以上为很好。可按风速频率曲线和机组功率曲线，估算国际标准大气状态下机组的年发电量。中国风电场风况相当于 6m/s 以上的地区，仅仅限于少数几个地带。就内陆而言，大约占全国总面积的1/100，主要分布在长江到南澳岛之间的东南沿海及其岛屿，这些地区是我国最大的风能资源区以及风能资源丰富区，包括山东半岛、辽东半岛、黄海之滨，南澳岛以西的南海沿海、海南岛和南海诸岛，内蒙古从阴山山脉以北到大兴安岭以北，新疆达坂城、阿拉山口，河西走廊、松花江下游、张家口北部等地区以及分布于各地的高山山口和山顶。

中国初步探明的风电资源总计约为10亿kW(10m低空范围的风能)，如果扩展到50～60m以上高空，风电资源将至少再扩展一倍，可望达20亿～25亿kW。中国2011年发电总装机容量已达42.3GW，已经超过美国成为世界第一。中国风能资源丰富的地区主要分布在“三北”(即东北、西北、华北)地区以及东南沿海地区。“三北”地区可开发利用的风力资源占全国陆地可开发利用风力资源的79%。其中，新疆、甘肃、宁夏和内蒙古是风能储量最丰富的地区。图10-1所示为我国风能资源分布图。

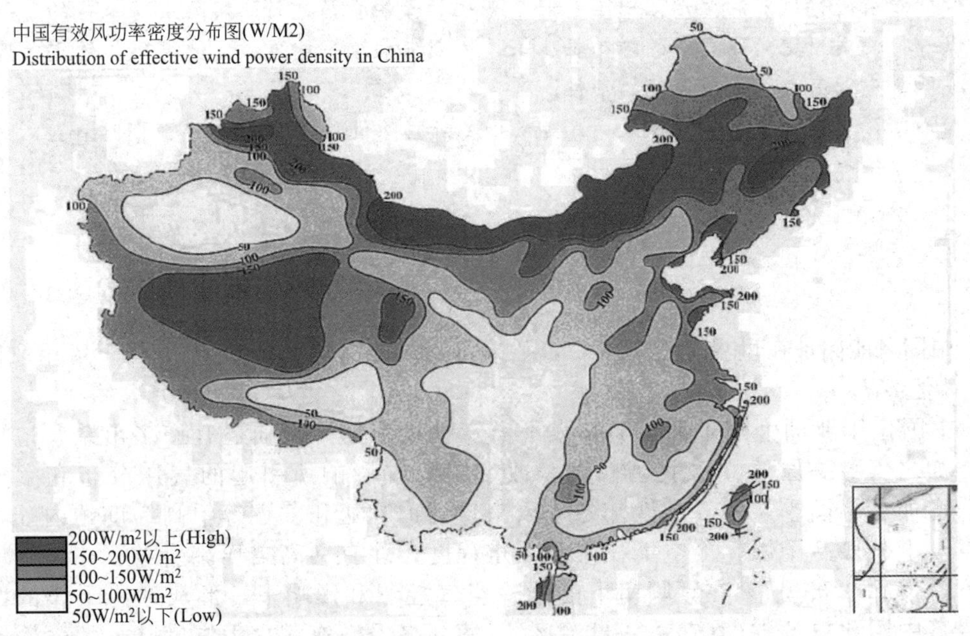

图10-1 我国风能资源分布图

中国10m高度层的风能资源总储量为32.26亿kW，其中，实际可开发利用的风能资源储量为2.53亿kW。东南沿海及其附近岛屿是风能资源丰富地区，有效风能密度大于或等于200W/m² 的等值线平行于海岸线，沿海岛屿有效风能密度在300W/m²以上，全年中风速大于或等于3m/s的时数为7000～8000h，大于或等于6m/s的时数为4000h；新疆北部、内蒙古、甘肃北部也是中国风能资源丰富的地区，有效风能密度为200～300W/m²，全年中风速大于或等于3m/s的时数为5000h以上，大于或等于6m/s的时数为3000h以上；黑龙江、吉林东部、河北北部及辽东半岛的风能资源也较好，有效风能密度在200W/m以上，全年中风速大于和等于3m/s的时数为5000h，大于和等于6m/s的时数为3000h；青藏高原地势高亢开阔，冬季东南部盛行偏南风，东北部多为东北风，其他地区一般为偏西风，夏季大约以唐古拉山为界，以南盛行东南风，以北为东至东北风，但青藏高原海拔高，空气密度小，所以有效风能密度也较低，青藏高原北部有效风能密度为150～200W/m^2，全年中风速大于和等于3m/s的时数为4000～5000h，大于和等于6m/s的时数为3000h；云南、贵州、四川、甘肃、陕西南部、河南、湖南西部、福建、广东、广西的山区及新疆塔里木盆地和西藏的雅鲁藏布江，为风能资源贫乏地区，有效风能密度在50W/m^{2}以下，全年中风速大于和等于3m/s的时数在2000h以下，大于和等于6m/s的时数在150h以下，风能潜力很低。

中国风电资源的评估工作仍在继续进行，根据评估，中国存有1GW的大型风能可开发利用区域有12个，中国应加大开发第三类风区风力发电市场。第三类风区，即风能可利用区，有效风能密度为每平方米50～150W，风速大于或等于3m/s的年可利用小时数为2000～4000h。据介绍，全国风能可开发利用量为2.53亿kW，其中，50%在第三类风区，第三类风区风能可开发量为1.265亿kW。按单台机组容量1000kW计算，可安装机组1亿台以上。按国家发改委修订的风电发展规划，到2020年我国风电装机容量将达到30GW。如果其中30%装机在第二类风区，则第三类风区需要装机9GW，以单台机组容量1000kW计算，需要9000台机组，平均年需求量为600台机组。以单台机组售价600万元计算，总产值为36亿元，市场潜力巨大。

中国气象局于2010年初公布了中国首次风能资源详查和评价取得的进展和阶段性成果：中国陆上离地面50m高度达到3级以上风能资源的潜在开发量约23.8亿kW；中国5～25m水深线以内近海区域、海平面以上50m高度可装机容量约2亿kW。中国陆上风能资源主要集中在内蒙古的蒙东和蒙西、新疆哈密、甘肃酒泉、河北坝上、吉林西部和江苏近海等7个千万千瓦级风电基地，仅这些地区的陆上50m高度3级以上风能资源的潜在开发量就达18.5亿kW。

目前，在国内销售的风电机组主要来自西班牙、美国、丹麦等国家。其中，西班牙、丹麦的机型比较适合第三类风区，发电量比国内同类机组高出10%以上，但造价偏高。近期，国内多家企业，如上海电气、大连重工等纷纷投身风机制造业，但其产品方向主要是生产兆瓦级以上的大机组，并没有针对不同风资源需要对产品进行市场细分。面对丰富的市场机遇，应对风机市场进行细分，研制适合第三类风区、高寒地区、高温地区、沿海地区等不同条件的地区需要的风机，加大技术创新力度，生产出低成本、高性能、适合市场需求的风电机组。

10.2 中国风电发展现状

10.2.1 装机容量

据统计，从2005年开始，中国的风电总装机连续3年实现翻翻，截至2011年底，中国以约4182.7万kW的累积风电装机容量首次超越美国，位居世界第一，较2009年同比增大62%。按照国家电网此前出具的研究报告，到2015年，电网覆盖范围内可吸纳风电上网的规模达1亿kW，到2020年可达1.5亿kW。风电投资企业包括开发商与风电装机制造企业。从风电开发商的分布来看，更向能源投资企业集中，2009 年能源投资企业风电装机在已经建成的风电装机中的比例已高达 90%，其中中央能源投资企业的比例超过了 80% ，五大电力集团超过了 50%，其他国有投资商、外资和民企比例的总和还不到 10%，地方国有非能源企业、外企和民企大都退出，仅剩下中国风电、天润等少数企业在“苦苦挣扎”，当年新增和累计在全国中的份额也很小。从风电装机制造企业来看，主要是以国内风电整机企业为主，2009 年累计和新增的市场份额中，前 3 名、前 5 名和前 10 名的企业的市场占有率，分别达到了 55.5%和 59.7%，70.7%和 70.4%以及 85.3%和 84.8%。2005—2009 年我国风电增长情况见表 10 - 1。

表 10 - 1　2005—2009 年我国风电增长情况

年份	当年新增 /万 kW	累计 /万 kW	累计 增长率/%	风电占全国电力总装机比例/%	新增风电装机的省份
2009	1380	2580	114	2.9	广西
2008	625	1215	106	1.5	重庆、云南、江西
2007	330	591	127	0.8	北京、山西、河北、湖南
2006	134	260	105	0.4	江苏
2005	50	126			

截止到 2009 年 12 月 31 日，中国(不含台湾)风电累计装机超过 1000MW 的省份超过 9 个，其中超过 2000MW 的省份 4 个，分别为内蒙古、河北、辽宁、吉林。内蒙古当年新增装机 5545MW，累计装机 91962MW，实现 150%的大幅增长。超过 1000MW 装机的省份见表 10 - 2。

表 10 - 2　超过 1000MW 装机的省份　　单位：MW

省份	2008 年累计	2009 年新增	2009 年累计
内蒙古	3650.99	5545.17	9196.16
河北	1107.70	1680.40	2788.10
辽宁	1224.26	1201.05	2425.31
吉林	1066.46	997.40	2063.86
黑龙江	836.3	823.45	1659.75
山东	562.25	656.85	1219.10
甘肃	639.95	548.00	1187.95
江苏	645.25	451.50	1096.75
新疆	576.81	443.25	1020.06

海上风机目前在运行的主要是华锐在上海东海大桥的 34 台 3MW 的海上风机，以及明阳在如东和徐闻的紧凑型海上风力发电机组(SCD)。目前看来，国内主要是华锐发展很快，其次是明阳，见表 10 - 3。

表 10-3 沿海各省海上风电发展规划容量 单位：(MW)

地区	2015年	2020年
上海	700	1550
江苏	4600	9450
浙江	1500	3700
山东	3000	7000
福建	300	1100
其他(暂定)	5000	10000
合计	15100	32800

注：根据2010年6月7-9日第一届上海海上风电及产业链大会有关文章整理获得数据资料。

从首次海上特许权招标的情况看来，中标的是华锐(60万kW)、金风和上海电气分别20万kW。目前看来，华锐在双馈式风力发电机方面走在了国内的前列，海上风电也是这样。

受国际风电发展大型化趋势的驱使，国内风电机组技术取得了不俗的成果。2005年，中国风电场新安装的兆瓦级风电机组(≥1MW)仅占当年新增装机容量的21.5%。随着国内企业MW级风电机组产量的增加，2007年MW级风电机组的装机容量占到当年新增市场的51%，2008年占到72.8%，2009年占到86.8%。2009年中国在多MW级(≥2MW)风电机组研制方面取得新的成果，如金风科技股份有限公司研制的2.5MW和3MW的风电机组已在风电场投入试运行；华锐风电科技股份有限公司研制的3MW海上风电机组已在东大桥海上风电场并网发电；由沈阳工业大学研制的3MW风电机组也已经成功下线。此外，中国华锐、金风、东汽、海装、湘电等企业已开始研制单机容量为5MW的风电机组，中国开始全面迈进多兆瓦级风电机组研制的领域。2010年，国际上公认中国很难建成自主化的海上风电项目，然而，华锐风电科技集团中标的上海东海大桥项目，用完全中国自主的技术和产品，在两年的时间内实现了装机，并于2010年成功投产运营，令世界风电行业震惊。

10.2.2 风电场概况

我国并网风电建设始于20世纪80年代，发展初期风电规模小，建设速度较为缓慢，设备主要依赖进口，建设成本高，市场竞争力弱。至2002年底，全国风电装机仅为45万kW，最大投运机组600kW。

从2003年以来，国家相继推出了5期特许权项目，以促进风电产业和国产风电机组的发展。随后，在2005年2月颁布了《可再生能源法》，进一步确立了可再生能源的地位、规划目标，特别是分别在2005年6月和2007年9月实施的《可再生能源发电价格和费用分摊管理试行办法》和《电网企业全额收购可再生能源电量监管办法》，解决了上网及电价问题。所以，我国风电得到了快速发展，尤其是2006—2008年连续3年风电装机增速保持在100%以上。我国2000年以来的装机情况如图10-2所示。

风力发电场的建设是使风能成为补充能源和发挥规模效益的主要方式。目前国内有大小风电场近百家，主要分布在三北地区和东南部沿海，三北地区以内蒙古和东北三省等省份分布较为密集。国家能源局在2008年启动了6个千万千瓦级风电基地建设计划。这6个千万千

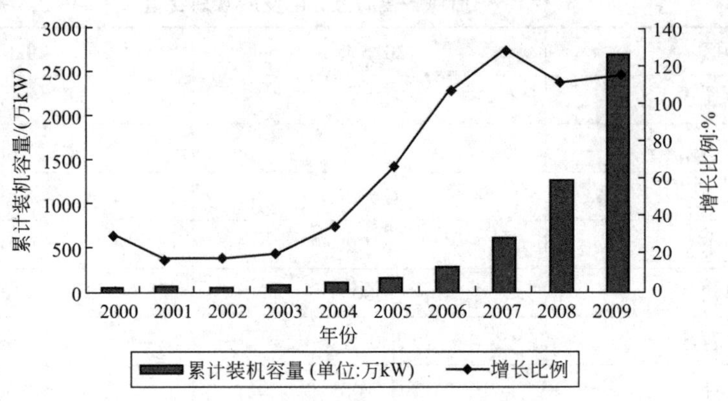

图 10-2 2000—2009 年我国装机容量图

瓦级风电基地分别规划在内蒙古、甘肃、新疆、河北和江苏等风能资源丰富地区。其中，甘肃酒泉风电基地建设规划目前已经完成，率先进入实施阶段。同时，新疆哈密东南部和北部三塘湖——淖毛湖风区的 2000kW 风电场也已经规划完毕，准备进入施工阶段。

中国风电发展进程整体落后于欧美国家，虽然前几年我国已经在海上风电项目上进行了初步探索，但海上风电快速发展是在近几年才开始的。2009 年 9 月 4 日我国首座，也是亚洲首座海上风力发电场——东海大桥风电场首批 3 台机组正式并网发电，这标志着我国海上风力发电产业稳稳走出了第一步。该项目安装 34 台国产单机容量 3 兆瓦的离岸型风电机组，总装机容量 102MW。上海电气也已承担了国家“十一五”科技支撑计划项目——近海风电场关键技术开发；在该项目的推动支持下，由上海电气、上海勘院、同济大学、交通大学等单位组成的“产学研”平台已开始对海上风力发电机组、海上风电场关键技术进行深入的研究和开发。2011 年 12 月 28 日，国电龙源江苏如东 15 万 kW 海上示范风电场一期工程 28 日正式投产发电，标志着我国已建成全国规模最大的海上风电场。总体来看，我国目前尚没有一个完全商业化的海上风电站成功运行，海上风电项目处于探索、起步阶段。

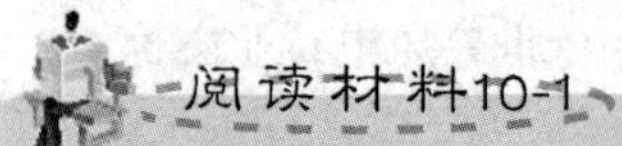

中国成世界风电装机容量最多国家

世界风能协会主席、中国可再生能源学会风能专业委员会理事长贺德馨，近日在天津举行的 2012 天津风电产业创新论坛上表示，据初步统计，2011 年中国新增风电装机容量接近 1800 万 kW，总装机容量达到 6500 万 kW，中国已经是世界上风电设备制造大国和风电装机容量最多的国家。

贺德馨说，中国初步建立起包括风电整机、零部件在内的风电研发体系和产业配套体系。中国现在是风电大国，但还不是风电强国，特别是在风电科技上与发达国家相比还有较大差距，中国的风电市场主要还是在国内。

他介绍，虽然现在还没有正式指标下来，但国家要求 2020 年风电装机容量的努力目标是 2 亿 kW。更重要的是，如何实现从风电大国向风电强国转变，从风电数量向风电质量、风电电量转变，从本国市场向国际市场转变。

资料来源：华西都市报，2012-3-5

10.3 风电产业发展趋势及现状

10.3.1 风电行业成本研究分析

1. 中国的风电定价机制

中国风电上网电价的价格形成机制，经历了4个不同的历史阶段。

完全竞争阶段：20世纪90年代初到1998年左右，上网电价很低，上网电价的收入仅够维持风电场运行。

审批电价阶段：1998年左右到2003年。上网电价由各地价格主管部门批准，报中央政府备案。这一阶段的风电价格五花八门，最低的仍然是采用竞争电价，与燃煤电厂的上网电价相当，最高上网电价超过1元/千瓦时。

招标和审批电价并存阶段：这是风电电价的“双轨制”阶段，即从2003年到2005年。这一阶段与前一阶段的分界点是首期特许权招标，出现招标电价和审批电价并存的局面，即国家组织的大型风电场采用招标的方式确定电价。在省区级项目审批范围内的项目，仍采用的是审批电价的方式。

招标加核准方式阶段：这一阶段是在2006年之后。主要标志是2006年1月《可再生能源法》生效以及国家可再生能源发电价格等有关政策的出台。根据国家有关政策规定：风电电价通过招标方式产生，电价标准根据招标电价的结果来确定。因此，这一阶段的风电电价采用的是招标加核准的方式。

2. 风电场投资成本分析

风电场项目的投资成本中，风电机组大约占70%左右的比例，其余电气、土建、安装工程等费用约占30%。风电的单位电度成本中，折旧费用摊销大约占65%左右的份额，其余的营运费用、财务费用大约占35%的份额。因此，风电电度成本能否下降，最大的影响因素就是机组的成本。

以金风科技2008年2月1日公告设备中标的内蒙古巴彦淖尔乌兰伊力更风电场300MW风电特许权项目为例，总装机为200台1.5MW金风科技生产的机组。该项目总投资27.14亿元，单位投资成本约9046元/千瓦。其中机组价格19.23亿元，折合6411元/千瓦(或961万元/台)，机组成本占总投资比例约70.87%。按发电期限25年，每年有效发电时间2000h，设备折旧占65%估算，单位电度成本约0.278元，接近于当前内蒙古省内安装脱硫设施的燃煤上网电价0.274元/千瓦时。若单位机组售价从6400元/千瓦下降至3800元/千瓦(750kW风机单位售价)，在不考虑其他因素的情况下，单位电度成本将下降至0.226元/千瓦时，届时即使与火电有同样的上网电价，风力发电也具备一定的竞争力(表10-4)。

表10-4 上述项目不同风机成本下的电度成本

单位风机成本/(元/千瓦)	单位风机成本/(万元/台)	单位发电成本/(元/千瓦时)
6411	961	0.278
5000	750	0.235
3800	570	0.226

当前，国家组织了一批风电特许权项目，承诺固定发电小时内(满负荷发电 3 万 h)的固定电价。这个电价要高于一般的上网电价，能够保证风电场投资一定的赢利空间。如上述的巴彦淖尔项目，经发改委批准，风电场累计发电等效满负荷小时数在 30000h 之内的上网电价为 0.468 元/千瓦时，比普通火电上网电价高出 70% 左右。

3. 其他形式发电成本比较

火力发电：以国投电力为例，2008 年上半年发电煤耗 339.88 克/千瓦时，平均标煤成本 546 元/吨。据此估算，仅煤耗成本就达到 0.185 元/千瓦时。按一般火电厂中燃料成本占发电成本 70% 估算，火力发电的成本大约 0.264 元。而 2007 年标煤单价 432 元/吨，发电成本约 0.211 元。

水力发电：以长江电力为例，2007 年发电量 439.69 亿 kWh，成本 26.49 亿元，折合 0.06 元/千瓦时。

核电：成本大约 0.2－0.25 元/千瓦时。

太阳能：由于多晶硅价格的高昂，太阳能发电的成本较高，大致在 3 元/千瓦时左右。根据估算，多晶硅价格从 250 美元/公斤降至 50 美元/公斤，发电的费用会从 3.65 元/千瓦时下降至 1.77 元/千瓦时。

随着煤炭石油等不可再生资源的日趋减少，价格逐渐上涨。一旦电煤价格继续上涨，将导致火力发电的成本优势越来越小，有望推动风力发电的进一步发展。

4. 风电市场容量分析

根据中电联的数据，2007 年中国发电量 32559 亿 kWh，其中火电比例约 82.86%，水电、核电、风电所占比例分别为 14.95%、1.9%、0.17%。其 2007 年发电量增长率分别为 13.8%、17.6%、14.1%和 95.2%，风力发电仍然处于发展初期，但增长速度较快。

对比目前世界上主要风力发电国家，丹麦风电装机容量达到其国内总装机容量的 25%，发电量占 16%，领先于全球其他国家。德国、西班牙等欧洲国家风力发电也颇具规模，2007 年装机容量增长率仍然分别达到 8.1%、30.3%。相比，中国装机容量仅占 0.56%，仍处于较低水平，2007 年底全球主要国家风电装机容量和发电量占该国发电装机容量和发电量的比例(表 10－5)。

表 10－5　2007 年底全球主要国家风电装机容量和发电量

	德国	丹麦	西班牙	美国	印度	中国
装机容量比例(%)	17	25	18.7	1.7	9	0.56
发电量比例(%)	7	16	10	1	4.5	0.17

根据发改委《可再生能源十一五规划》目标，至 2010 年风电装机容量达到 1000 万 kW，则未来 3 年新增容量达到 410 万 kW，按 3800 元/千瓦(金风 750kW 机型售价)的价格估算，风电机组市场容量约 155.8 亿元。若按 6400 元/千瓦(金风 1500kW 机型售价)，风电机组市场容量约 262.4 亿元。

根据中国可再生能源委员会的预计，至 2015 年全国风电装机容量将达到 5000 万 kW，约占全国发电装机容量 5%。按 3800 元/千瓦的售价估算，至 2015 年风电机组的总市场容量约 1670 亿元，年均 200 多亿元。若按 6400 元/千瓦的售价估算，市场容量约 2282 亿元，年均 285 亿元。

5. 风机零部件行业分析

风电机组的零部件主要包括叶片、轴承、齿轮箱、发电机等设备(图 10-3)。其中叶片、轴承等部件国内供应能力较弱，尚不能完全满足国内需求。

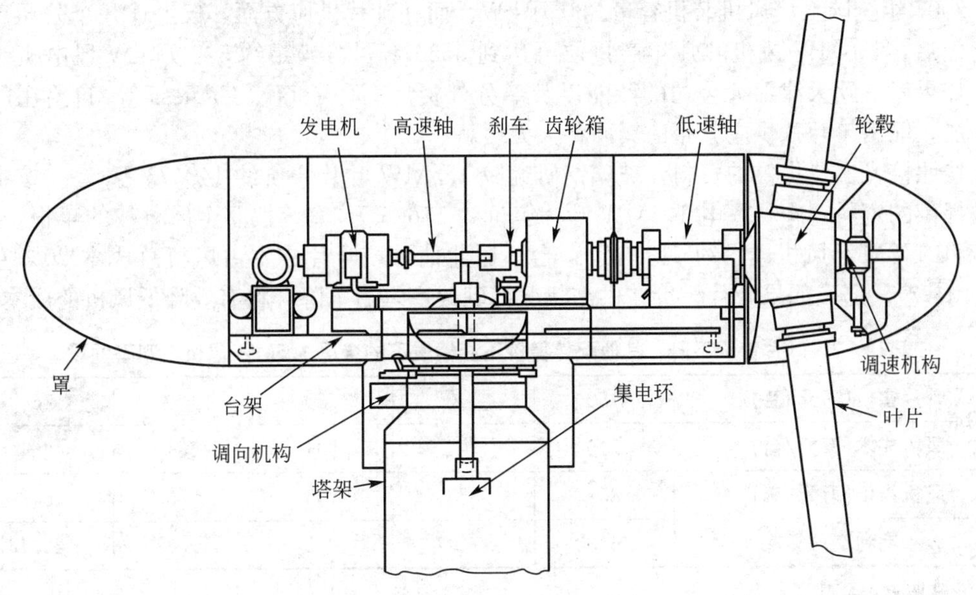

图 10-3 风力发电机各部件组成

1) 叶片

它是叶片式风力发电机的核心部件之一，目前中国对风电机组中叶片的研制技术已经基本掌握，能批量生产 1.5MW 以下各系列化叶片。目前国内叶片供应商主要包括天津 LM 公司(艾尔姆玻璃纤维制品公司)、保定惠腾、中复连众、上海玻璃钢研究院等，此外还有 Vestas 和 Gamesa 等风机巨头为自身提供叶片的工厂。上市公司中，中材科技、鑫茂科技、九鼎新材、棱光实业、天奇股份等企业已经介入风电叶片的研制和生产。

叶片根据其材料不同大致可分为玻璃钢结构、木质结构(Vestas)、竹质结构(天奇股份)等，各具优劣势。其原材料之一的玻璃纤维，国内目前主要由浙江巨石集团供应(中国玻纤)。

从市场竞争格局来看，2005 年时国内能进行叶片生产的仅有天津 LM 和保定惠腾两家，年产量不足 400 套，随着国内风机装机容量的迅速增长，叶片供应已不能满足需求，导致价格居高不下，新介入或扩大产能的叶片生产商随之增加。表 10-6 所列为国内主要风机叶片生产厂家。

表 10-6 国内主要风机叶片生产厂家

叶片生产公司	对应机型	材质	年产套数	投产时间
无锡竹风科技	1.5MW	竹质	200 套	2008
保定天威叶片	1.5MW	复合	一期 400 套二期 400 套	一期 2009
中材风电	1.5MW	复合	500 套	2008
玻璃钢研究院	1.5MW		550 套(新增 200 套)	已投产 2009 年
中航惠腾	1.5M 其他 MW 级	复合	1000 套 500 套	已投产

2007 年全国新增风机装机容量 330 万 kW，而在叶片供应方面，仅上述几个公司项目投产之后，1.5MW 风机叶片年产量便可达到 3550 套，可满足约 532 万 kW 风电机组需要。如果考虑到天津 LM 公司的产能以及部分外资厂商(Vestas、Gamesa 等)自给用的叶片产能，前两年叶片供应紧张的局面将大大缓解。

按照棱光实业提供的资料，玻璃钢研究院 1.5MW 叶片售价约 143.75 万/套。按中材科技提供的资料，中材风电 1.5MW 叶片售价约 156.5 万/套。按照金风科技的年报资料，2007 年 1.5MW 风机成本约 713.97 万/台。据此估计，叶片成本占风机总成本 20%左右(表 10-7)。那么如果叶片售价在供需状况得到改变之后下降，将有效降低风机的成本。

表 10-7 叶片售价下降、其他配件售价不变情景下的金风 1.5MW 风机毛利率假设

叶片售价(万元/套)	150	140	130	120	100
风机成本(万元/台)	714	704	694	684	664
风机售价(万元/套)	853	853	853	853	853
毛利率/%	16.30	17.47	18.64	19.81	22.16

资料来源：金鼎证券

2）轴承

风电机组主轴承目前几乎全部依赖进口，主要的国外厂商有 SKF、FAG 等；其他部位的轴承，如偏航轴承和变桨轴承，徐州罗特艾德公司可以生产。国内企业中，天马股份、瓦轴和洛轴都已经开始试制风电轴承，方圆支承也是潜在的供应方。

根据风力发电机组的结构，一个兆瓦级以上的风力发电机组将需要 4 个精密级回转支承与之配套，分别为一个偏航支承和 3 个变桨支承，兆瓦级以下的风力发电机组需要一个偏航支承。此外风力发电机组还需要一个主机主轴轴承和一个增速箱主轴轴承。轴承售价约 8 万元/套，支承的售价约 6 万元/套。一台风力发电机中轴承的成本约 40 万元，占总成本 713.97 万/台(金风 1.5MW)的比例约 5.6%。主要产商风机轴承产能规划见表10-8。

表 10-8 主要产商风机轴承产能规划

生产商	产能	全部达产时间	预计售价
成都天马铁路轴承公司	10000 套	2009 年达产 50% 2011 年达产 100%	80000 元/套
方圆支承	30000 套 非纯风电用	2008 年试产 2009 年达产	60000 元/套

风电轴承的技术壁垒较高，从目前的情况来看，由于机床的关键设备的订购需要一定的周期，因此，风电轴承达到供需平衡的时间会比较晚。国内轴承的供应仍不能完全满足风机生产所需。预计短期之内轴承价格大幅下降的可能性较低，对于风机整体成本下降影响较小。

10.3.2 中国风电的发展现状

1. 风电产业增长速度居各种新能源发展之首，前景看好

风电是新型绿色能源，据统计，风力发电每生产 100 万 kWh 的电量，便能减少排放 600t 的二氧化碳。2009 年中国成为全球第三大风电市场，总装机容量达 2.51 万 MW，仅次于美国和德国，其中新增装机容量 1.3 万 MW，连续 5 年翻番。2010 年中国风电装机容量新增量还将在 1 万 MW 左右，但同比增速会稍有回落。来自国家能源局的数据显示，2011 年我国风电产业已连续 5 年实现翻番，总装机容量跃居世界第一。2011 年第一季度，我国风力发电量达到 188 亿 kWh，增长 60.4%，增速分别高出火电、水电和核电 49.8 个、27.5 个和 43 个百分点，居各大能源发电之首。但是我国风电发展中存在很多制约因素，主要原因是电网瓶颈难以在短期内解决。受制于风电的不稳定，现有电网无法消化大规模投产的风电，因此全国有近 30%的风电机组空转或闲置，这一难题也迫使智能电网加快建设步伐。

根据相关研究顶测，我国风电装机容量在 2020 年将达到 150GW，这意味着今后 11 年我国风电装机容量年均将增加 12.17GW，年均负荷增加率将超过 20%。

2. 目前我国风电发展存在的瓶颈

1）国内风电整机制造市场竞争激烈

2006 年风电爆炸式发展并带动大量的企业进入风电整机制造行业，同时大量的国外风电巨头瞄准国内市场，采用了本土化的发展战略，该市场竞争越来越激烈。

2）国内风电产业链发育不完善

在 2007 年前后，我国风电设备的关键零部件产能严重不足，一些关键零部件如风力发电机主轴承、叶片等存在较大的供需矛盾，严重依赖进口。而且进口关键零部件的订货周期长，价格高，如缺口较大的主轴承和控制系统主要从瑞典 SKF、德国 SCHAEFFLER 等公司采购，其订货周期往往长达一年，关键零部件掣肘我国风电产业的发展。整机制造企业的迅速增加，更加激化了关键零部件与整机生产不相匹配的矛盾，预计该矛盾将在日后得到缓解。

3）海上风能发电前景良好，但是技术和定价上存在一定的问题

从海上风电建设到运行需要经历前期准备、项目建设和投产运行 3 个主要阶段。产业健康发展程度与产业链的成熟度密切相关。在产业链建设方面，我国和国外还存在一定差距。

(1) 海上风电区域规划尚未出台，近海风能资源探测不够。

不同于欧洲部分国家，我国的海岸线很长，需要对海岸线进行合理的功能规划，确保海上资源在港口、交通、发电等领域合理配置。目前，国内企业的风电建设多数依据当地的风能资源，缺乏合理的规划指导。

另外，风能资源探测、分析是海上风电建设的基础工作，是指导海上风电建设的重要

依据之一。相对发达国家，我国在近海风能资源探测评估方面相当薄弱。虽然我国相关部门以观测资料、卫星资料等可利用数据对近海风能资源进行了初步评估，但这些资料不确定性很大，很难用于准确估算项目发电量。因此，与陆上风电一样，近海风电项目需要进行实地测风工作，通常在场址安装测风塔或浮标测风设备。目前，国内的测风设备尚不能完全满足海上风电项目建设需求。在此情况下，国内众多企业盲目进行抢风行动容易导致前期工作准备不足。

(2) 海上风电施工技术落后，管理经验匮乏，使得项目面临建设风险。

我国海上风电建设刚起步，施工技术落后，管理经验严重匮乏。同时，海上风电机组吊装安装也是难题，目前还没有用于海上风电施工的专用船只。海上风电项目施工环境的复杂性及专用设备不足给海上风电项目建设带来较大挑战。

(3) 风电设备制造技术滞后，存在较大的投资风险。

海上风电设备需要考虑海冰冲击、海水腐蚀、台风袭击等诸多环境因素。因此，相对于陆上风电设备，海上风电设备技术要求更高。

海上风电项目风机投资约占总成本的58%，而考虑到建设经济性，目前的海上风电机组一般都在数兆瓦以上。海上风机制造技术集中在欧美发达国家手中，如丹麦的Vestas、bonus、NEG-Micon，美国的GE Wind energy，德国的Enercon、Repower等。

我国风电设备国产化进程刚刚开始，数兆瓦级机组仍处于研发试运行阶段，且核心设备仍依赖国外。而风电设备在项目建设中又占有绝对比例，这就给海上风电项目带来很大的投资风险。

(4) 发电模式仍待摸索，存在潜在的项目运行风险

海上发电站采用分布式风电场发电还是并网发电有赖于各个地区的资源条件，部分欧洲国家由于国土面积小，市场均匀，适合建设分布式电场。我国地域条件、经济结构、能源消费区域结构和国外都有较大差异，因此，需要探索出一条适合我国资源条件的发电模式。不管采取大规模并网发电模式，还是并网发电和分布式发电结合模式，海上风电场的运行都需要进行合理规划，且需要当地电网的有力支撑。目前来看，我国在发电模式、电网建设上略滞后于海上风电投资需求，因此，海上风电项目存在潜在的运行风险。

据统计，我国海上风能储量7.5亿kW。国家能源局和国家海洋局联合出炉的《海上风电开发建设管理暂行办法》规定了海上风电发展规划编制、海上风电项目授权、海域使用申请审批和海洋环境保护、项目核准、施工竣工验收和运行信息管理等各个环节的程序和要求。在该办法中，很多条款十分细化，比如硬性规定海上风电开发投资企业为中资企业或中资占股在50%以上等。海上风电项目核准后两年内未开工建设的，国家能源主管部门将收回项目开发权，国家海洋行政主管部门收回海域使用权。中国沿海地区风能资源丰富，而且是传统电力负荷中心，开发海上风电意义重大。同时在政府部门和相关企业的推动下，中国海上风电开发进入加速期。上海东海大桥海上风电项目总装机容量102MW，安装34台国产单机容量3MW的离岸型风电机组，年发电量2.67亿kWh，是国内首个商业化海上风电项目。

海上风电投资巨大，单个风场引进单个开发主体，除了可以体现经济性外，还有利于开发商投资的连续统一。这意味着那些具有雄厚实力的开发商和整机制造商，将更有可能涉足海上风电开发。海上风电开发难度要远大于陆上风电。从技术上讲，海上风力发电技术要落后陆上风力发电10年左右，成本也要高2～3倍。海上风电场的开发对大容量风机提出了更高要求。目前，已有国外企业开始设计和制造8～10MW风电机组，并且朝海上

专用风机方向发展，而国产风机最大单机容量仅为3MW，且没有专门的海上风机。

4）并网难

2009年新增风电装机容量897万MW，加上截至2008年年底的1221万MW，截至2009年底我国风电装机总容量达到2118万MW。

按照工信部的数据显示，2009年我国风电并网总容量1613万MW，同比增长92.26%，2009年是中国近年风电并网增长最快的一年。

一直以来，我国风电装机量都在以100%的增速增加，但风电并网容量却远远落后于装机量，造成极大的浪费，而这也是制约我国风电产业发展的瓶颈之一。截至2008年年底，中国风电装机容量累计达1221万MW，但实现并网发电的只有894万MW，还有327万MW的风电在空转。

电网规划和建设的速度远不及风电装机发展的速度，大规模风电接入电网存在障碍。近几年中国风电发展速度大大超过预期，许多风电场发的电无法实现全面输送。2008年，中国拥有1221万MW风电装机，实现并网发电的只有894万MW。风力资源相对丰富的西部大多是边远山区，送电不方便。风力发电会降低电网负荷预测精度，从而影响电网的调度和稳定性等。部分风电场建成后无法及时并网，重要原因是风电场建设规划和电网建设规划脱节。目前，风电开发无序的问题较为突出，各地普遍存在风电前期工作规模大于地方规划，地方规划大于国家规划的现象。各地在编制风电开发规划时，没有研究风电消纳市场，风电场规划和电网规划无法很好衔接。

风电本身存在比较优势不明显的问题。电网出于安全稳定运行的要求，需要对部分风电场进行限电，这使后者的收益受损。上述风电企业高层估计，2009年全国风电场因电网限电而丢失的电量将超过15亿kWh，约占全年风电总发电量的10%左右。

5）入网标准尚未制定，阻碍了风电的进一步发展

目前，我国兆瓦级风机的制造商有50多家，但真正有运行业绩的厂家不超过10家。由于目前没有风电机组和风电场的入网标准和检测标准，绝大部分风电机组的功率曲线、电能质量、有功和无功调节性能、低电压穿越能力没有经过检测和认证，而且大多不具备上述性能和能力，并网运行的风电机组对电网的安全稳定运行造成很大的影响。国家应该尽快研究建立风电机组入网认证和风电场并网运行的检测评价制度体系。

6）风电设备制造行业产能过剩，风机制造企业产业重组加剧

快速发展的风电产业带来的巨大市场预期，过低的市场准入门槛导致风电设备制造业在短时间内爆发式增加，风电企业只要购买生产许可证和零部件，很快就可以生产出产品，门槛较低。风电设备生产商从2004年的6家发展到2008年的70多家，仅仅用了4年时间。除几大龙头企业外，大多数企业只具有小批量生产能力，有的还处于样机研制或测试阶段，生产的机组运行尚不稳定。在70多家整机企业中，有60家左右年产量不足10台。

风电设备制造产能与目前的需求相比出现一定的过剩，而随着新的厂商进入，行业内竞争将进一步加剧，甚至可能出现行业重新洗牌和整合。风电机组整机行业进入门槛提高，市场洗牌在所难免。

未来几年，质量过硬的大功率风电机组将受追捧，低水平重复引进和建设的小功率机组将被淘汰，行业整合加速国家加强对风电设备领军企业的扶持力度，形成技术领先、具有国际竞争力、有潜力进入全球前三强的优势企业。同时标杆电价将加大优势风电整机厂的市场集中度，弱势风电整机企业则可能被整合。风电设备制造商呈现出明显的大型化趋

势，兼并重组频频发生。

7）陆上风电的定价政策建立了标杆定价，但是海上风电定价没有启动

2009 年 7 月 25 日，国家发改委下发《关于完善风力发电上网电价政策的通知》，将国内风电上网价格由项目招标价改为固定区域标杆价。按照国内风能资源状况和工程建设条件，将全国分为 UPI 类风能资源区，相应制定风电标杆上网电价。UPI 类资源区的标杆电价分别为每千瓦时 0.51 元、0.54 元、0.58 元和 0.61 元。2009 年，中国第一个海上风电示范项目上海东海大桥 100MW 风电场首批两台 3MW 风力发电机组并网发电，意味着中国海上风电进入了实战阶段。

现在实施的风电标杆电价对于海上风电的规定较为模糊，它只是针对陆上 UPI 类资源区的定价，由于海上风电场的造价约为陆上风电场的 2～3 倍，所以平均发电成本也远远高于陆上风电，要想适应大规模发展海上风电的要求，还应制定专门的电价政策。

8）风机制造企业由于行业的特点

风机制造企业预付账款高，销售货款回笼时间长，对流动资金的需求会很大。兆瓦级风力发电机及风力发电机组整机均属于大型机电产品，单台成本高，原材料、零部件的采购金额大，并且部分紧缺的配套零部件供应周期、付款方式也较为苛刻，需先支付 70％～80％的预付款才能拿到配套零部件。因此，大部分风机制造企业风电产品批量投产后预付账款会出现大幅度增加，随着风电产品销售规模的逐步扩大，面临的资金压力也会日益加大。从收款方式来看，一般根据生产进度、发货时间、到货时间、验收时间、质保期等阶段分期收取，公司的产品在生产阶段约有 30％的回款，而且兆瓦级风力发电机组作为大型机电产品生产周期较长，一般会超过 3 个月。产品交货后要等到风场整体验收后才能收回货款的 10％和质量保期结束后收回 10％余款的限制也大大影响了回款进度。因此，随着公司风电产品销售规模的扩大，对流动资金的需求将持续增长。

10.4 我国风电发展前景

10.4.1 风力发电有利条件

我国有丰富的风能资源和巨大的风电市场。初步估计可利用风能储量 10 亿 kW，这为我国大规模开发风电提供了有力保证。

当前我国的风力发电技术日趋成熟，中国十分关注风电设备的制造。风力发电机等一系列的风力发电设备齐全，风力发电技术在一步一步地向高尖迈进。随着风电设备国产化率的不断提高和风电场规模的不断扩大，风电成本将不断降低，风电将具有更大的竞争力。我国政府很重视风力发电领域，出台了许多相关的优惠政策，包括宏观政策、产业政策、财政政策、税收政策等，进一步加快了风电发展的步伐。

10.4.2 风电发展前景

风力发电在我国的迅速发展，尤其是《可再生能源‘十一五’发展纲要提出了具体的规划纲要》中以风电场的规模化建设带动风电产业化发展，促进风电技术进步，提高风电装备国产化制造能力，降低风电成本，增强风电的市场竞争力为指导方针，从规划布局建设、技术装备和产业发展、组织实施和保障措施方面分别提出具体规划。其中风电规划重点为提高风电技术研发能力，推动百万千瓦风电基地建设，支持风电设备国产化，进行近海风电试验。

根据我国风电发展预测，到2020年底全国风电总装机规模达到12000万kW；到2050年底，全国风电总装机规模达到50000万kW；风电规模化发展，使各项技术经济指标进一步提高，风电企业的竞争力和盈利能力明显增强。2020年以后化石燃料资源减少，火电成本增加，风电市场具备竞争能力，发展更快。2030年以后水能资源大部分也开发完，海上风电进入大规模开发时期，有可能形成“东电西送”的局面。风电，以其良好的环境效益，逐步降低的发电成本，必将成为本世纪中国重要的电源。

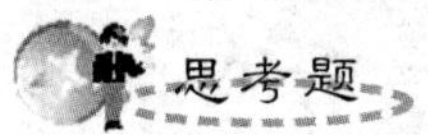

1. 简述中国的风资源状况及风力发电的可能性。
2. 从装机容量角度分析近几年我国风力发电发展的趋势。
3. 简析风电场投资成本变化趋势。

参考文献

[1] 钱伯章. 风能技术和应用 [M]. 北京：科学出版社，2010.

[2] 李保强，刘道一. 中国西部地区风能开发研究 [M]. 北京：中国经济出版社，2010.

[3] 王海云，王维庆. 风力发电基础 [M]. 重庆：重庆大学出版社，2010.

[4] 李庆宜. 小型风力机设计 [M]. 北京：机械工业出版社，1986.

[5] (法)Le Gourieres，D. 风力机的理论和设计 [M]. 施鹏飞，译. 北京：机械工业出版社，1987.

[6] 陈云程，陈孝耀，朱成名. 风力机设计与应用 [M]. 上海：上海科学技术出版社，1990.

[7] 熊礼俭. 风力发电新技术与发电工程设计、运行、维护及标准规范实用手册 [M]. 北京：中国科技文化出版社，2005.

[8] 李庆宜. 小型风力机设计 [M]. 北京：机械工业出版社，1986.

[9] 宋海辉. 风力发电技术及工程. 北京：中国水利水电出版社，2009.

[10] 张之一. 风力机 [M]. 呼和浩特：内蒙古人民出版社. 1979.

[11] [丹] 汉森. 风力机空气动力学 [M]. 肖劲松，译. 中国电力出版社，2009－06.

[12] 苏绍禹. 风力发电机设计与运行维护 [M]. 北京：中国电力出版社，2003，01.

[13] 叶航冶. 风力发电机组的控制技术 [M]. 北京：机械工业出版社，2006，01.

[14] 姚兴佳，隋红霞，刘颖明. 海上风电技术的发展与现状 [J]. 上海电力，2007.

[15] 李晓燕，余志. 海上风力发电进展 [J]. 太阳能学报，2004.

[16] 麦卡特. 中国发展风力发电大有可为 [J]. 第一情报-风力发电，2005(2).

[17] The British Wind Energy Association (BWEA). Prospects for off shore wind energy，a report written for the EU (Alt－ener contract XVⅡ/4. 1030/Z/98－395) [A]. Enterperle Nuove Tecnologie，1' Energiael' Ambiente EN EA (Rome). OWEM ES 2000 Proceedings [C]. Rome：EN EA，2000，327－359.

[18] Booming German wind power seen shifting off shore. March 15，2002. http：//www. planetark. org/dailynewsstory. cf m/newsid/15026/story. htm.

[19] GAMESA doubles investments in R &D in the last three years. http：//www. gamesa. es/gamesa/index. html.

[20] Power of the wind blows away myths－New report confirms UK has best wind in Europe. 14th November 2005. http：//www. bwea. com/media/news/141105. ht ml.

[21] Off shore USA. Refocus，September/October 2005，34－35.

[22] Stat us and prospect of wind power generation in Canada. Wind engineering，29 (3)：253－270.

[23] Off shore Future：Projects Stack Up in Europe' s Seas. http：//www. ewea. org/fileadmin/ewea_documents/documents publications/WD/WD200309 _ lead _ article. pdf.

[24] Eize de Vries. No longer paddling，Off shore wind developments 2005－2006. REW Wind Power，02 September2005，http：//www. earthscan. co. uk/news/article/mps/uan/485/v/3/sp/.

[25] Alasdair Cameron. Off shore account. REW Wind Power，02 September 2005，http：//www. earthscan. co. uk/news/article/mps/UAN/487/v/3/sp/.